U0315945

高性能刀具及
涂层刀具材料的切削性能

赵时璐　著

北　京
冶　金　工　业　出　版　社
2015

内容提要

本书介绍了高速钢切削刀具、硬质合金切削刀具、陶瓷切削刀具、金刚石切削刀具及立方氮化硼切削刀具的切削性能，同时介绍了各系列涂层刀具，包括单一涂层刀具、多元复合涂层刀具及多元多层复合涂层刀具的切削性能以及不同刀具涂层的制备技术。全书共分 13 章：第 1 章介绍了各种高性能切削刀具的特点及综合性能；第 2~6 章分析了高速钢切削刀具、硬质合金切削刀具、陶瓷切削刀具、金刚石切削刀具及立方氮化硼切削刀具的切削性能；第 7~8 章介绍了涂层刀具的特性、研究进展及应用；第 9~12 章分析了单一涂层刀具、多元复合涂层刀具及多元多层复合涂层刀具的切削性能及刀具涂层的各种制备技术；第 13 章探讨了我国涂层刀具存在的问题及解决对策。

本书可供从事切削加工技术及刀具材料生产的科技工作者阅读，也可供高等院校材料类、机械类、表面工程类专业的本科生和研究生参考。

图书在版编目(CIP)数据

高性能刀具及涂层刀具材料的切削性能/赵时璐著. —北京：冶金工业出版社，2015. 5

ISBN 978-7-5024-6891-0

Ⅰ. ①高…　Ⅱ. ①赵…　Ⅲ. ①刀具（金属切削）—切削性能　②涂层刀具—切削性能　Ⅳ. ①TG71

中国版本图书馆 CIP 数据核字（2015）第 074579 号

出 版 人　谭学余

地　　址　北京市东城区嵩祝院北巷 39 号　邮编　100009　电话　(010)64027926

网　　址　www. cnmip. com. cn　电子信箱　yjcbs@ cnmip. com. cn

责任编辑　杨盈园　美术编辑　杨　帆　版式设计　孙跃红

责任校对　禹　蕊　责任印制　李玉山

ISBN 978-7-5024-6891-0

冶金工业出版社出版发行；各地新华书店经销；中煤涿州制图印刷厂北京分厂印刷

2015 年 5 月第 1 版，2015 年 5 月第 1 次印刷

169mm×239mm；15. 5 印张；300 千字；235 页

48. 00 元

冶金工业出版社　投稿电话　(010)64027932　投稿信箱　tougao@cnmip. com. cn

冶金工业出版社营销中心　电话　(010)64044283　传真　(010)64027893

冶金书店　地址　北京市东四西大街 46 号(100010)　电话　(010)65289081(兼传真)

冶金工业出版社天猫旗舰店　yjgycbs. tmall. com

（本书如有印装质量问题，本社营销中心负责退换）

前　言

在机械加工中，切削加工是最基本而又可靠的精密加工手段，而目前机械制造业的竞争，实质是精密切削技术的竞争。随着高强度整体铸造床身、高速运算数控系统及主轴动平衡等新技术的应用，以及各种刀具材料的不断发展，现代切削技术正朝着高速、高精度和强力切削方向发展。刀具材料、刀具结构及刀具几何形状是决定刀具切削性能的三要素，其中刀具材料的性能起着关键性的作用，而刀具材料的切削性能直接影响到我国制造业的生产效率和经济效益。

本书研究了各类高性能切削刀具及涂层刀具的切削性能，以及不同刀具在切削加工中的应用现状，具体介绍了高速钢切削刀具、硬质合金切削刀具、陶瓷切削刀具、金刚石切削刀具及立方氮化硼切削刀具的切削性能，以及单一涂层刀具、多元复合涂层刀具、多元多层复合涂层刀具的切削性能和刀具涂层的各种制备技术，同时分析了我国切削刀具存在的问题与对策。高性能及其涂层刀具可有效地延长刀具的使用寿命，使刀具获得良好的综合机械性能，从而大幅度提高其机械加工效率。

本书的出版得到了沈阳大学硕士生导师张钧教授的支持和鼓励，张钧教授在百忙之中审阅了书稿，提出了宝贵的意见，在此表示最衷心的感谢。

本书的完成得益于沈阳大学先进材料制备技术辽宁省重点实验室，

沈阳大学表面改性技术与材料研究所的老师和研究生的有益讨论和大力支持。国内外相关文献的应用，也丰富了本书的内容，在此向文献的作者致以深切的谢意。同时，更要感谢沈阳市科技计划项目（F14-231-1-19）和辽宁省自然科学基金项目（2014020096）对本书的资助。

由于作者水平有限，本书若有不妥之处，敬请读者批评指正。

作　者

2015年1月

目　　录

1 高性能切削刀具概述

刀具是切削加工中不可缺少的重要工具，无论是普通机床，还是先进的数控机床（NC）、加工中心（MC）和柔性制造系统（FMC），都必须依靠刀具才能完成切削加工，所以刀具的发展对于提高生产率和加工质量具有直接的影响作用。本章重点介绍高速钢切削刀具、硬质合金切削刀具、陶瓷切削刀具、金刚石切削刀具及立方氮化硼切削刀具等硬质材料刀具。

1.1 高速钢切削刀具

1.1.1 通用型高速钢切削刀具

19 世纪高速钢材料问世，其主要化学成分是 Fe、C 和其他合金元素，如 W、Mo、Cr、V 等，形成碳化铁与复合碳化物，且具备切削刀具所需的优良性能。通用型高速钢的典型牌号是 W18Cr4V 和 W6Mo5Cr4V2，它们是最早开发并且广泛应用的钢种。随后，在这两种材料的基础上，又发展了 W9Mo3Cr4V 等牌号高速钢。该通用型高速钢热处理后，硬度可达 63~66HRC，可用于制造各种机加工用的常规刀具，加工件的硬度一般不大于 280HB，切削速度不高于 25~40m/min。而低合金高速钢是一种经济型的高速钢，W、Mo、Cr 和 V 等贵金属元素总含量不高，红硬性比 W18Cr4V、W6Mo5Cr4V2 和 W9Mo3Cr4V 高速钢要差。

目前，在国内高速钢切削刀具市场上，其应用比例分别为 W18Cr4V 切削刀具约占 20.5 %，W6Mo5Cr4V2 切削刀具约占 65 %，W9Mo3Cr4V 切削刀具约占 11 %，而低合金高速钢切削刀具约占 3.5 %[1]。

1.1.2 高性能高速钢切削刀具

在现代化切削加工中，随着人们对加工效率和加工质量的要求日益提高，通用型高速钢切削刀具的性能已嫌不足。在 20 世纪后期，市场上逐步出现了许多高性能高速钢切削刀具。高性能高速钢是在普通高速钢基础上，通过调整基本化学成分并添加其他合金元素而成，常用的有高碳、高钴、高钒和含铝等几类。这类高速钢切削刀具的硬度、抗回火软化能力、常温和高温耐磨性能等均显著优于通用型高速钢。目前国内外市场上，高性能高速钢切削刀具的使用量已经超过普通高速钢 25%~30%。表 1-1 列出了国内外代表性的高性能高速钢切削刀具的化学成分及力学性能[2]。

表 1-1 高性能高速钢切削刀具的化学成分及力学性能

高速钢牌号	化学成分（质量分数）/%										常温硬度 HRC	600℃高温硬度 HRC	抗弯强度 /GPa	冲击韧性 /MJ·m^{-2}
	C	W	Mo	Cr	V	Co	Mn	Si	Al	其他				
95W18Cr4V	0.9~1	17.5~19	≤0.3	3.8~4.4	1.0~1.4	—	≤0.4	≤0.4	—	—	67~68	52	3	0.17~0.22
W6Mo5Cr4V2Al（501）	1.05~1.2	5.5~6.75	4.5~5.5	3.8~4.4	1.75~2.2	—	≤0.4	≤0.6	0.8~1.2	—	68~69	54~55	3.5~3.8	0.2
W12Mo3Cr4V3N（V3N）	1.1~1.25	11~12.5	2.5~3.5	3.5~4.1	2.5~3.1	—	—	—	—	N，0.04~0.1	67~70	55	2~3.5	0.15~0.4
W12Mo3Cr4V3Co5Si（Co5Si）	1.2~1.25	11.5~13	2.8~3.4	3.8~4.4	2.8~3.4	4.7~5.1	≤0.4	0.8~1.2	—	—	69~70	54	2.4~2.7	0.11
W10Mo4Cr4V3Al（5F6）	1.3~1.45	9~10.5	3.5~4.5	3.8~4.5	2.7~3.2	—	≤0.5	≤0.5	0.7~1.2	—	68~69	54	3.1	0.2
W6Mo5Cr4V5SiNbAl（B201）	1.55~1.65	5~6	5~6	3.8~4.4	4.2~5.2	—	≤0.4	1~1.4	0.3~0.7	Nb，0.2~0.5	66~68	51	3.6	0.27
W6Mo5Cr4V5Co3Si-NbAl（B211）	1.6~1.9	6	6	4	5	3	—	1~1.4	1	Nb，0.35	—	—	—	—
W18Cr4V4Si-NbAl（B212）	1.48~1.58	17.5~18.5	—	3.8~4.4	3.8~4	—	—	1~1.4	1~1.6	Nb，0.1~0.2	67~69	51	2.3~2.5	0.11~0.22
110W1.5Mo9.5Cr4VCo8（M42）	1.05~1.15	1~2	9~10	3.8~4.4	0.8~1.5	7.5~8.5	≤0.4	≤0.4	—	—	67~69	55	2.7~3.8	0.23~0.3
W9Mo3Cr4V3Co10（HSP-15）	1.2~1.3	8.5~10	2.9~3.5	3.8~4.4	2.8~3.4	9~9.4	—	—	—	—	67~69	56	2.4	0.15

1.2 硬质合金切削刀具

1.2.1 通用型硬质合金切削刀具

由于高速钢切削刀具只能承受600℃以下的温度，其受耐热性的限制，所以该刀具切削速度不能过高，仅为20～25m/min左右，其切削效率尚处于较低水平。而且高速钢刀具的硬度约为63～66HRC，所以不能切削淬硬钢和冷硬铸铁。而硬质合金切削刀具能实现高速切削与硬切削，该刀具材料的问世，使切削加工水平出现了飞跃性的进步。

硬质合金是以高硬度、难熔融的WC、TiC和NbC等金属碳化物为主要成分，以Co、Mo和Ni等做黏结剂，经粉末冶金方法压制烧结而成的一种硬质刀具材料。硬质合金刀具比高速钢刀具具有更高的硬度和耐磨性，硬度可达89～93.5 HRA，抗弯强度可达4300MPa以上，红硬性也远远超过高速钢，在800～1000℃的高温下，仍能保持优异的切削性能。由于这些特点，硬质合金刀具被誉为“工业牙齿”。

通常，国际上将硬质合金材料按照用途分为P、M和K类，用于加工黑色、有色或者长屑、短屑类金属。与此相对应，国内将其分为YT、YW和YG类，表1-2列出了几种常见牌号硬质合金刀具的物理力学性能[3]。

表1-2 常见牌号硬质合金刀具的物理力学性能

硬质合金牌号	硬度HV	晶粒度/μm	抗弯强度/N·mm^{-2}
YG6X	≥1710	≥0.9	≥1372
YG6	≥1478	≥0.9	≥1421
YG8	≥1400	≥0.9	≥1470
YT5	≥1478	≥0.9	≥1372
YT14	≥1633	≥0.9	≥1176

1.2.2 添加钽、铌的硬质合金切削刀具

硬质合金中添加TaC和NbC后，能够有效地提高常温硬度、高温硬度和高温强度，有效地提高抗扩散和抗氧化磨损能力，从而提高刀具的耐磨性。另外，该硬质合金刀具还能增强抗塑性变形能力、抗冲击能力及使用中的通用性。因此，使用添加钽、铌的硬质合金切削刀具，其切削性能得到大幅度改善。

添加钽、铌的硬质合金切削刀具分为两大类：WC+Ta(Nb)C+Co类，即在YG类合金的基础上加入了TaC或NbC；WC+TiC+Ta(Nb)C+Co类，即在YT类合金的基础上加入了TaC或NbC。

1.2.3 添加稀土元素的硬质合金切削刀具

在WC基的硬质合金中，添加少量铈（Ce）、钇（Y）等稀土元素，可以改善硬质合金刀具的性能。在化学元素周期表中，稀土元素共有17个，其中一部分不仅可用于刀具材料，而且在矿山工具、模具、顶锤用硬质合金中也有很好的发展前景。我国稀土元素的资源极为丰富，故稀土硬质合金切削刀具的开发和研制在世界上处于领先地位。

自“八五”以来，我国工厂和研究院所已研制出诸多牌号的稀土硬质合金刀具，如YG8R、YG6R、YC11CR、YW1R、YW2R、YT5R、YT14R、YT15R和YS25R等。

在P类、M类和K类硬质合金中各选一个牌号，用稀土硬质合金YG8R（相当于K30）、YT14R（相当于P20）、YW1R（相当于M10）与未加稀土元素的普通硬质合金YG8、YT14、YW1对比，经测试其机械物理性能列于表1-3中。添加稀土元素后，硬质合金的断裂韧性与抗弯强度有明显增加，硬度也有少许提高[4]。

表1-3 稀土硬质合金与普通硬质合金的性能

牌号	硬度HRA	抗弯强度/GPa	断裂韧性/$MPa \cdot mm^{\frac{1}{2}}$	密度/$g \cdot cm^{-3}$
YG8R	90.1	2.563	15.48	147.77
YG8	89.6	2.292	12.76	14.7
YG14R	91	1.726	14.22	11.59
YG14	90.8	1.479	11.83	11.53
YW1R	92.5	1.559	13.77	13.28
YW1	92	1.379	10.69	13.27

1.3 陶瓷切削刀具

20世纪中叶，高速钢和硬质合金是应用最广泛的金属切削刀具材料。随后，又出现了以氧化物和氮化物为主要成分的切削刀具材料，即陶（Ceramics）。早在古代，陶瓷在人类生活中已得到了广泛应用。20世纪前期，人们开始研制作为刀具材料的陶瓷，其硬度尚可但太脆，难以真正付诸应用。20世纪50年代，前苏联和中国掀起了应用陶瓷刀具的热潮，当时用“冷压法”制造，硬度达91~92HRA，抗弯强度仅为0.40~0.45GPa，进行切削加工时“打刀”与“崩刃”现象较为严重。不久这个热潮便宣告停止，仅在少数场合坚持应用。经过长期的努力，陶瓷刀具材料的制造技术不断改进，力学性能大幅度提高。20世纪80年代，陶瓷切削刀具硬度达91~95HRA，抗弯强度达0.70~0.95GPa。虽然陶瓷的抗弯强度和断裂韧性仍不如硬质合金，但已能满足某些切削加工的要求，于是应用范围又逐渐广泛起来。

目前，陶瓷刀片的制造主要有热压法，即将粉末状原材料在高温高压下压制成饼状，然后切割成刀片；另一种方法是冷压法，即将粉末状原材料在常温下压制成坯，经烧结成刀片。热压法制品质量好，因此是目前陶瓷刀片的主要制造方法。

陶瓷刀具材料的种类，按化学成分可以分为氧化铝系、氮化硅系和复合氮化硅—氧化铝系三大类。

1.3.1 氧化铝系陶瓷切削刀具

在陶瓷刀具材料中，应用最早的是纯氧化铝陶瓷，其成分几乎全是 Al_2O_3，仅添加了少量 0.1%~0.5% 的 MgO、Cr_2O_3 或 TiO_2 等，经冷压制成刀片。这种陶瓷刀片的硬度为 91~92HRA，但抗弯强度较低，仅及 0.4~0.45GPa。20 世纪 50 年代曾用过这种刀片，但难以推广。

随后，人们采用了氧化铝—碳化物复合陶瓷，即以 Al_2O_3 为基加入 TiC、WC、SiC 和 TaC 等成分，经热压成复合陶瓷。其中，以 Al_2O_3-TiC 复合陶瓷应用最多，加入的 TiC 在 30%~50% 之间，有的还在 Al_2O_3-TiC 陶瓷中再添加少量的 Mo、Ni、Cr、W 和 Cr 等金属。Al_2O_3-TiC 复合陶瓷的硬度可达 93~95HRA，其抗弯强度可达 0.7~0.9GPa，若添加少量的 Mo、Ni、Cr、W 和 Cr 等金属后，其抗弯强度有所提高，但硬度有所下降。

氧化铝也与氧化锆组合成为 Al_2O_3-ZrO_2 复合陶瓷刀具。与 Al_2O_3-TiC 复合陶瓷刀具相比，Al_2O_3-ZrO_2 刀具的硬度较低，约为 91~92HRA，抗弯强度仅及 0.7GPa，仅仅断裂韧性有所提高，所以 Al_2O_3-ZrO_2 陶瓷刀具不如 Al_2O_3-TiC 陶瓷刀具应用广泛。另外，Al_2O_3-Zr 复合陶瓷刀具，硬度可达 93.2HRA，抗弯强度可达 0.8GPa。除此之外，还有 Al_2O_3-TiC-ZrO_2 与 Al_2O_3-TiB_2 等复合陶瓷刀具。

1.3.2 氮化硅系陶瓷切削刀具

在氮化硅系陶瓷刀具中，仅添加少量其他成分的纯氮化硅陶瓷，其应用较少。Si_3N_4-TiC-Co 复合陶瓷刀具的力学性能较好，其韧性和抗弯强度优于 Al_2O_3 基陶瓷刀具，硬度也不下降，而且导热系数亦高于 Al_2O_3 基陶瓷刀具。目前，Si_3N_4-TiC-Co 复合陶瓷刀具在实际生产中应用非常广泛。

1.3.3 复合氮化硅—氧化铝系陶瓷切削刀具

Si_3N_4-Al_2O_3-Y_2O_3 复合陶瓷又称为赛阿龙（Sialon），是近些年研制成功的一种新型复合陶瓷。例如，美国 Kennametal 公司的 Sialon 牌号 KY3000，其成分为

$Si_3N_4$77%、$Al_2O_3$13%、$Y_2O_3$10 %，硬度可达 1800HV，抗弯强度可达 1.2GPa，其韧性优于其他陶瓷。美国 Greeleaf 公司研制的 Gem4B 和瑞典 Sandvik 公司研制的 CC680 也都是 Sialon 陶瓷。表 1-4 列出了国内外主要陶瓷刀片的牌号、成分及主要性能。

在 Al_2O_3或 Si_3N_4基体中，可形成"晶须增韧陶瓷"，这种陶瓷刀片的断裂韧性有显著的提高。在表 1-4 中也列出了晶须增韧陶瓷的国内外牌号及其性能指标[5]。

表 1-4 国内外主要陶瓷刀片的牌号、成分及主要性能

牌 号	成 分	压制方法	硬度 HRA	抗弯强度/GPa
SG4	Al_2O_3-(W, Ti) C	热压	94.7~95.3	0.79
LT35	Al_2O_3-TiC 加金属	热压	93.5~94.5	0.88
LT55	Al_2O_3-TiC 加金属	热压	93.7~94.8	0.98
JX-1	Al_2O_3-SiC 晶须	热压	94~95	0.85
AG2	Al_2O_3-TiC 加金属	热压	93.5~95	0.79
AT6	Al_2O_3-TiC 加金属	热压	93.5~94.5	0.88~0.93
HDM1	Si_3N_4基	热压	92.5	0.93
HDM2	Si_3N_4基加 SiC 晶须	热压	93	0.98
HDM3	Si_3N_4基	热压	92.5	0.83
HDM4	Al_2O_3基	热压	93	0.8
FD-0.1, 0.2, 0.3	Si_3N_4基	热压	93	0.8
FD-11, 12	Al_2O_3基	热压	95	0.7
P1	Al_2O_3	热压	96.5	0.4~0.5
P2	$Al_2O_3+ZrO_2$	热压	96.5	0.7~0.8
T2	$Al_2O_3+TiC+ZrO_2$	热压	90~100	0.9~1
N5	Si_3N_4基	热压	97~98	0.65~0.8
CC650	Al_2O_3-Ti(C, N)	热压	98	0.6
CC680	Si_3N_4-Al_2O_3-Y_2O_3	热压	99	0.6
KY3000	Si_3N_4-Al_2O_3-Y_2O_3	热压	100	0.6
CC670	Al_2O_3加 SiC 晶须	热压	94~94.5	0.78
KY250	Al_2O_3加 SiC 晶须	热压	93.5~94	0.8

1.4 金刚石切削刀具

在现代刀具材料中，高速钢、硬质合金和陶瓷的主要硬质成分为碳化物、氮化物和氧化物。例如，高速钢是加入了W和Mo等合金成分的碳化铁；硬质合金主要是碳化物、氮化物和碳氮化物；陶瓷则是氧化物和氮化物。这些化合物的硬度最高达3000HV，加入黏结物质其总体硬度在2000HV以下。对于现代工程材料的加工，在某些情况下上述刀具材料的硬度已不敷使用，于是超硬刀具材料便应运而生。超硬材料的化学成分及其结构与其他刀具材料不同，因而具有高硬度。金刚石由碳元素转化而成，其晶体结构与立方氮化硼相似，其硬度大大高于前面所述的切削刀具材料。

在几千年前，人类就已经发现和使用天然金刚石，而人造金刚石的制造和应用则在20世纪。在20世纪后期，人造金刚石超硬材料得到了飞跃的发展。

人造金刚石通常在高温和高压（热压法）条件下形成，称为PCD。PCD人造金刚石的研究始于1940年，1954年美国正式宣告此种金刚石研制成功，1957年开始工业生产。到1961年，全世界人造金刚石产量为4000万克拉，当时天然金刚石年产量为4400万克拉。1963年，中国宣告PCD人造金刚石制造成功。1996年，中国人造金刚石产量达2.4亿克拉，出口6~8.5千万克拉。20世纪90年代末，中国年产量达5亿克拉，居全世界首位。近年，又以化学气相沉积法（CVD）制成人造金刚石。

金刚石分为天然金刚石和人造金刚石。人造金刚石有PCD单晶粉，用于制作磨具；PCD单晶粒，可做刀具；PCD聚晶片及聚晶复合片，用于制作刀具及其他工具；CVD金刚石涂层及厚涂层，可用于制作刀具及其他工具，并可作为光学和电子高科技的原材料。

1.5 立方氮化硼切削刀具

在20世纪后期，人造立方氮化硼超硬材料得到了飞跃的发展。1957年，美国CE公司压出立方氮化硼CBN单晶粉；70年代初，制成聚晶的PCBN刀具；1972年，苏联也制成PCBN刃具；1966年，中国研制成功单晶CBN，稍后制成PCBN。

立方氮化硼是非金属的硼化物，晶体结构为面心立方体，其硬度大大高于高速钢和硬质合金切削刀具。立方氮化硼是人造的，立方氮化硼的主要种类有CBN单晶粉，用于制作磨具；还有PCBN聚晶片及PCBN聚晶复合片，用于制作刀具及其他工具。

目前，立方氮化硼刀具在国外应用相当普及，特别适用于切削难加工材料，但在我国还处于发展阶段，在汽车、轴承、工具等领域的应用也才刚刚起步。随着世界制造技术中心向国内的转移，数控技术和微电子技术的飞快发展，高效率、高质量及高精度的切削加工日趋成熟，对 CBN 刀具的需求量也大幅提高，所以应用 CBN 刀具是大势所趋。

1.6 人造切削刀具的制造方法

人造超硬刀具材料的制造方法有很多，这里主要介绍热压法和气相沉积法。

1.6.1 热压法

热压法制造人造超硬刀具所用的设备是六面顶或两面顶的液压机。压制单晶超硬材料，需将厚料置于叶蜡石的腔体中。压制 PCD 单晶粉的原料是石墨片，石墨片与触媒剂 Ni-Mn 片层叠置于腔体中；压制 PCD 聚晶片的原料是 PCD 单晶粉，加入结合剂 Ni、Si 和 Co 等；压制 CBN 单晶粉的原料为 HBN 六方氮化硼粉；压制 PCBN 聚晶片的原料为 CBN 单晶粉，同时需分别置入触媒剂与结合剂。人造金刚石热压工艺及 CBN 热压工艺的示意图见图 1-1 和图 1-2，其压力、温度及加压时间均列于图 1-1 和图 1-2 中。

$$\text{石墨} + \text{Ni} - \text{Mn 片}\xrightarrow[\text{约 1600℃}]{\text{5 ~ 6 万大气压}}\text{金刚石单晶粉}$$

约 12min

（a）

$$\text{金刚石单晶粉} + \text{结合剂}\xrightarrow[\text{约 1800℃}]{\text{5 ~ 6 万大气压}}\text{PCD 聚晶片}$$

约 3min

（b）

图 1-1 人造金刚石热压工艺示意图

（a）压单晶；（b）压聚晶

$$\text{HBN 粉} + \text{触媒剂}\xrightarrow[\text{约 1600℃}]{\text{5 ~ 6 万大气压}}\text{CBN 单晶粉}$$

约 10min

（a）

$$\text{CBN 单晶粉} + \text{结合剂}\xrightarrow[\text{约 1800℃}]{\text{5 ~ 6 万大气压}}\text{PCBN 聚晶片}$$

约 3min

（b）

图 1-2 CBN 热压工艺示意图（1 个标准大气压 = 101.325kPa）

（a）压单晶；（b）压聚晶

加压过程中的压力与升压、终压有所不同，叶蜡石腔体中的压力与顶锤部的压力也不一样，图 1-1 和图 1-2 所示的压力是指顶锤部的压力。温度是腔温，时间是加热时间、保温时间与降温时间等过程的总和。对于各种压力机，这些参数将有所调整。

类似热压法制造 PCD，还有爆炸法，在容器中利用炸药爆炸产生高温高压，而使石墨转化为金刚石。由于爆炸法工艺和产品质量均不易控制，故很少正式使用。

1.6.2 化学气相沉积法

化学气相沉积法，即 CVD 法，其工作原理是在非金刚石基底上沉积金刚石涂层。具体方法有很多，如热丝 CVD 法、电子增强 CVD 法、微波 PCVD 法、射频 PCVD 法、直流 PCVD 法、直流电弧 PCVD 法、直流等离子体喷射 CVD 法、电子回旋共振 PCVD 法、火焰燃烧法及准分子激光 CVD 法等，其中热丝 CVD 法最为常用。

图 1-3 所示为热丝 CVD 金刚石厚涂层生长沉积技术原理示意图。原料为乙醇（酒精）、氢气和甲烷，热丝为 Ta 丝或 W 丝。当热丝加热到 2000~2500℃ 高温时，在热丝和基体间施加电压而形成等离子体，使氢分子与含碳气体分子离解，形成原子态氢及能形成 sp^3 键的碳氢基团。该基团基体在原子氢的作用下，表面经历吸附、去氢而形成金刚石的碳结构。控制热丝的温度及施加电压、电流密度的大小，特别是气体的组成、生长容器压力和基体温度的大小，能有效控制涂层生长速率及涂层生长质量。

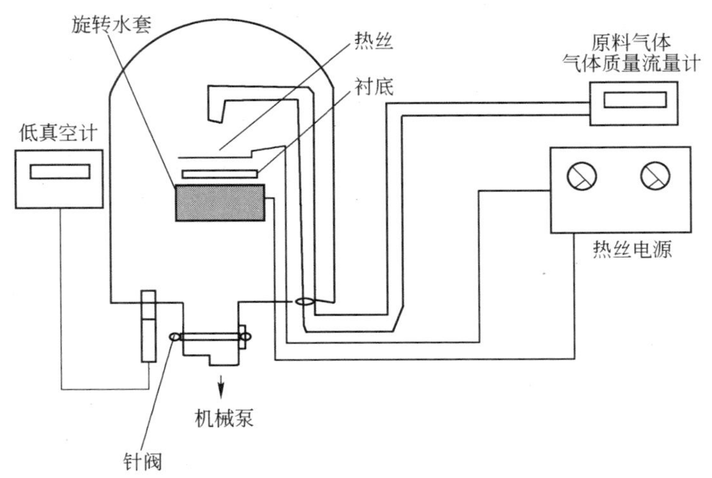

图 1-3 热丝 CVD 金刚石厚涂层生长沉积原理示意图

如果在基体（衬底）上生成厚涂层，其厚度能达 0.5~0.6mm 以上，则需使涂层与基体分离，并切割成一定形状的小块，再将小块钎焊在硬质合金上，形成复合刀片或刀具，如图 1-4 所示。

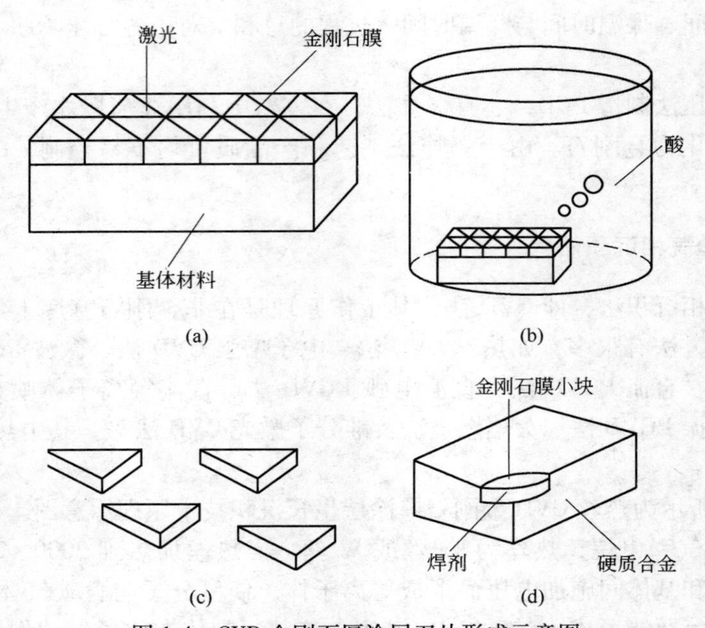

图 1-4 CVD 金刚石厚涂层刀片形成示意图

（a）激光切割；（b）厚膜与基体材料；（c）厚膜单体小块；（d）钎焊成刀片（刀具）

2 高速钢切削刀具切削性能

2.1 通用型高速钢切削刀具

W18Cr4V 高速钢切削刀具，简称 W18。该材料热处理时过热敏感性低，抗氧化脱碳能力强，可加工性及可磨削性好，600℃高温硬度为 48.5HRC，抗弯强度可达 3500MPa，可用于制造各种复杂刀具；缺点是莱氏体组织粗大，碳化物分布不均匀，热塑性较差，韧性低，密度大，成材率不高。由于 W18Cr4V 高速钢中贵金属元素钨的含量非常高，故使用量也越来越少。

W6Mo5Cr4V2 高速钢切削刀具，简称 M2。由于综合性能优异，应用最广。该材料碳化物颗粒细小，分布均匀性好，韧性及热塑性比 W18Cr4V 高速钢提高 50%，但其过热敏感性较高，氧化脱碳倾向大，可加工性稍差；抗弯强度可达 4700MPa，比 W18Cr4V 高速钢提高 17%左右，在轧制及扭制工具应用方面颇具优势，同时也适合制作螺纹、内孔和拉削刀具。

W9Mo3Cr4V 高速钢切削刀具，简称 W9。其性能兼具 W18Cr4V 和 W6Mo5Cr4V2 钢的特点，碳化物不均匀性介于 W18Cr4V 和 W6Mo5Cr4V2 钢之间，但抗弯强度和冲击韧性高于 W6Mo5Cr4V2 高速钢，具有较好的硬度和韧性。该钢种容易轧制和锻造，热处理工艺范围宽，脱碳敏感性小，磨削加工性能好，可以代替 W6Mo5Cr4V2 高速钢制作大规格的轧制和扭制刀具。

常用的低合金高速钢有 W2Mo5Cr4V、W3Mo3Cr4V2 及 W4Mo3Cr4V，其价格比 W6Mo5Cr4V2 高速钢便宜 15%～20%。这类高速钢主要用于制造热轧直钻、热轧（挤压）丝锥、手用丝锥、机用丝锥、机用锯条、立铣刀、机绞刀车刀、木工刨刀等普通低档民用刀具，用以替代较贵的通用型高速钢材料，但其使用寿命要低得多。

2.2 高碳高速钢切削刀具

在 W18Cr4V 基础上增加 0.2%～0.25%的含碳量，形成 95W18Cr4V，简称 95W18；或形成 100W6Mo5Cr4V2，简称 CM2。根据化学平衡碳理论，可在淬火加热时增加高速钢奥氏体中的含碳量，加强回火时的弥散硬化作用，从而提高高速钢的常温和高温硬度。与 W18Cr4V 高速钢相比，95WI8Cr4V 高碳高速钢的耐磨性和刀具耐用度均有所提高，且刃磨性能相当。但此钢种的切削性能虽不及高钴和高钒高速钢，但价格便宜，切削刃可以磨得很锋利，故也有很好的应用价值。

2.3　高钴高速钢切削刀具

在 W18Cr4V 高速钢中加钴，可以促进回火时从马氏体中析出钨、钼碳化物，提高弥散硬化效果，并提高热稳定性，故能提高高速钢刀具的常温、高温硬度及耐磨性。另外，增加含钴量还可以改善高速钢的导热性，降低刀具与工件间的摩擦系数。

美国的 W2Mo9Cr4VCo8 钢，简称 M42，是这方面的代表性钢种。其硬度高达 69~70HRC，比 W18Cr4V 钢高 4~5HRC，600℃高温硬度为 54~55HRC，综合性能甚为优越。瑞典的 HSP-15 也是此类钢种，但其含钒量为 3%，刃磨加工性不如 M42，钴含量高，价格昂贵，不适合中国国情。我国研制成功的低钴含硅高速钢 Co5Si，性能优越，价格低于 M42 和 HSP-15，但 Co5Si 含钒量也达到 3%左右，刃磨加工性亦较差，故不宜用其制造复杂的刃形刀具。

2.4　高钒高速钢切削刀具

高钒高速钢，如 W6Mo5Cr4V5SiNbAl，简称 B201；W18Cr4V4SiNbAl，简称 B211 等，其含钒量约为 3%~5%，同时加大含碳量可形成 VC 与 V_4C_3，使高速钢得到高硬度和耐磨性。合金中的铌元素也提高了强度，硅和铝元素也提高了硬度和热稳定性。高钒高速钢的耐热性也较好，但高钒高速钢的刃磨加工性较差，导热性也不好，冲击韧性也较低，故不宜用于复杂刀具。在高钒高速钢中也可加入适当的钴，成为高钒含钴高速钢。

我国研制的高钒高速钢 V3N，价格便宜，切削性能较好，但是刃磨较难。随后，我国又研制出低钴含氮高速钢 W12Mo3Cr4VCo3N，简称 Co3N，切削性能较好，刃磨性能也佳，但价格高于 V3N 切削刀具。

2.5　含铝高速钢切削刀具

我国研制出价廉的无钴含铝高性能高速钢 W6Mo5Cr4V2Al，简称 501，其中含铝量约为 1%。其常温硬度为 67~69HRC，600℃高温硬度为 54~55HRC，铝能提高钨和钼在钢中的溶解度，从而产生固溶强化。由于铝化合物在钢中能起到“钉扎”作用，故钢的常温、高温硬度和耐磨性能均得以提高，强度和韧性也都较高，切削性能可与 M42 相当。高速钢 501 的含钒量为 2%，刃磨性能稍低于 M42。高速钢 W10Mo4Cr4V3Al，简称 5F6，也是含铝量约为 1%的高性能高速钢。高钒高速钢 B201、B211 和 B212 中也含铝。含铝高速钢是中国的一个独创，501 在国内得到广泛应用，随后在国外也得到了一定的应用，而其他含铝高速钢的应用则不及 501 广泛。

2.6 高速钢切削刀具切削试验

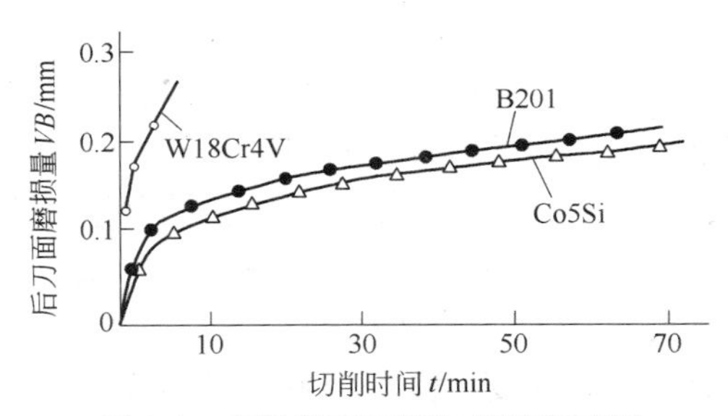

图 2-1 高性能高速钢与普通高速钢车削高强度钢的磨损曲线

（1）通过高性能高速钢车刀与普通高速钢 W18Cr4V 车刀切削高强度钢 36CrNi4MoVA（调质，43～46HRC）的对比试验，测出该类刀具车削高强度钢的磨损曲线规律，如图 2-1 所示。刀具几何参数：前角 γ_0 为 4°，主偏角 k_r 为 45°，刀尖圆弧半径 r 为 0.2mm，切削深度 a_p 为 1mm，进给量 f 为 0.1mm/r。由图 2-1 可见，B201 与 Co5Si 刀具的耐磨性比 W18Cr4V 刀具大幅提高。

（2）高性能高速钢与普通高速钢车削高强度钢的 t-v 曲线如图 2-2 所示。

工件材料仍为高强度钢 36CrNi4MoVA。由图可见，各种高性能高速钢刀具的耐磨性和使用寿命均比 W18Cr4V 普通高速钢刀具高出甚多，而 V3N 与 Co5Si 切削刀具尤为领先。36CrNi4MoVA 是难加工材料，所以高性能高速钢刀具在切削难加工材料时的优势非常显著。

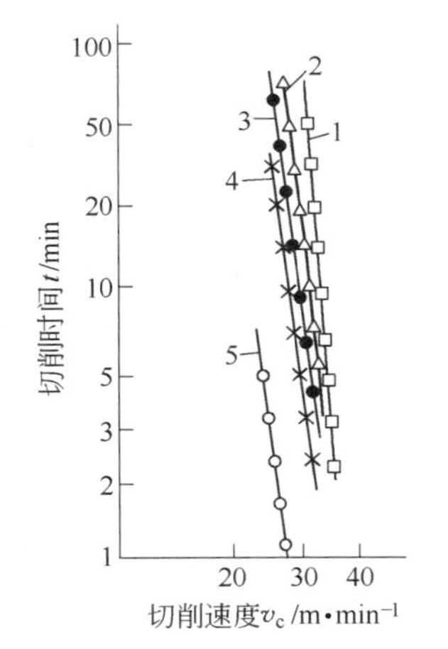

图 2-2 高性能高速钢与普通高速钢车削高强度钢的 t-v 曲线

1—V3N；2—Co5Si；3—B201；4—M42；5—W18Cr4V

2.7 高速钢切削刀具的选用

2.7.1 高速钢刀具材料的选用原则

高速钢的牌号很多，而且各具有特点。用其作为刀具材料，应根据加工材料的性能、制造刀具的类型、加工方式和工艺系统刚性等条件合理选择，具体选用原则如下[6]：

（1）在切削难加工材料时，应当合理选用不同牌号的高性能高速钢切削刀具；在切削常见的难加工材料时，如高强度钢、奥氏体不锈钢及高温钛合金等，上述各种高性能高速钢切削刀具都可以选用，选用时应主要考虑高速钢的机械性能和刃磨性能。

（2）在粗加工或断续切削条件下，应选用抗弯强度与冲击韧性较高的高速钢切削刀具；在精加工时，对高速钢的抗弯强度与冲击韧性的要求较低，这时主要考虑其耐磨性能。

（3）工艺系统刚性较差时，高速钢的牌号应选用与粗加工时相同的切削刀具即可；工艺系统刚性较好时，高速钢的牌号应选用与精加工时相同的切削刀具。

（4）刃型复杂的刀具，应选用刃磨性能较好的低钒高钴或低钒含铝高速钢；刃型简单的刀具，可选用刃磨性能差的高钒高速钢。

（5）通用型高速钢价格较低，主要用于加工普通钢、合金钢和铸件；高性能高速钢主要用于加工不锈钢、高强度钢、耐热钢等难加工材料。

（6）通用刀具如孔加工刀具、螺纹刀具等，与复杂刀具相比，其制造工艺简单，制造精度也较低。考虑到刀具成本中材料消耗费用所占比例较大，所以常用通用型高速钢制造；拉刀和齿轮刀具等复杂刀具的制造精度和技术要求较高，在刀具成本中加工费用所占比例较大，故应用高硬度、高耐磨的高性能高速钢及粉末冶金高速钢制造。

（7）含钴的高性能高速钢有较高的高温硬度，在切削条件稳定的情况下，刀具寿命可显著提高。由于这类高速钢的韧性较差，因此不适合断续切削或工艺系统刚性不足的条件下使用，容易打刀或崩刃。

（8）高钒高速钢因其磨削性能较差，切削刃容易烧伤退火，故不宜用于制造小模数插齿刀、螺纹刀等复杂刀具。

表 2-1～表 2-3 是常用高速钢的牌号、性能特点及主要用途。表 2-4 是各种刀具对应不同工件材料时高速钢牌号的选择[7]。

表 2-1 常用高速钢的牌号、特点及主要用途

牌 号		特点及主要用途
普通高速钢	W18Cr4V（W18）	综合性能好，通用性强，可用于一般钢与铸铁，也可制造各种复杂刀具
	W14Cr4VMnXt	改善了 W18Cr4V 的热塑性，其余性能与其相当，适合于制造热轧刀具
	W9Mo3Cr4V	耐热性、热塑性、热处理等性能均优于 W18 与 M2，可加工一般钢与铸铁，也可制造各种刀具
	W6Mo5Cr4V2（M2）	强度高、热塑性好、韧性高、可制造轧制刀具、要求热塑性好的刀具以及承受较大冲击载荷的刀具
铝高速钢	W10Mo4Cr4V3Al（5F-6）	切削性能相当于 M42，适宜制造铣刀、钻头、铰刀、齿轮刀具、拉刀等，用于加工合金钢、不锈钢、高强度钢及高温合金等材料
	W6Mo6Cr4V2Al（501）	
钴高速钢	W12Mo3Cr4V3Co5Si（Co5Si）	硬度高的超硬钴高速钢，用于加工高强度耐热钢、高温合金、钛合金等难加工材料。M42 磨削加工性好，可用于复杂精密刀具的制作，但不宜在冲击切削条件下工作
	W9Mo3Cr4V3Co10	
含钴高速钢	W7Mo4Cr4V2Co5（M41）	
	W2Mo9Cr4VCo8（M42）	

续表 2-1

牌号		特点及主要用途
高钒高速钢	W12Cr4V4Mo（EV4）	耐磨性好，适合加工对刀具磨损严重的材料，如纤维、硬橡胶、塑料等，也可用于不锈钢、高强度钢和高温合金等
	W6Mo5Cr4V3（M3）	
含氮高速钢	W12Mo3Cr4V3N（V3N）	硬度、强度、韧性与 M42 相当，可作为钴高速钢的替代品，用于低速切削难加工材料和低速高精加工材料
含硅铌铝高速钢	W6Mo5Cr4V5SiNbAl（B201）	强度和韧性较好，适合加工不锈钢、耐热钢和高强度钢
	W18Cr4V4SiNbAl（B212）	硬度高，可加工高温合金、奥氏体不锈钢和硬度在 40~50HRC 以下工件的淬火工作
高碳高速钢	9W18Cr4V（9W18）	常温和高温硬度较高，适用于加工耐磨性高的普通钢铁和铸铁钻头、铰刀、丝锥和铣刀等，或加工较硬材料的刀具，不宜承受大的冲击
	9W6Mo5Cr4V2（CM2）	

表 2-2 国内实验性粉末冶金高速钢牌号及性能

牌号	硬度 HRC	主要成分	性能
FT15	68	W12Cr4V5Co5	两者都具有高温硬度高、耐磨性能好等优点，可用于重负荷切削难加工材料
FR71	70	W10Mo5Cr4V2Co12	
PT1	—	W18Cr4V	磨削加工性好，切削性能优于铝高速钢
PVN	67~69	W12Mo3Cr4V3N	
GF1	—	W18Cr4V	可用来制造大尺寸刀具，并且可承受重载及大的冲击切削，也可制造精密刀具
GF2	—	W6Mo5Cr4V2	
GF3	—	W10Mo5Cr4V3Co9	

表 2-3 AP2000 系列粉末冶金高速钢适合制造的切削刀具类型

牌号	ASP2015	ASP2017	ASP2023	ASP2030	ASP2053	ASP2060
切削刀具类型	高温合金的拉刀	丝锥、粗加工立铣刀	剃齿刀、拉刀	齿轮滚刀、插齿刀、立铣刀、拉刀	齿轮滚刀、立铣刀	铰刀、精加工立铣刀

表 2-4 高速钢刀具材料的选择

工件材料	成型铣刀	钻头、铰刀	螺纹刀具	齿轮刀具	拉刀
轻合金、碳素钢、合成钢	W18Cr4V 9W18Cr4V W6Mo5Cr4V2 W6Mo5Cr4V2Al	W18Cr4V 9W18Cr4V W6Mo5Cr4V2 W6Mo5Cr4V5SiNbAl W10Mo4Cr4V3Al W6Mo5Cr4V2Al	W18Cr4V 9W18Cr4V W6Mo5Cr4V2 W6Mo5Cr4V2Al	9W18Cr4V W6Mo5Cr4V2 W6Mo5Cr4V2Al W2Mo9Cr4VCo8 W9Mo3Cr4V3Co10 W12Cr4V4Mo	9W18Cr4V W6Mo5Cr4V2 W6Mo5Cr4V2Al W10Mo4Cr4V3Al W12Cr4V4Mo W6Mo5Cr4V5SiNbAl
耐热不锈钢、锻造高温合金	W2Mo9Cr4VCo8 W12Mo3Cr4V3-Co5Si W10Mo4Cr4V3Al W6Mo5Cr4V2Al	W10Mo4Cr4V3Al W6Mo5Cr4V2Al W6Mo5Cr4V5SiNbAl W9Cr4V5Co3 W12Cr4V4Mo	W6Mo5Cr4V2 W6Mo5Cr4V2Al W2Mo9Cr4VCo8	W6Mo5Cr4V2 W6Mo5Cr4V2Al W2Mo9Cr4VCo8 W12Cr4V4Mo	W6Mo5Cr4V5SiNbAl W6Mo5Cr4V2Al W10Mo4Cr4V3Al W2Mo9Cr4VCo8 W12Mo3Cr4V3Co5Si W10Mo4Cr4V3Co4Nb
高强度钢、钛合金、铸造高温合金	W2Mo9Cr4VCo8 W12Mo3Cr4V3-Co5Si W10Mo4Cr4V3Al W6Mo5Cr4v2Al	W2Mo9Cr4VCo8 W9Mo3Cr4V3Co10 W10Mo4Cr4V3Co4Nb W10Mo4Cr4V3Al W6Mo5Cr4V2Al W6Mo5Cr4V5SiNbAl	W6Mo5Cr4V2Al W2Mo9Cr4VCo8 W12Mo3Cr4V3Co5Si W10Mo4Cr4V3Co4Nb W9Mo3Cr4V3Co10	W6Mo5Cr4V2Al W2Mo9Cr4VCo8 W12Mo3Cr4V3-Co5Si W10Mo4Cr4V3-Co4Nb W9Mo3Cr4V3Co10	W2Mo9Cr4VCo8 W12Mo3Cr4V3-Co5Si W10Mo4Cr4V3Co4Nb W10Mo4Cr4V3Al W6Mo5Cr4V2Al W6Mo5Cr4V5SiNbAl

2.7.2 高速钢刀具切削不同材料的工艺参数

高速钢刀具在切削各种不同金属材料时的基本切削参数见表 2-5。

表 2-5 高速钢刀具参数的选择

材料	钢			不锈钢	铸铁		黄铜	青铜	铜
	<175HBW	175~250HBW	>250HBW		<250HBW	>250HBW			
前角/(°)	15	8	0	15	8	0	10	10	30
后角/(°)	8	8	8	8	8	6	10	8	10

2.7.2.1 切削铸铁

高速钢可作为小批量加工钻削、铣削铸铁的刀具材料，其切削铸铁的切削参数见表 2-6。

表 2-6 高速钢刀具切削铸铁的切削参数

加工方式	切削速度/m·min^{-1}	进给量/mm·r^{-1}	背吃刀量/mm
普通车削	9~30	0.1~0.6	1~6
铣削	10~40	0.05~0.2	—

注：适用于可转位铣削刀片的干式切削。

铸铁外圆、断面车削、切断、切槽及镗孔的推荐切削用量见表 2-7~表 2-9 所示，进给量和背吃刀量的适宜范围主要取决于刀具强度方面的可靠性以及刀杆和工件等工艺系统的刚性。

表 2-7 高速钢刀具外圆粗车铸铁的背吃刀量与进给量

工件直径/mm	刀杆横断面尺寸/mm	背吃刀量/mm				
		<3	3~5	5~8	8~12	>12
		进给量/mm·r^{-1}				
40	16×25	0.4~0.5	—	—	—	—
60		0.6~0.8	0.5~0.8	0.4~0.6	—	—
100		0.8~1.2	0.7~1	0.6~0.8	0.5~0.7	—
400		1~1.4	1~1.2	0.8~1	0.6~0.8	—
40	20×30	0.4~0.5	—	—	—	—
60		0.6~0.9	0.5~0.8	0.4~0.7	—	—
100		0.9~1.3	0.8~1.2	0.7~1	0.5~0.8	—
600		1.2~1.8	1.2~1.6	1~1.3	0.8~1.1	0.7~0.9
60	25×40	0.6~0.8	0.5~0.9	0.4~0.7	—	—
100		1~1.4	0.9~1.2	0.8~1	0.6~0.9	—
100		1.5~2	1.2~1.8	1~1.4	1~1.2	0.8~1
500	30×45	1.4~1.8	1.2~1.6	1~1.4	1~1.3	0.9~1.2
2500	40×60	1.6~2.4	1.6~2	1.4~1.8	1.3~1.7	1~1.7

表 2-8 高速钢刀具粗镗铸铁工件孔的背吃刀量与进给量

刀杆悬伸长度/mm	刀杆横断面尺寸/mm	背吃刀量/mm						备注
		2	3	5	8	12	>20	
		进给量/mm·r^{-1}						
50	10	0.12~0.16	—	—	—	—	—	卧式镗削
60	12	0.12~0.2	0.12~0.2	—	—	—	—	
80	16	0.2~0.3	0.15~0.25	0.1~0.18	—	—	—	
100	20	0.3~0.4	0.25~0.35	0.12~0.25	—	—	—	

续表 2-8

刀杆悬伸长度/mm	刀杆横断面尺寸/mm	背吃刀量/mm						备注
		2	3	5	8	12	>20	
		进给量/mm·r^{-1}						
125	25	0.4~0.6	0.3~0.5	0.25~0.35	—	—	—	卧式镗削
150	30	0.5~0.8	0.4~0.6	0.25~0.45	—	—	—	
200	40	—	0.6~0.8	0.3~0.6	—	—	—	
150	40×60	—	0.7~1.2	0.5~0.9	0.4~0.5	—	—	
300		—	0.6~0.9	0.4~0.7	0.3~0.4	—	—	
150	60×60	—	1~1.5	0.8~1.2	0.6~0.9	—	—	
300		—	0.9~1.2	0.7~0.9	0.5~0.7	—	—	
300	75×75	—	1.1~1.6	0.9~1.3	0.7~1	—	—	
500		—	—	0.7~1.1	0.6~0.8	—	—	
800		—	—	0.6~0.8	—	—	—	
200	—	—	1.5~2	1.4~2	1.2~1.6	1~1.4	0.9~1.2	立车
300	—	—	1.4~1.8	1.2~1.7	1~1.3	0.8~1.1	0.7~0.9	
500	—	—	1.2~1.6	1.1~1.5	0.8~1.1	0.7~0.9	0.6~0.7	
700	—	—	1~1.4	0.9~1.2	0.7~0.9	—	—	

表 2-9 高速钢钻头钻削铸铁、铜、铝及其合金的进给量

钻头直径/mm	工件硬度		钻头直径/mm	工件硬度	
	≤200HBW	>200HBW		≤200HBW	>200HBW
	进给量/mm·r^{-1}			进给量/mm·r^{-1}	
<2	0.09~0.11	0.05~0.07	>13~16	0.61~0.75	0.37~0.45
>2~4	0.18~0.22	0.11~0.13	>16~20	0.7~0.86	0.43~0.53
>4~6	0.27~0.33	0.18~0.22	>20~25	0.78~0.96	0.47~0.57
>6~8	0.36~0.44	0.22~0.26	>25~30	0.9~1.1	0.54~0.66
>8~10	0.47~0.57	0.28~0.34	>30~60	1~1.2	0.7~0.8
>10~13	0.52~0.64	0.31~0.39	—	—	—

注：当工艺系统刚性不足，或因钻进和钻出工件时有横向分力使导向不佳，或深径比大于 3 时，实际使用的进给量在表中推荐值的基础上降低 20%~50%。

高速钢群钻钻削铸铁的推荐切削用量见表 2-10。

表 2-10 高速钢群钻钻削铸铁的推荐切削刀量

钻头直径/mm	钻削参数	铸铁硬度 HBW			
		HT100、HT150（163~229HBW）及可锻铸铁（229HBW）		HT200 以上（170~269HBW）及可锻铸铁（179~269HBW）	
		钻削深径比			
		3~8	<3	3~8	<3
8	进给量/mm·r^{-1}	0.3	0.24	0.24	0.2
	切削速度/m·min^{-1}	0.33	0.566	0.266	0.216
	转速/r·s^{-1}	13.33	10.67	10.67	8.67
10	进给量/mm·r^{-1}	0.4	0.32	0.32	0.26
	切削速度/m·min^{-1}	0.333	0.266	0.266	0.216
	转速/r·s^{-1}	10.67	8.5	8.5	7
12	进给量/mm·r^{-1}	0.5	0.4	0.4	0.32
	切削速度/m·min^{-1}	0.333	0.266	0.266	0.216
	转速/r·s^{-1}	8.83	7	7	5.83
16	进给量/mm·r^{-1}	0.6	0.5	0.5	0.38
	切削速度/m·min^{-1}	0.35	0.283	0.283	0.233
	转速/r·s^{-1}	7	5.58	5.58	4.5
20	进给量/mm·r^{-1}	0.75	0.6	0.6	0.48
	切削速度/m·min^{-1}	0.35	0.238	0.238	0.233
	转速/r·s^{-1}	5.58	4.5	4.5	3.67
25	进给量/mm·r^{-1}	0.81	0.67	0.67	0.55
	切削速度/m·min^{-1}	0.35	0.238	0.238	0.233
	转速/r·s^{-1}	4.5	3.67	3.67	2.83
30	进给量/mm·r^{-1}	0.9	0.75	0.75	0.6
	切削速度/m·min^{-1}	0.366	0.3	0.3	0.25
	转速/r·s^{-1}	3.83	3.7	3.17	2.5
35	进给量/mm·r^{-1}	1	0.81	0.81	0.67
	切削速度/m·min^{-1}	0.366	0.3	0.3	0.25
	转速/r·s^{-1}	3.33	2.75	2.75	2.08
40	进给量/mm·r^{-1}	1.1	0.9	0.9	0.75
	切削速度/m·min^{-1}	0.366	0.3	0.3	0.25
	转速/r·s^{-1}	2.91	2.38	2.38	1.93

注：钻头平均使用寿命为 60~120min，且乳化液充分冷却润滑。

2.7.2.2 切削不锈钢

高速钢刀具切削不锈钢普遍使用一些复杂的刀具，如拉刀和丝锥等。高速钢车削不锈钢螺纹时常用的主轴转速和背吃刀量见表 2-11。

表 2-11 高速钢车削不锈钢螺纹时常用的主轴转速和背吃刀量

工件材料	螺纹公称直径/mm	主轴转速/r·min^{-1}	背吃刀量/mm
耐浓硝酸用不锈钢 1Cr17Ni2	>10	400~765	螺距<1.5mm 时，a_p=0.1~0.2 螺距>2mm 时，a_p=0.2~0.3
	>10~25	460~600	
	>25~40	370~460	
	>40~60	230~370	
	>60~80	185~230	
不锈钢 1Cr18Ni9Ti	<10	380~480	螺距<1.5mm 时，a_p=0.1~0.2 螺距>2mm 时，a_p=0.2~0.3
	>10~20	230~380	
	>25~40	150~230	
	>40~60	96~150	
	>60~80	56~96	
耐浓硝酸用不锈钢 1Cr17Ni2	>10	23~305	螺距<1.5mm 时，a_p=0.08~0.15 螺距>2mm 时，a_p=0.1~0.25
	>10~25	150~230	
	>25~40	120~150	
	>40~60	76~120	
	>60~80	46~76	

注：切削速度对螺纹表面粗糙度的影响较大，当表面质量不满足要求时，可调整切削速度。

2.7.2.3 切削高强度钢

切削高强度钢选用的高速钢牌号应考虑工件材料、切削方式、刀具结构和形状以及系统刚性等因素。常见用于高强度钢切削的高速钢刀具牌号见表 2-12[8]。

表 2-12 用于高强度钢切削的高速钢刀具牌号

刀具类型	典型高速钢刀具牌号
车刀	W12Mo3Cr4V3Co5Si，W2Mo9Cr4V3Co10，W9Mo3Cr4V3Co10，W6Mo5Cr4V2Al
铣刀	W12Mo3Cr4V3Co5Si，W2Mo9Cr4V3Co8，W6Mo5Cr4V2Al
成型铣刀	W12Mo3Cr4V3Co5Si，W2Mo9Cr4V3Co8，W6Mo5Cr4V2Al
拉刀	W2Mo9Cr4V3Co8，W6Mo5Cr4V2Al，W12Mo3Cr4V3Co5Si
螺纹刀具	W6Mo5Cr4V2Al，W2Mo9Cr4V3Co8，W12Mo3Cr4V3Co5Si
钻头、铰刀	W12Mo3Cr4V3Co5Si，W6Mo5Cr4V2Al

2.7.2.4 切削非金属工程结构材料

高速钢车刀可用来加工热塑性塑料以及在小批量生产中加工的某些热固性塑

料，不适合加工含耐磨损纤维的塑料，如玻璃钢等。高速钢刀具切削非金属工程结构材料的参数见表 2-13～表 2-15。

表 2-13 W18Cr4V 高速钢车刀加工塑料的推荐几何参数

被加工塑料	前角/(°)	后角/(°)	主偏角/(°)	副偏角/(°)	刃倾角/(°)	刀尖圆弧半径/mm
硬塑料	20	15～20	45	—	0	≤3
	15～20	10～14	45～65	—	—	2～3
氟塑料	10～15	10～14	45～65	—	—	2～3
聚乙烯	15～20	10～15	45	—	0	≤3
聚酰胺	30～45	10～20	45	—	0	≤3
酸甲酯	20	10～12	45	—	0	≤3
酚基胶纸板	10～15	20～30	45	45	0	4～6
布层塑料	10～12	20	45	45	0	3～4

注：加工刚性差的零件，主偏角可取 90°；粗车热塑性材料时，因背吃刀量、切削力较大，为提高刀头强度，前角取 0°～10°。

表 2-14 加工热塑性塑料和层压塑料钻头的钻尖角度

被加工材料	顶角/(°)	备 注
粉状塑料	30～35	—
纤维塑料	45～50	—
层次塑料	70～80	切削方向与填料层垂直
	90～135	切削方向与填料层一致
各种塑料上钻盲孔	110～130	—
	120～150	—

注：刀具材料为 W18Cr4V 高速钢。

表 2-15 加工热固性塑料和层压塑料的 W18Cr4V 钻头角度

被加工材料	顶角/(°)	螺旋角/(°)	前角/(°)	后角/(°)
酚醛胶纸板	70～80	10～17	10～15	10～15
布层塑料	70～80	10～15	10～15	10～15
氨基塑料	30～35	10～15	10～15	10～15
纤维塑料	90～100	10～15	12～15	14～16
玻璃钢	70	10～15	15	30
玻璃纤维塑料	55～60	10～15	15	20

2.7.2.5 切削工程塑料

非金属材料的车削加工参数及切削条件可以根据被加工材料、车刀材料以及工件的技术质量要求而定。部分工程塑料的推荐切削用量及冷却条件见表2-16。

表 2-16 工程塑料的推荐切削用量及冷却条件

被加工塑料	车刀寿命 /min	车削速度 /m·min^{-1}	进给量 /mm·r^{-1}	背吃刀量 /mm	表面粗糙度 /μm	冷却条件
聚氯乙烯硬塑料	15~120	50~500 500~1000	0.5~1 0.1~0.5	2~5 0.5~1	2~1	压缩空气或体积分数5%的乳化液冷却，f < 0.2mm/r 时，排屑不良
聚乙烯	30~240	300~700 700~1000	0.5~1 0.1~0.2	3~5 0.5~3	2~1	压缩空气冷却
聚苯乙烯	60~360	50~110 110~200	0.1~0.2 0.02~0.08	1.5~4 0.5~1.5	1~0.5	体积分数5%的乳化液冷却
聚甲基丙烯酸甲酯	30~360	75~100 100~600	0.1~0.3 0.05~0.1	0.5~3 0.5~1.5	2~1	压缩空气冷却，材料易剥落
氟塑料	30~240	70~120	0.02~0.14	1~2	1~0.5	—

注：刀具材料为W18Cr4V高速钢。

钻削热塑性材料、热固性材料和层压塑料的推荐切削用量见表2-17和表2-18。端面精铣规范参数见表2-19。

表 2-17 钻削热塑性塑料的推荐切削用量

被加工塑料	钻头结构形式	钻头材料	刀具寿命 /min	切削速度 /m·min^{-1}	进给量 /mm·r^{-1}	备注
聚氯乙烯	扁钻	W18Cr4V	12~90	30~50	0.15~0.7	液冷与空冷
硬塑料	麻花钻	W18Cr4V	—	10~80	0.1~0.9	切削刃需强化
卡普隆	麻花钻	W18Cr4V	—	20~30	0.13~0.18	—
聚酰胺	—	W18Cr4V	20	35~40	0.25~0.35	压缩空气冷却
聚苯乙烯	麻花钻	T10	20	10~25	0.03~0.1	体积分数5%的乳化液冷却
		W18Cr4V	—	10~50	0.05~0.15	—
聚乙烯	—	W18Cr4V	6~60	40~75	0.4~0.8	压缩空气冷却

表 2-18 钻削热固性塑料和层压塑料的推荐切削用量

被加工塑料	钻头结构形式	钻头材料	刀具寿命 /min	切削速度 /m·min^{-1}	进给量 /mm·r^{-1}	备注
氨基塑料	扁钻	W18Cr4V	6~60	20~50	0.05~0.15	长径比大于3时，需周期性地退出钻头以排屑
	麻花钻	W18Cr4V	6~60	10~60	0.05~0.5	

续表 2-18

被加工塑料	钻头结构形式	钻头材料	刀具寿命/min	切削速度/m·min^{-1}	进给量/mm·r^{-1}	备注
纤维塑料	麻花钻	W18Cr4V	6~60	40~90	0.05~0.2	—
	扁钻	W18Cr4V	12~30	20~25	0.05~0.1	
酚醛胶	麻花钻	W18Cr4V	10~30	20~100	0.15~0.6	切削方向应避免与填料层平行
布层塑料	扁钻	T10A	15~20	30~40	0.1~0.2	钻削时需退出钻头，便于冷却
	麻花钻	CrWMn	15~20	40~50	0.1~0.3	

表 2-19 端面精铣规范

表面粗糙度/μm	铣刀齿数 z	背吃刀量为 0.5mm	
		进给量/mm·r^{-1}	切削速度/m·min^{-1}
0.32~0.63	1	0.24	260
	1	0.2	220
	1	0.2	220
0.63~1.2	1	0.35	260
	4	0.25	135
	6	0.25	135

注：铣刀材料为 W18Cr4V 高速钢。

3 硬质合金切削刀具切削性能

3.1 通用型硬质合金切削刀具

硬质合金按照组织结构的晶粒度来分类，可分为纳米级（≤0.2μm）、超细级（0.2~0.5μm）、特细级（0.5~0.9μm）、细级（0.9~1.3μm）、中级（1.3~2.0μm）、中粗级（2.0~3.4μm）、粗级（3.4~5.0μm）、特粗级（>5.0μm）颗粒的硬质合金。对于超细和纳米级颗粒的硬质合金切削刀具来说，不仅可以加工有色金属，也可以加工黑色金属，还可以加工淬硬钢材、耐热耐蚀不锈钢、宇航用高温合金、木制品、玻璃纤维等；而且还可以制成整体硬质合金刀具，进行高效精密的切削。在先进刀具尤其在数控切削刀具的使用中，由于硬质合金切削刀具性能较优异，所以一直占据着主导地位。在300m/min以上的高速切削条件下，硬质合金切削刀具可以较长时间地加工40HRC以下的钢铁材料，而超细级硬质合金涂层刀具可以稳定地高速切削60HRC以下的钢铁材料。

目前，生产上常用特细级和超细级硬质合金制作整体硬质合金刀具，这类合金常用的有：H10F、YF06、YF08、YU08、YU06、ZK20UF、ZK30UF、TSM20、TSM30、GA1、MF20、K44UF及MG18等；常用纳米级和超细级颗粒硬质合金制作加工印刷线路板用的微型仪表钻和铣刀，如PN90、8UF、6UF、YU06、YU08、YU09、GAF0、GAF1等。

硬质合金切削刀具的使用应根据具体的加工条件和加工对象来选择，从硬质合金材料的成分、粒度、孔隙、石墨、η相及其力学性能指标等方面选择适当的材料牌号。目前硬质合金切削刀具的应用研究主要集中在添加稀有金属、稀土元素改性等几方面，从而提高其硬度、韧性等综合性能，这也是目前硬质合金切削刀具的发展方向。

3.2 添加钽、铌的硬质合金切削刀具

3.2.1 添加钽、铌的硬质合金切削刀具概述

添加钽、铌的硬质合金可分为两大类：

（1）WC+Ta(Nb)C+Co类，即在YG类硬质合金的基础上又加入了TaC或NbC。如株洲硬质合金厂研制的YG6A和YG8N就属于这类合金见表3-1。YG6A和YG8N的耐磨性与抗冲击性均优于YG6和YG8，这类硬质合金主要用于加工

铸铁和有色金属等。

表 3-1 添加 TaC、NbC 的硬质合金系列

类 别	牌 号	原用牌号	硬度 HRA	抗弯强度/GPa	密度 /g · cm^{-3}	适用范围
WC+Co +Ta(Nb)C	YG6A	YA6	91.5	1.4	14.6~15	K10
	YG8N	YG8N	89.5	1.5	14.5~14.9	K20~K30
WC+TiC +Co+Ta(Nb)C 通用类	YW1	YW1	91.5	1.2	12.6~13.5	M10
	YW2	YW2	90.5	1.35	12.4~13.5	M20
	YW3	YW3	92	1.3	12.7~13.3	M10~M20
	YM10	YW4	92	1.25	12~12.5	M10, P10
WC+TiC +Co+Ta(Nb)C 铣削类	YS30	YTM30	91	1.8	12.5~12.8	P25~P30
	YS25	YTS25	91	2	12.8~13.2	P25
	YDS15	YGM	92	1.7	12.8~13.1	K10~K20
	YT798	YT798	91	1.47	11.8~12.5	P20~P25, M20
高 TiC 添加 Ta(Nb)C 类	YT30 +TaC	YT30 +TaC	—	—	—	P10
	YT715	YT715	91.5	1.18	11~12	P10~P20
	YT712	YT712	91.5	1.27	11.5~12	P10~P20, M10

注：除 YT798，YT712，YT715 为自贡硬质合金厂产品外，其余牌号均为株洲硬质合金厂产品，但 YW1，YW2 两厂均生产。

（2）WC+TiC+Ta(Nb)C+Co 类，即在 YT 类硬质合金的基础上又加入了 TaC 或 NbC，用以加工钢料，个别牌号也能加工铸铁。这类合金品种繁多，归纳起来可分为以下三种：

1）通用类：TiC 含量为 4%~10%，TaC 和 NbC 含量为 4%~8%，Co 含量为 6%~8%，综合性能较好，适用范围宽，既可加工钢材，又可加工铸铁和有色金属，但其单项性能指标并不比普通的 YT、YG 合金优异。YW1、YW2 和 YW3 等牌号即是通用类硬质合金见表 3-1。

2）铣削牌号类：TiC 含量一般少于 10%，TaC 含量高达 10%~14%，Co 含量亦达 10%，主要用于铣刀。添加较多的 TaC 后，能有效地提高合金的抗机械冲击和抗热裂的性能；配以较高的含 Co 量，抗弯强度亦高。株洲硬质合金厂的 YS30、YS25、YDS15 及自贡硬质合金厂的 YT798 属于此类硬质合金，见表 3-1。

3）高 TiC 添加 TaC、NbC 类：TiC 含量一般在 10%以上（个别也有低于 10%者），直到 30%。添加 TaC、NbC 约 5%以下，可用以替代各个等级的 YT 类普通合金，耐磨性能显著提高。株洲硬质合金厂的 YT30+TaC 和自贡硬质合金厂的 YT712、YT715 等都属于这类硬质合金，见表 3-1。

除添加 TaC 和 NbC 外，有些新型硬质合金还添加了 Cr_3C_2、VC、W 粉及 Nb 粉等。Cr_3C_2和 VC 的加入，可以抑制合金晶粒的长大，W 粉和 Nb 粉则可强化黏结相。

株洲硬质合金厂和自贡硬质合金厂近些年在引进外国设备与技术后，又分别建立了添加钽和铌的硬质合金新系列见表 3-2、表 3-3[9]。

表 3-2 株洲硬质合金厂的添加钽、铌合金新系列

类 别	牌 号	相应山特维克牌号	硬度 HV	抗弯强度/GPa	密度/$g \cdot cm^{-3}$	适用范围
P 类	YC10	SIP	1550	1.65	10.3	P10
	YC20.1	S2	1500	1.75	11.7	P20
	YC25S①	SMA	1530~1700	1.6	11.3~11.6	P25
	YC30	S4	1480	1.85	11.4	P30
	YC40	S6	1400	2.20	13.1	P40
	YC50	R4	1150~1300	1.96	14.1~14.4	P45
K 类	YD10.1	H10	1750	1.7	14.9	K05~K10
	YD10.2	H1P	1850	1.7	12.9	K01~K20
	YD20	H20	1500	1.9	14.8	K20~K25
	YL10.1	H13A	1550	1.9	14.9	K15~K25
	YL10.2	H10F	1600	2.2	14.5	K25~K35
	YL05.1	H7F	1450	1.45	14.7~15	K05~K15
铣削类号类	SD15	HM	1680	1.6	12.9	K15~K25
	SC25	SMA	1550	2	11.4	P15~P40
	SC30	SM30	1530	2	12.9	P20~P40

①YC2SS 亦属于铣削类牌号。

表 3-3 自贡硬质合金厂的添加钽、铌合金新系列

类 别	牌 号	硬度 HRA	抗弯强度/GPa	密度/$g \cdot cm^{-3}$	适用范围
Ti（C，N）基	ZP01	92.8	1.37	6.11	P05~P10
P 类	ZP10	92	1.55	11.95	P10~P15
	ZP10-1	92	1.65	11.17	P10~P15
	ZP20	91.5	1.6	11.47	P15~P20
	ZP30	91	1.85	12.60	P20~P35
	ZP35	90.9	2.1	12.72	P30~P40
M 类	ZM10-1	91.5	1.5	13.21	M10~M15
	ZM15	91	1.8	13.8	M10~M20
	ZM30	90.5	2	13.56	M25~M30

续表 3-3

类 别	牌 号	硬度 HRA	抗弯强度 /GPa	密度 /g·cm^{-3}	适用范围
K 类	ZK10	91.4	1.7	14.92	K05~K15
	ZK10-1	91.5	1.5	14.87	K05~K15
	ZK20	90.5	1.8	14.95	K10~K20
	ZK30	90	2	14.8	K20~K30
	ZK40	89	2.2	14.65	K30~K40

3.2.2 添加钽、铌的硬质合金切削刀具切削试验

（1）例如，用普通未加 Ta、Nb 的硬质合金 YT15（P10）切削高强度钢 60Si2Mn（调质，39~42HRC），与 YT15（P10）+Ta、Nb 硬质合金作对比。

切削用量中背吃刀量 a_p 为 1mm，进给量 f 为 0.2mm/r，刀具几何参数前角 γ_0 为 4°，后角 α_0 为 8°，刃倾角 λ_s 为−4°。其刀具磨损曲线及 t-v 曲线如图 3-1 和图 3-2 所示。

根据图可知，t-v 曲线的 Taylor 方程如下：

$$v=174.7/t^{0.2}\quad (\mathrm{m/min})\ (\mathrm{YT15})$$

$$v=176.2/t^{0.11}\quad (\mathrm{m/min})\ (\mathrm{P10+Ta,\ Nb})$$

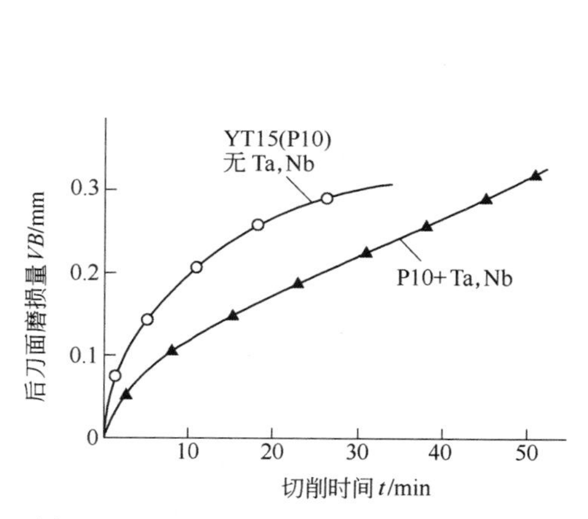

图 3-1 YT15（P10）与 P10+Ta，Nb 硬质合金车削 60Si2Mn 钢的磨损曲线
（v_c=115m/min）

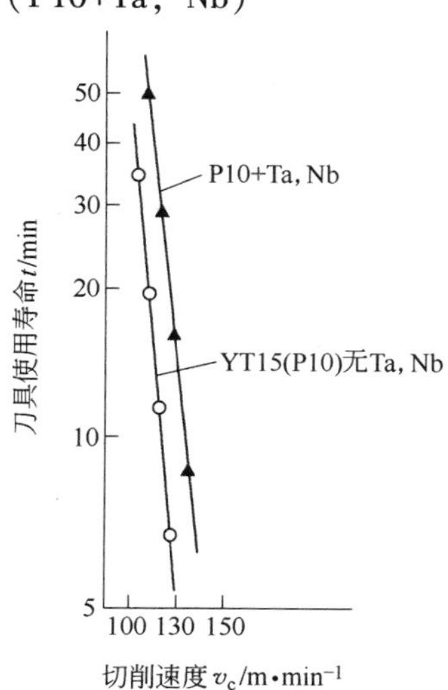

图 3-2 YT15（P10）与 P10+Ta，Nb 硬质合金车削 60Si2Mn 钢的 t-v 曲线
（VB=0.3mm）

（2）又如，用未添加 Ta 的 YT30（P01）硬质合金切削高强度钢 60Si2Mn（调质，39~42HRC），与 P01+TaC 硬质合金作对比。

切削用量中背吃刀量 a_p 为 0.5mm，进给量 f 为 0.2mm/r，切削速度 v_c 为 115m/min；刀具几何参数同上，其刀具磨损曲线如图 3-3 所示。由图可知，在添加 Ta、Nb 后，硬质合金刀具的耐磨性与使用寿命均有显著的提高。

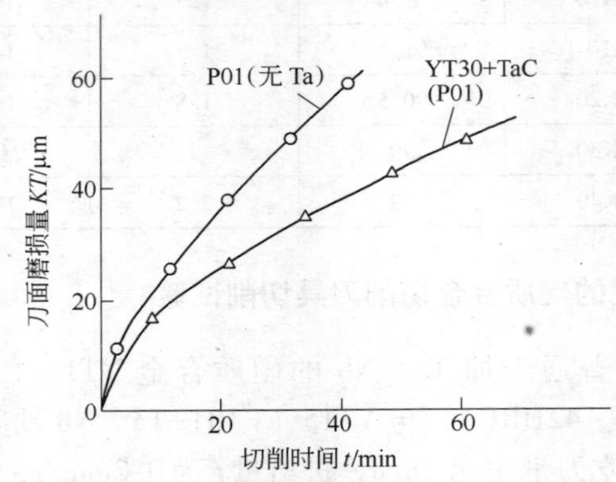

图 3-3　未添加 Ta 的 P01 与 YT30（P01）+TaC 硬质合金车削 60Si2Mn 钢的磨损曲线

3.3　添加稀土元素的硬质合金切削刀具

3.3.1　添加稀土元素的硬质合金刀具切削原理

用稀土硬质合金刀片 YT14R 与普通刀片 YT14 车削高强度钢 38CrNi3MoVA（36~40HRC），改变 4 种切削速度 v_c，即分别为 60m/min、100m/min、140m/min 及 180m/min，各切削 3min，然后由扫描电镜上的能谱分析，测得车刀前刀面上月牙洼部分表面的成分，列于表 3-4 中。

表 3-4　YT14R 与 YT14 车刀月牙洼表面化学成分

切削速度 /m · min⁻¹	刀片牌号	化学成分(质量分数)/%				
		W	Ti	Co	Fe	Ni
60	YT14R	41.76	11.31	2.45	38.62	14.1
	YT14	22.52	6.7	1.27	65.06	2.28
100	YT14R	27.58	7.8	1.09	59.66	1.95
	YT14	17.68	5.6	0.71	71.46	2.51
140	YT14R	15.24	5.49	0.8	74.75	2.14
	YT14	5.93	2.08	0.47	87.12	2.71
180	YT14R	5.13	1.92	0.76	87.62	2.67
	YT14	3.28	1.04	0.63	90.3	2.63

W、Ti 和 Co 为硬质合金刀片的化学元素，其中一部分往切屑表面扩散；而

Fe 和 Ni 为工件切屑的化学元素，其中一部分往刀片表面扩散。由表 3-4 可知，切削速度越高，则相互扩散的作用越强烈，即有更多的 Fe 和 Ni 元素由工件一方扩散到刀片表面；更多的 W、Ti 和 Co 元素由刀片一方扩散到切屑表面，使刀片表面的 W、Ti 和 Co 元素含量减小。含稀土元素的 YT14R 刀片与切屑之间的相互扩散显著小于 YT14 刀片，即刀片表面的 W、Ti 和 Co 元素相对较多，而 Fe 和 Ni 元素从切屑一侧扩散较少，从而造成 YT14R 刀片表面硬度更高，耐磨性更好。

进一步研究表明，稀土元素加入硬质合金，能够强化硬质相和黏结相，并净化晶界，从而起到提高刀具硬度、抗弯强度与韧性的效果。刀片硬度尤其是刀片表面硬度的提高，能够减小刀片与切屑之间的摩擦系数，从而降低切削力。

添加稀土元素的硬质合金因其改善了韧性与抗弯强度的优势，所以最适用于粗加工刀具、顶锤、拉丝模产品及钻孔工具，如 YT5R 在机械加工粗切削中发挥了很大作用，YS25R 在铣削中使用效果良好。所以，稀土硬质合金刀具有很大的发展空间和应用前景。

3.3.2 添加稀土元素的硬质合金刀具切削试验

3.3.2.1 切削力对比试验

（1）用 YT14R 与 YT14 刀片车削 45 钢（正火，200HB）。用三向电阻式测力仪测量主切削力 F_c、进给切削力 F_f和径向切削力 F_p，并记录下来，得到 F_c-v_c、F_f-v_c和 F_p-v_c曲线，如图 3-4 所示。切削用量中背吃刀量 a_p为 2mm，进给量 f 为 0.21mm/r，干式切削。YT14R 的主切削力低于 YT14 约 6%，具体主切削力 F_c的试验公式如下：

$$F_c = 2159 a_p^{0.89} f^{0.84} \text{ (N)} \quad \text{(YT14R-45)}$$

$$F_c = 2204 a_p^{0.86} f^{0.80} \text{ (N)} \quad \text{(YT14-45)}$$

（2）用 YW1R 与 YW1 刀片车削 45 钢，切削力曲线略去，切削力试验公式为：

$$F_c = 1771 a_p^{0.98} f^{0.79} \text{ (N)} \quad \text{(YW1R)}$$

$$F_c = 2196 a_p^{1} f^{0.87} \text{ (N)} \quad \text{(YW1)}$$

3.3.2.2 摩擦系数对比试验

测得三个方向的切削力以后，可以按下列公式计算出前刀面与切屑之间的摩擦系数 μ。

$$\mu = \tan\ \{\tan^{-1}[(F_f^2 + F_p^2)^{0.5}/F_c] + \gamma_0\}$$

式中，γ_0为刀具前角，刀具切削用量中背吃刀量 a_p为 2mm，进给量 f 为 0.21mm/r。在不同切削速度下，得出摩擦系数 μ，绘成图 3-5。可以看出，YT14R 的摩擦系数明显小于 YT14，这是由于切削力减小的原因。

用 YW1R 与 YW1 刀片切削时，也有同样的规律。

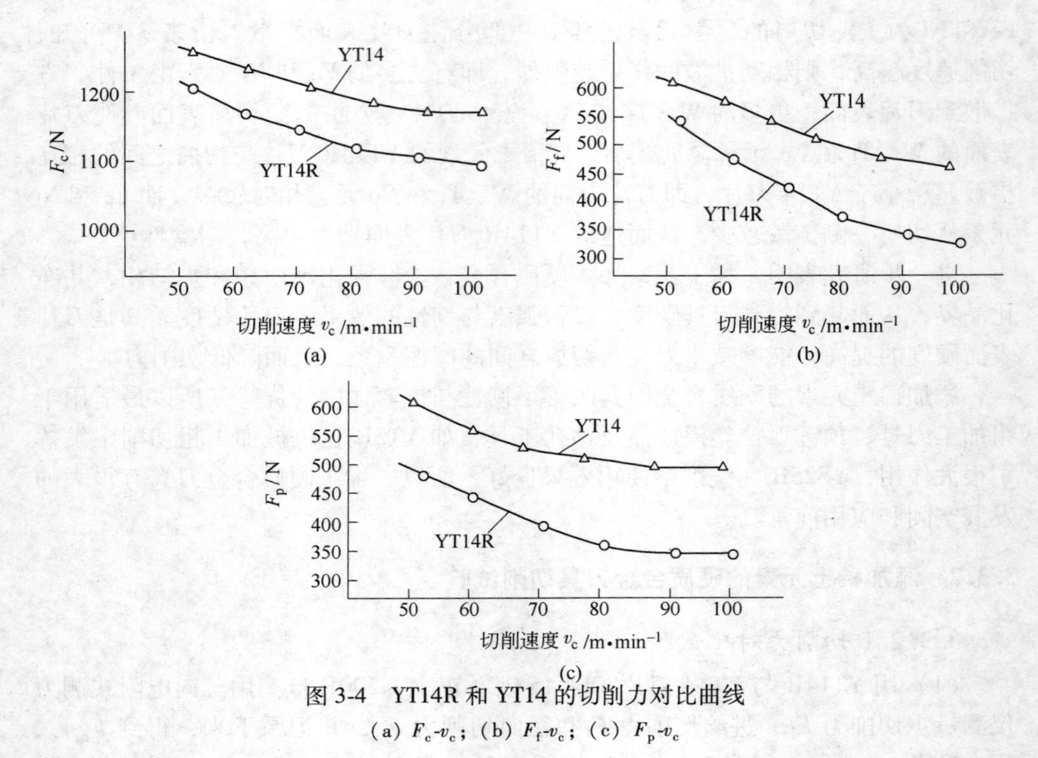

图 3-4 YT14R 和 YT14 的切削力对比曲线

(a) F_c-v_c；(b) F_f-v_c；(c) F_p-v_c

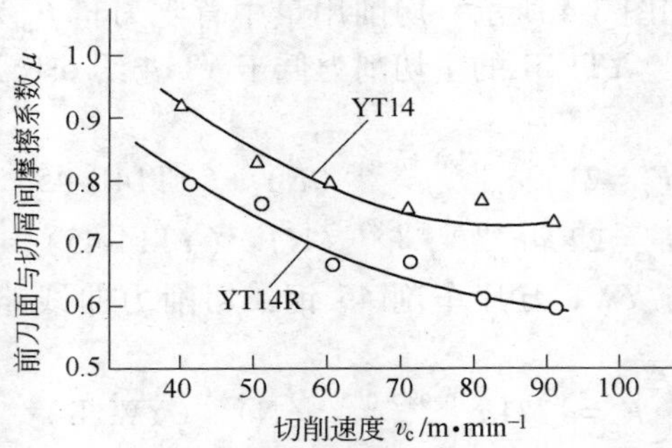

图 3-5 在不同切削速度下前刀面的摩擦系数

3.3.2.3 连续切削条件下刀具磨损及使用寿命对比试验

(1) 用 YG8R 与 YG8 刀片车削灰铸铁 HT200（200HB），切削用量中背吃刀量 a_p为 1mm，进给量 f 为 0.21mm/r，切削速度 v_c为 120m/min。刀具几何参数前角 γ_0为 5°，后角 α_0为 8°，主偏角 k_r为 90°。

(2) 用 YT14R 与 YT14 刀片车削高强度钢 38CrNi3MoVA（调质，38～40HRC），切削用量中背吃刀量 a_p为 1mm，进给量 f 为 0.20mm/r。刀具几何参数前角 γ_0为 5°，后角 α_0为 8°，主偏角 k_r为 90°。

(3) 用 YW1R 与 YW1 刀片车削高强度钢 38CrNi3MoVA（调质，38～

40HRC），切削用量中背吃刀量 a_p为 1mm，进给量 f 为 0.21mm/r。刀具几何参数前角 γ_0为 8°，后角 α_0为 6°，主偏角 k_r为 90°。

刀具磨损曲线与使用寿命曲线见图 3-6 和图 3-7。从图中可知，稀土硬质合金刀具的耐磨性明显提高，而且使用寿命 t 比未添加稀土的硬质合金约延长 20%~50%。

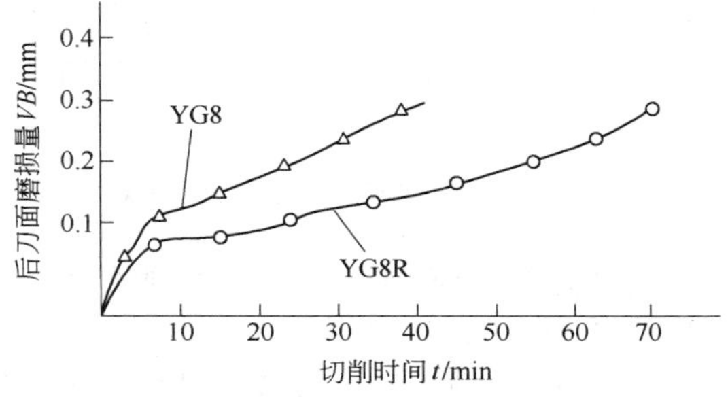

图 3-6 磨损曲线对比图

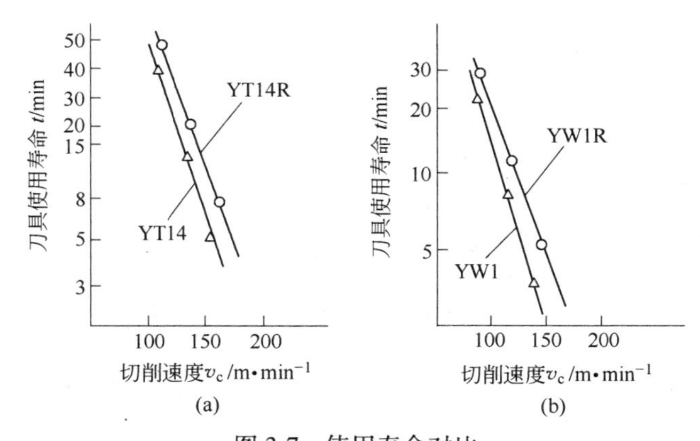

图 3-7 使用寿命对比

（a）YT14R 与 YT14 刀片对比；（b）YW1R 与 YW1 刀片对比

根据图 3-7，各种情况下的泰勒（Taylor）公式如下：

$$v_c = 206.10/t^{0.18} \text{ (m/min)} \qquad \text{(YT14R)}$$

$$v_c = 192.25/t^{0.18} \text{ (m/min)} \qquad \text{(YT14)}$$

$$v_c = 178.4/t^{0.17} \text{ (m/min)} \qquad \text{(YW1R)}$$

$$v_c = 173.3/t^{0.17} \text{ (m/min)} \qquad \text{(YW1)}$$

3.3.2.4 断续切削条件下刀具磨损的对比试验

用 YW1R 与 YW1 刀片车削合金钢 42CrMo 齿轮（280HB，43 个齿）。当齿轮转动 1 周，车刀将承受 43 次冲击。切削用量中切削速度 v_c为 100m/min，背吃刀量 a_p为 1mm，进给量 f 为 0.2mm/r，冲击频率为 216Hz。刀具磨损曲线如图 3-8 所示。

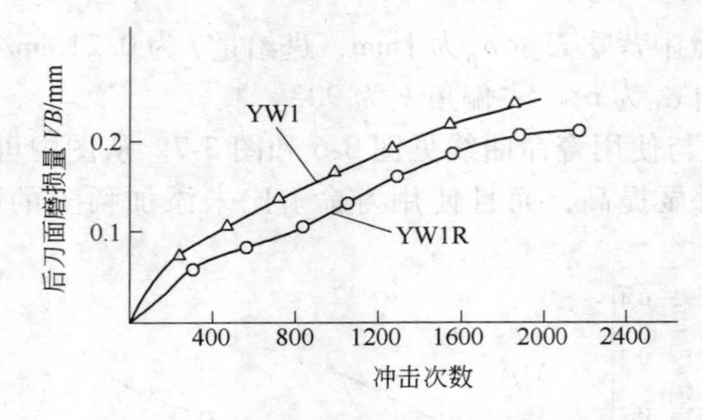

图 3-8　断续切削时的刀具磨损曲线

由图 3-8 可见，稀土硬质合金 YW1R 抗冲击能力明显优于 YW1，即在同一磨损量 *VB* 下，YW1R 比 YW1 刀片能承受更多的冲击次数，约增加 30%～60%。

YT14R 与 YT14 刀片在断续切削时也有同样的情况，究其原因是因为添加了稀土元素后，硬质合金的断裂韧性有所提高。

3.4　硬质合金切削刀具的选用

各种硬质合金刀具切削参数用量，不仅要考虑推荐用量，还应根据具体的工件情况具体选用。

表 3-5 和表 3-6 分别为 P 类硬质合金和 K 类硬质合金刀具切削用量推荐表。表 3-7 和表 3-8 为两个刀具厂切削用量推荐表 [10~13]。

表 3-5　P 类硬质合金刀具推荐切削参数

被加工材料		硬度 HBW	YC10、YT30、YT05、K7H	YC20、ZP10 YT15、K45	YC30、ZP30、YT5、K21	YC40、YT540、K25
			进给量/mm · r^{-1}			
			0.1、0.3、0.5	0.2、0.4、0.6	0.2、0.5、1.0	0.3、0.6、1.2
			切削速度/m · min^{-1}			
碳素钢	*w*(C) = 0.5%	125	390、270、225	335、260、195	190、135、95	160、115、85
	w(C) = 0.35%	150	355、250、205	260、190、155	160、125、95	155、105、80
	w(C) = 0.6%	200	315、220、175	230、170、115	140、95、80	125、100、70
合金钢	退火	180	250、170、140	150、135、90	125、105、90	95、70、50
	淬火并回火	275	170、115、90	120、90、65	85、65、50	70、50、35
	淬火并回火	350	135、90、70	85、70、50	70、45、35	55、40、35
高合金钢	退火	200	220、140	130、95	105、70	85、65、40
	淬火	325	100、65	80、65	55、40	40、30、20

续表 3-5

被加工材料		硬度 HBW	YC10、YT30、YT05、K7H	YC20、ZP10 YT15、K45	YC30、ZP30、YT5、K21	YC40、YT540、K25
			进给量/mm·r⁻¹			
			0.1、0.3、0.5	0.2、0.4、0.6	0.2、0.5、1.0	0.3、0.6、1.2
			切削速度/m·min⁻¹			
不锈钢	马氏体/铁素体	100	230、190	150、125	110、80	120、100、80
	奥氏体	175	200、165	115、95	90、60	120、100、75
铸钢	低合金	200	150、105	150、115、85	90、70、50	60、50、35
	高合金	225	120、85	120、90、65	70、50、30	45、35、25

表 3-6 K 类硬质合金刀具推荐切削参数

被加工材料		硬度 HBW	YD10.2、ZK10UF G10、K11	YD20、ZK20、YG8、K6	YD10.1、ZK10 G6X、K68
			进给量/mm·r⁻¹		
			0.1、0.3、0.5	0.2、0.5、1.0	0.2、0.5、1.0
			切削速度/m·min⁻¹		
硬钢	淬硬钢	55HRC	36、25	26、15、10	31、20、15
	锰钢	250	57、43、28	62、37、15	47、28、20
冷硬铸铁		400	30、16	16、10	23、14
硬塑料		—	670、460	340、220	550、420
可锻铸铁	铁素体	130	180、146、117	100、70、42	190、155、125
	珠光体	230	120、96、83	70、58、28	120、92、52
球墨铸铁	铁素体	160	180、140、115	110、75、42	175、130、82
	珠光体	250	165、125、105	95、76、36	155、115、72
铝合金	不可热处理	60	2400、1950、1550	1650、1200、950	2200、1750、1400
	可热处理	100	810、600、460	470、320、220	780、550、400
低合金铸铁		180	230、169、130	130、87、52	205、140、86
高合金铸铁		260	165、115、90	92、62、38	155、110、56

表 3-7 伊斯卡（Iscar）公司刀具推荐切削参数

牌 号	加工方式	切削速度 /m·min⁻¹	进给量/mm·r⁻¹
IC07	车削	中低速	中进给量
IC08	端面车削、切槽、切断	中低速	中进给量
IC10	车削	中低速	中进给量

续表 3-7

牌 号	加工方式	切削速度 /m · min^{-1}	进给量/mm · r^{-1}
IC20	切槽、端面车削、切断	中速	中进给量
IC28	铣削、钻削、切断	低速	高进给量
IC50M	螺纹车削、铣削	低速	高进给量、粗糙、连续切削
IC70	车削螺纹	中速	中进给量、粗糙、连续切削 高进给量、低塑性变形

表 3-8 山高（Seco）公司硬质合金刀具推荐切削参数

牌号	材料编号										进给量 /mm · r^{-1}
CM	1	2	3	4	5	6	7	8	9	10	
	切削速度/mm · min^{-1}										
	1280	1085	920	770	640	950	260	720	575	460	20.3
	970	820	705	590	490	445	195	560	425	360	40.6
	820	690	590	490	410	375	165	460	360	295	60.9
	材料编号										进给量 /mm · r^{-1}
	11	12	13	14	15						
	切削速度/mm · min^{-1}										
	345	590	510	425	360						20.3
	260	445	395	330	280						40.6
	215	375	330	280	230						60.9
牌号	材料编号										进给量 /mm · r^{-1}
CMP	1	2	3	4	5	6	7	8	9	10	
	切削速度/mm · min^{-1}										
	1280	1085	920	770	640	950	260	720	575	460	20.3
	970	820	705	590	490	445	195	560	425	360	40.6
	820	690	590	490	410	375	165	460	360	295	60.9
	材料编号										进给量 /mm · r^{-1}
	11	12	13	14	15						
	切削速度/mm · min^{-1}										
	345	590	510	425	360						20.3
	260	445	395	330	280						40.6
	215	375	330	280	230						60.9

陶瓷切削刀具切削性能

4.1　陶瓷切削刀具切削性能

4.1.1　陶瓷切削刀具切削范围

陶瓷切削刀具中应用较多的是氧化铝系陶瓷刀具、氮化硅系陶瓷刀具及氮化硅-氧化铝系复合陶瓷刀具。

氧化铝系陶瓷刀具主要加工各种铸铁，如灰铸铁、球墨铸铁、可锻铸铁、冷硬铸铁、高合金耐磨铸铁等；以及各种钢料，如碳素结构钢、合金结构钢、高强度钢、高锰钢、淬硬钢等；也可加工铜合金、石墨、工程塑料和复合材料等。而氧化铝系陶瓷刀具由于化学性质原因不宜加工铝合金及钛合金。

氮化硅系陶瓷刀具不能加工出长切屑的钢料，如正火、热轧状态，其余加工范围与氧化铝系陶瓷刀具类似。

氮化硅-氧化铝系复合陶瓷，如 Sialon 刀具（Si_3N_4-Al_2O_3-Y_2O_3）主要加工各种冷硬铸铁与高温合金，不宜切削钢料。

目前，陶瓷切削刀具材料主要应用于车削、镗削和端铣等精加工及半精加工工序，最适宜加工淬硬钢、高弹强度钢与高硬度铸铁。与硬质合金刀具相比较，其切削效果显著提高，但加工一般硬度的钢材和铸铁，效果常不如硬质合金刀具显著。

4.1.2　陶瓷切削刀具切削性能

（1）陶瓷的常温硬度和高温硬度均高于硬质合金。

陶瓷的常温硬度略高于硬质合金，Al_2O_3基或Si_3N_4基陶瓷的硬度约为 92.5~94HRA；而 YG 类和 YT 类硬质合金的硬度则分别为 89~91HRA 和 90~93HRA。

陶瓷的高温硬度与硬质合金差别较大，例如在 800℃时，硬质合金 YT15 的硬度仅为 78HRA，而陶瓷尚保持为 89HRA。故陶瓷切削刀具抗摩擦磨损及切削硬材料的性能明显优于硬质合金切削刀具。

（2）陶瓷的高温弹性模量高于硬质合金。

在高温下，陶瓷的弹性模量为 420~520GPa，基本与 YT 类硬质合金相当，但低于 YG 类硬质合金。在高温下，Al_2O_3基与Si_3N_4基陶瓷的弹性模量降低较少，而硬质合金降低较多。故陶瓷刀具在切削硬材料时显示出其优越性。

（3）Al_2O_3基陶瓷在高温下化学性能稳定。

刀具材料形成自由能越低，则化学性能越稳定。在1000℃时，Al_2O_3、TiC、WC的形成自由能分别为-65kcal/mol、-45kcal/mol、-10 kcal/mol，故Al_2O_3的化学稳定性和抗扩散磨损的能力，不仅远高于WC，而且高于TiC。故Al_2O_3基陶瓷切削刀具加工长切屑钢材时，具有良好的切削性能。

例如，HDM-4（Al_2O_3基）与HDM-3（Si_3N_4基）陶瓷切削刀具车削高强度钢38CrNi3MoVA（36~40HRC），切削用量中切削速度v_c为170m/min，背吃刀量a_p为0.5mm，进给量f为0.1mm/r。HDM-4切削20min后，前刀面上形成月牙洼的宽度仅为0.3mm；而HDM-3切削6.8min后，月牙洼宽度就已达到0.6mm。在扫描电镜上对两种陶瓷刀具的月牙洼中部表面进行能谱分析，结果见表4-1。从表中可见，工件材料中的Fe元素大量扩散到HDM-3刀具的表面，与刀具中的成分化合形成新的物质；而Fe元素进入HDM-4刀具表面甚少，故Al_2O_3基陶瓷适合于切削出长切屑的钢材，而Si_3N_4基陶瓷对此不能胜任[14~16]。

表4-1　月牙洼中部的化学成分

陶瓷刀片	化学成分（质量分数）/%			
	Al	Si	TiC	Fe
HDM-3	1.53	76.62	0.1	19.2
HDM-4	33.37	0.3	58.73	3.91

4.2　陶瓷切削刀具切削试验

（1）用Si_3N_4基复合陶瓷刀片HDM-3车削冷硬铸铁（52~55HRC），并与亚微细粒硬质合金刀片YS10作对比。该刀具的几何参数中前角γ_0为-8°，后角α_0为8°，主偏角k_r为45°，刃倾角λ_s为-4°。切削用量中背吃刀量a_p为0.3mm，进给量f为0.1mm/r。

得到t-v_c曲线如图4-1所示，可见HDM-3陶瓷刀片的使用寿命显著提高。

泰勒（Taylor）方程如下：

$$v_c = 290/t^{0.28}\ (\mathrm{m/min})\qquad (\mathrm{HDM\text{-}3})$$

$$v_c = 240/t^{0.27}\ (\mathrm{m/min})\qquad (\mathrm{YS10})$$

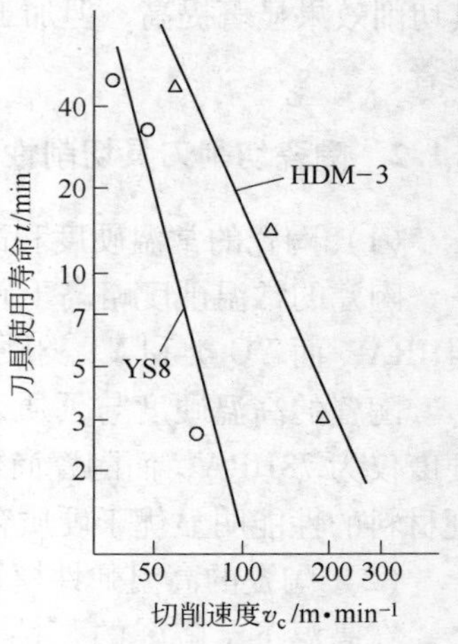

图4-1　HDM-3和YS10车削冷硬铸铁的t-v_c曲线

（2）用Si_3N_4基添加SiC晶须的复合陶瓷HDM-2车削淬硬钢CrMnB（60~64HRC），并与亚微细粒硬质合金刀片YS8作对比。该刀具的几何

参数中前角 γ_0为−8°，后角 α_0为 8°，主偏角 k_r为 45°，刃倾角 λ_s为−4°。切削用量中背吃刀量 a_p为 0.3mm，进给量 f 为 0.1mm/r。

得到 t-v_c曲线如图 4-2 所示，可见 HDM-2 陶瓷刀片的使用寿命显著提高。

泰勒（Taylor）方程如下：

$$v_c = 318/t^{0.42}\ (\text{m/min})\quad (\text{HDM-2})$$

$$v_c = 102/t^{0.27}\ (\text{m/min})\quad (\text{YS8})$$

（3）用 Al_2O_3基复合陶瓷刀片 HDM-4 车削高强度钢 38CrNi3MOVA（中温调质，36~40HRC），并与碳氮化钛基硬质合金刀片 YN20 作对比。该刀具的几何参数中前角 γ_0为−8°，后角 α_0为 8°，主偏角 k_r为 45°，刃倾角 λ_s为−4°。切削用量中背吃刀量 a_p为 0.5mm，进给量 f 为 0.1mm/r。

得到 t-v_c曲线如图 4-3 所示，可见 HDM-4 陶瓷刀片的使用寿命显著提高。

泰勒（Talyor）方程如下：

$$v_c = 425/t^{0.30}\ (\text{m/min})\quad (\text{HDM-4})$$

$$v_c = 270/t^{0.19}\ (\text{m/min})\quad (\text{TN20})$$

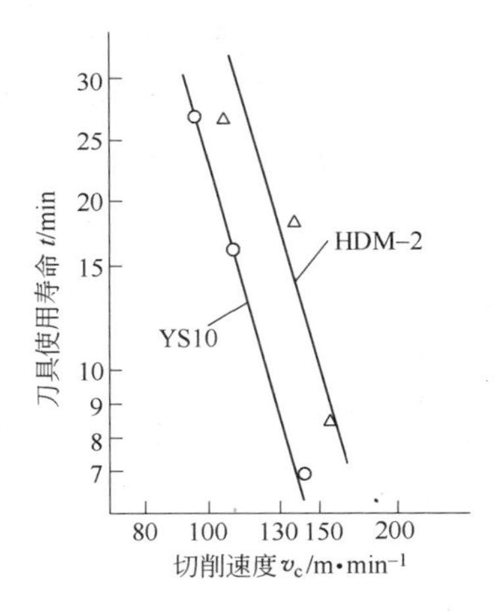

图 4-2　HDM-2 和 YS8 车削淬硬钢 CrMnB 的 t-v_c曲线

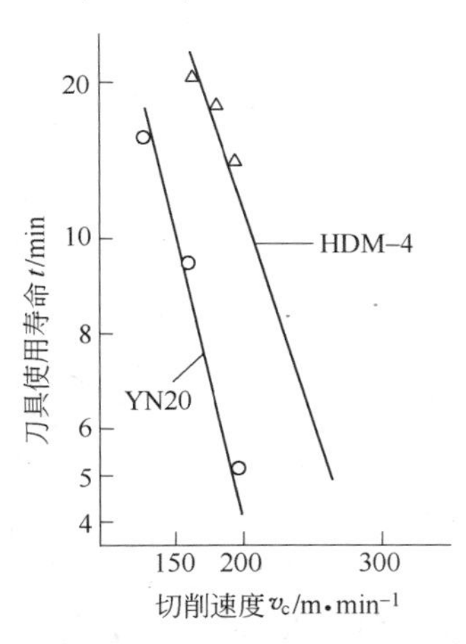

图 4-3　HDM-4 和 YN20 车削高强度钢 38CrNi3MOVA 的 t-v_c曲线

（4）用 HDM-4 复合陶瓷刀片车削超高强度钢 35CrMnSi（中温调质，44~49HRC），并与涂层硬质合金刀片 YB415 作对比。该刀具的几何参数中前角 γ_0为−8°，后角 α_0为 8°，主偏角 k_r为 45°，刃倾角 λ_s为−4°。刀具的切削用量中背吃刀量 a_p为 0.5mm，进给量 f 为 0.21mm/r。

得到 t-v_c曲线如图 4-4 所示，可见 HDM-4 陶瓷刀片的使用寿命显著提高。

泰勒（Talyor）方程如下：

$v_c = 270/t^{0.17}$ （m/min） （HDM-4）

$v_c = 190/t^{0.26}$ （m/min） （YB415）

（5）用 HDM-1、HDM-2、HDM-3 陶瓷刀片（均为 Si_3N_4基）车削合金钢花键（47 ~50HRC），并进行冲击试验。该刀具的切削用量中切削速度 v_c为 80m/min，背吃刀量 a_p为 0.3mm，进给量 f 为 0.1mm/r，其抗冲击次数与破损情况，如图 4-5 所示。

由图 4-5 可见，Si_3N_4基添加 SiC 晶须的复合陶瓷 HDM-2 的抗冲击性能最好，破损前冲击次数达 30000 次；Si_3N_4基复合陶瓷 HDM-3 次之，达 12000 次；纯 Si_3N_4 陶瓷 HDM-1 只达 5000 次。

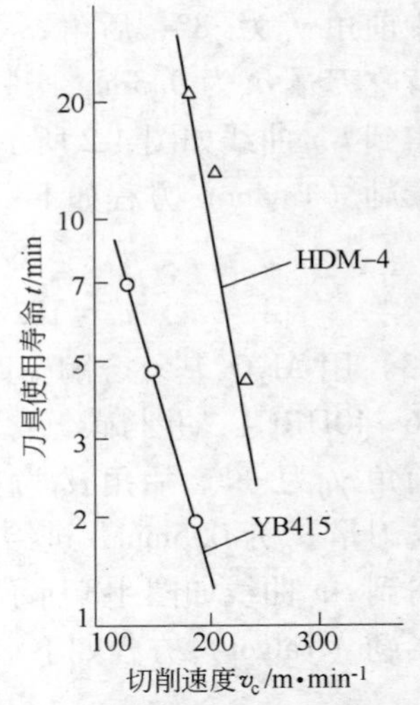

图 4-4 HDM-4 和 YB415 车削高强度钢 35CrMnSi 的 t-v_c 曲线

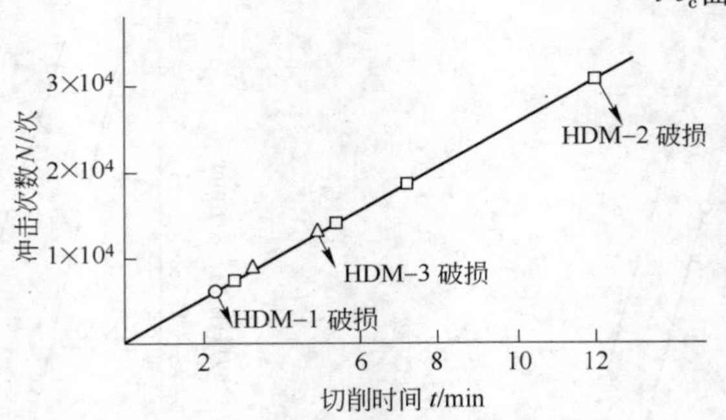

图 4-5 不同陶瓷刀片的抗冲击次数

4.3 陶瓷切削刀具的选用

陶瓷切削刀具是具有很大发展潜力的刀具材料之一，尤其在数控机床上的应用更为广泛，在发达国家很受重视。在美国，陶瓷刀具约占全部刀具市场份额的 3%~4%，在日本市场份额约为 8%~10%，在德国市场份额约为 12%，在某些特殊的加工过程中，陶瓷刀具所占比例更大。但在我国，陶瓷刀具的应用市场份额约为 2%左右。陶瓷刀具在中国使用推广的时间不长，使用范围狭窄，在陶瓷刀具的几何参数、切削用量以及使用技术方面，均缺乏成熟的理论与经验，致使不能合理地选出陶瓷刀具，不能正确地使用陶瓷刀具，使得陶瓷刀具的性能远远没有充分发挥。因此，正确合理地选用陶瓷刀具对于发挥陶瓷刀具的优越性能具有非常重要的意义。

陶瓷刀具适合加工的材料具体见表 4-2~表 4-24 [13]。

表 4-2 Al_2O_3陶瓷及 Al_2O_3-TiC 混合陶瓷刀具加工铸铁的应用范围

加 工 铸 铁					
铸铁种类	硬度 HBW	表面粗糙度/μm		陶瓷种类	
		6~12.5	6.3~1.6	纯 Al_2O_3 陶瓷	Al_2O_3-TiC 混合陶瓷
		切削速度/m · min^{-1}			
灰铸铁	150	450	700	1	0
	200	350	550	1	0
	250	275	450	1	0
球墨铸铁	300	200	350	1	0
	350	150	250	1	0
冷硬铸铁	400	100	175	2	1
	450	75	125	0	1
	500	50	76	0	1
	550	30	50	0	1
	600	20	30	0	1

注：1 为推荐品种，2 为可用品种，0 为不推荐品种。

表 4-3 Al_2O_3陶瓷及 Al_2O_3-TiC 混合陶瓷刀具加工钢料的应用范围

加 工 钢 料						
钢种	硬度 HRC	抗弯强度/MPa	表面粗糙度/μm		陶瓷种类	
			6.0~12.5	6.3~1.6	纯 Al_2O_3 陶瓷	Al_2O_3-TiC 混合陶瓷
			切削速度/m · min^{-1}			
渗碳钢	—	400	550	700	1	0
	—	600	400	550	2	0
结构钢	—	800	300	400	2	0
	—	1000	250	350	2	0
调质钢	—	1100	230	300	2	1
	—	1200	200	260	2	1
氮化钢	—	1300	180	230	2	1
	—	1400	180	200	1	2
耐热钢	45	1500	140	180	1	2
	50	—	100		0	2
高速钢	55	—	80		0	2
	60	—	50		0	2
	65	—	30		0	2

注：1 为推荐品种，2 为可用品种，0 为不推荐品种。

表 4-4 陶瓷刀具的选择

工件材料	工 序	第 1 选择	第 2 选择
钢（硬度低于44HRC）	粗车	热压	冷压①
	半精车	冷压	热压
	精车	冷压	热压
	铣削	热压	热压
钢（硬度低于36HRC）	所有形式的间断切削	仅用热压	仅用热压
	粗车	热压	热压
	半精车	冷压	热压
灰铸铁	精车	冷压	热压
	半精车	Sialon 或热压	Sialon 或热压
	粗车	Sialon	热压
	粗铣	Sialon	热压
	精铣	Sialon	热压
镍基合金	粗车	Sialon	Sialon
	半精车	Sialon	热压
	精车	热压	Sialon
	铣削	Sialon	Sialon

①仅在无氧化皮或断续切削时才可用。

表 4-5 中国株钻公司陶瓷刀具的应用范围

牌 号	应 用 范 围
CA1000	高耐磨性，刃口安全性好，适用于淬硬钢、球墨铸铁的连续加工
CN1000	抗崩刃、抗热震性能优良，适合于灰铸铁的半精加工和精加工，在重载断续切削有铸造表皮的材料时，也能体现良好的切削
CN2000	高耐磨性和良好的韧性结合，适合淬火钢、灰铸铁连续、断续车削，也适合加工模具钢等其他高硬材料

表 4-6 清华紫光方大高技术陶瓷有限公司陶瓷刀具牌号及应用范围

牌 号	用 途	特 性
FD05	硬度小于 62HRC 铸铁的毛加工、断续切削、高速大进给量切削	抗热震性特别好，强度好，抗冲击性好，但不适于切削高强钢
FD01	硬度小于 65HRC 的高合金铸铁、合金钢、高锰钢的粗加工	耐高温性能好，强度不如 FD05，但耐磨性稍好
FD04	加工高硬铸铁、球墨铸铁、淬硬钢或合金铸铁	耐高温性能好，适合于铸铁大进给量加工及铣削加工

续表 4-6

牌号	用途	特性
FD22	精加工硬度为 65HRC 的淬硬钢或合金铸铁	耐磨性极好，可实现淬硬钢以车代磨或以铣代磨
FD10	硬度小于 65HRC 的铸铁精加工，高速精车	高速切削性能极好，能以车削速度≤1000m/min 精车灰铸铁
FD12	硬度小于 65HRC 钢与铸铁的精加工	切钢件时的耐磨性好

表 4-7 美国万耐特（Valenite）陶瓷刀具牌号及应用范围

牌号	ISO 分类分组号	应用
VPZ205	K05	稳定条件下车削灰铸铁和球墨铸铁
	H10	可代替 PCBN 硬车削钢和回火铸铁（65HRC）
	P10	
VPZ215	K05	稳定条件下车削灰铸铁和球墨铸铁
	H10	可代替 PCBN 硬车削钢和回火铸铁（65HRC）
	P10	
Q8	S10	适合高温合金、连续或轻载间断切割，是晶须增强陶瓷的良好替代品，在稳定的切削条件下适合粗加工和半精加工
VPQ130	K25	适合铸铁的加工，改进韧性，适合间断加工

表 4-8 美国 Geenleaf 公司陶瓷刀具牌号及应用范围

牌号	应用范围
WG-300	高效切削镍基和钴基超级合金及其他难加工材料，金属切削率是硬质合金刀具的 10 倍
WG-600	非常适合精加工高强合金材料
HSN-100	可车削和铣削所有牌号的铸铁，如球墨铸铁、可锻铸铁、其他难加工铸铁
HSN-200	可车削和铣削球墨铸铁、可锻铸铁、其他高合金铸铁
GEM-7	车削轧辊和其他难加工材料（65HRC）
GEM-19	适用于苛刻间断条件或旧车床上的粗加工或精加工铸铁
GSN-100	高速切削灰铸铁
GSN-200	高速切削灰铸铁

表 4-9 美国肯纳（Kennametal）公司陶瓷刀具牌号及应用范围

牌号	应用范围
K090	切削碳素钢、合金钢、工具钢、不锈钢
KY1310	高速连续切削灰铸铁
KY1525	精车高温合金

续表 4-9

牌　号	应　用　范　围
KY1540	精车高温合金
KY1615	切削合金钢、工具钢、不锈钢，也可精车和镗削铸铁
KY2000	高速粗加工镍基合金
KY2100	切削高温合金
KY3000	高速铣削和车削灰铸铁
KY3400	切削灰铸铁和球墨铸铁
KY3500	高进给量粗加工灰铸铁（包括间断切削）
KY4400	精车硬化钢和铸铁，也可精车镍基合金、钴基合金和粉末金属

表 4-10　以色列伊斯卡（Iscar）陶瓷刀具牌号及应用范围

牌号	ISO 分类分组号	ANSI 牌号	适用工件材料	推荐应用场合
IN11	P01～P10 K01～K10	C8、C4-C3	铸铁、镍基合金、钛合金	高速切削、半粗加工、中速间断加工
IN22	P01～P10 K01～K10	C8、C4-C3	铸铁、钢	干式高速切削
IN23	P01～P15 K01～K15	C8、C4-C3	—	—
IS8	M30 K01～K20	C4-C3	碳素钢、工具钢、合金钢、铸钢、可锻铸铁、奥氏体不锈钢、马氏体不锈钢、高速切削钢	中速间断切削
IS80	M30 K01～K2	C4-C3	铸铁、镍基合金、钛合金	半粗加工、高速切削、中速间断切削

表 4-11　瑞士斯特拉姆（Stellram）陶瓷刀具牌号及应用范围

型号	应用范围	ISO 分类分组号
SA7402	硬化钢和铸铁的精加工和半精加工	P01、P05、P10、K01、K05、K10、K15、H01、H05、H10
SA8204	粗加工和重载间断加工铸铁及高速切削铸铁	K01、K05、K10、K15、K20、H05、H10、H15、H20
SA8405	粗加工和间断加工铸铁及镍基合金	K01、K05、K10、S05、S10、S15、H01、H05、H10

表 4-12　荷兰 Combidex 公司陶瓷刀具各牌号的选择

工件材料	CZ200/CZ300C	CT100/CT300/CN300	CN26	CN700
灰铸铁	2	2	2	2
冷铸铁	1	2	2	2

续表 4-12

工件材料	CZ200/CZ300C	CT100/CT300/CN300	CN26	CN700
球墨铸铁	0	1	1	1
低碳钢	1	0	0	0
碳素钢	1	0	0	0
合金钢	1	2	0	0
锻钢	0	2	0	0
热处理钢	0	2	0	0
高速钢	0	2	0	0
高锰钢	0	1	1	1
耐热钢	0	1	1	1
镍基合金	0	0	0	2
超耐热不锈钢	0	1	1	1

注：1 为第 1 选择，2 为第 2 选择，0 为不推荐选择。

表 4-13 加拿大 Indexible 陶瓷刀具牌号及应用范围

工件材料	加工方式	1~50	1~100	MW300	MW37	MW43	TITAN
钢（<35HRC）	车削						
	铣削		●				
钢（>35HRC）	车削		●				
	铣削		●				
高温合金	车削		●		●		
	铣削				●	●	●
铸铁（<300BHN）	车削		●	●		●	
	铣削		●	●			●
铸铁（>300BHN）	车削		●	●		●	
	铣削		●	●			●
黄铜、青铜、碳、塑料	车削						
	铣削				●		●
是否使用切削液		否	否	否	否	否	否

●为主要应用。

表 4-14　德国赛琅泰克公司（Ceram Teck）**SPK** 陶瓷刀具牌号及应用范围

牌　号		SH2	SH3	SN60	SN80	SL500	SL506	SL508	SL550C	SL554C
ISO 应用组别		CM-K10	CM-K10	CA-K10	CA-P20	CN-K25	CN-K20	CN-K30	CC-K20	CC-K25
加工材料	钢				○					
	铸铁	●		●	●	●				
	硬质材料	●	●							
加工方式	车削	●		●	●	●	●	●	●	●
	铣削	○				●				
	切槽	○		●		○				

注：●为主要应用，○为其他应用。

表 4-15　日本特殊陶业公司陶瓷刀具牌号及应用范围

牌　号	可 加 工 材 料
SX1	高效切削灰铸铁
SX5	镍基耐热合金
SX6	高效切削灰铸铁
SX8	强间断切削灰铸铁
SX9	镍基耐热合金
SP2	粗车削灰铸铁
HC1	半精加工和精加工铸铁
HW2	半精加工和精加工铸铁、线切割
SE1	半精加工和精加工铸铁、湿式或干式加工、V 带轮
HC2	半精加工和精加工铸铁、加工高硬度材料
ZC4	加工高硬度材料
HC6	半精加工和精加工塑性材料、湿式半精加工和精加工铸铁
HC7	高硬度材料加工、车削轧辊、半精加工和精加工铸铁
ZC7	高硬度材料加工、车削轧辊、半精加工和精加工铸铁
WA1	粗车削耐热合金、高效加工铸铁、粗加工高硬度轧辊

表 4-16　日本黛杰公司陶瓷刀具牌号及应用范围

牌　号	应 用 范 围
CA010	钢、铸铁的连续高速精加工
CA100	钢、铸铁的一般连续车削，衬套或其他耐磨损材料切削
CA200	耐热合金、铸铁的一般、断续切削
CS100	铸铁的连续、断续切削，轧锟、模具的耐磨损材料切削

表 4-17 日本京瓷公司陶瓷刀具牌号及应用范围

牌 号	应 用 范 围
KA30	铸铁的高速加工
A66N	较传统黑色陶瓷（Al_2O_3+TiC 陶瓷）韧性更好，耐磨损性更强
KS500	铸铁的断续、大进给量加工、湿式或干式加工

表 4-18 日本住友电工陶瓷刀具牌号及应用范围

牌 号	应 用 范 围
NB90S	精车硬化钢（小于 60HRC）
NS30	精车和铣削铸铁
NS260	车削和铣削铸铁
NS260C	高速连续车削铸铁

表 4-19 日本东芝秦珂洛陶瓷刀具牌号及应用范围

牌 号	应 用 范 围
FX105	钢、铸铁、耐热合金的一般切削；高速中等间断切削铸铁
CX710	高速高效切削铸铁
LX21	连续切削铸铁
CXC73	连续切削铸铁
LX11	连续切削硬化钢

表 4-20 韩国特固克（Taegu Tec）陶瓷刀具牌号及应用范围

牌 号	应 用 范 围
AW20	高速连续车削铸铁、精加工硬化钢和硬质材料
AB20	连续高速车削硬化钢和硬质材料、铸铁精加工
AB30	硬质材料和铸铁的一般加工，可用于间断加工
AS10	铸铁的一般加工，湿式或干式加工
AS500	粗加工铸铁，适合间断或连续加工，湿式或干式加工
SC10	高速车削铸铁、湿式或干式加工
AS20	粗加工或精加工镍基高温合金、湿式或干式加工

表 4-21 韩国特固克（Taegu Tec）陶瓷刀具的牌号选择

牌号	碳素钢	合金钢	淬硬钢	灰铸铁	冷硬铸铁	可锻铸铁	高温合金	备 注
AW20	1	1	0	1	0	0	0	钢及铸铁精加工
AB20	1	2	2	1	2	0	0	超硬材料加工

续表 4-21

牌号	碳素钢	合金钢	淬硬钢	灰铸铁	冷硬铸铁	可锻铸铁	高温合金	备 注
AB30	2	1	1	2	1	0	1	钢及铸铁粗加工、铸铁的断续切削
AS10	0	0	0	2	0	1	1	铸铁粗加工、高温合金切削

注：1 为第 1 选择，2 为第 2 选择，0 为不推荐选择。

表 4-22 韩国 Ssangyong（Cerabit）陶瓷刀具牌号及应用范围

牌 号	主 要 应 用
ST100	铸铁和硬化钢加工的通用牌号
ST300	硬化钢和合金钢加工的基本选择
ST500	硬化钢和铸铁的超精加工
SD200	球墨铸铁和硬质材料的精加工
SZ200	铸铁和钢的精加工、半精加工
SZ300	铸铁和钢的精加工、半精加工
SN26	间断粗加工的第一选择，车削轧辊和铣削铸铁和钢
SN300	粗加工和高速间断加工
SN400	铸铁粗加工的第一选择，高速间断加工
SN500	高速粗加工铸铁
SN800	高速粗加工高温合金

表 4-23 韩国 Ssangyong（Cerabit）陶瓷刀具牌号的选择

工件材料		ST100 ST300 ST500	SD200	SZ200 SZ300	SN26 SN300 SN400 SN500	SN800
铸铁	灰铸铁	2	1	2	2	1
	冷硬铸铁	2	0	2	2	2
	球墨铸铁	1	2	0	1	1
钢	低碳钢	0	0	1	0	0
	碳素钢	0	0	1	0	0
	合金钢	2	0	1	0	2
	锻钢	2	0	0	0	0
	热处理钢	2	0	0	0	0
	高速钢	2	0	0	0	0
	高锰钢	1	0	0	1	1
	不锈钢	0	0	0	0	0
	耐热钢	1	0	0	1	1
	超耐热不锈钢	1	0	0	1	2
	因科镍合金	0	0	0	0	2

注：1 为第 1 选择，2 为第 2 选择，0 为不推荐选择。

表 4-24 韩国 Kuksung 公司陶瓷刀具牌号及应用范围

牌 号	应 用 范 围
WB30	精加工和中等加工铸铁
WB20	高硬度材料，如热处理硬化钢、冷硬铸铁，可代替 CBN 刀具使用
AZ20	中等和粗加工铸铁，正常间断切削
S300	粗切削和铣削铸铁，重载间断切削，可使用切削液
S500	比 S300 切削速度更高，重载间断切削，粗切削或铣削，可使用切削液
SH350	切削沃斯帕洛伊合金、因科镍合金、高镍合金、高锰钢，可使用切削液

5 金刚石切削刀具切削性能

5.1 金刚石切削刀具切削性能

5.1.1 金刚石切削刀具切削范围

超硬刀具材料由于与被加工材料之间的摩擦系数较小，制成刀具时能够刃磨、研磨出极其锋利的切削刃，故超硬材料刀具可以进行精密切削与超精密切削。在此方面，金刚石切削刀具表现尤为突出，人们常用金刚石刀具对有色金属及其合金进行超精密切削。

金刚石具有更高的硬度，所以该刀具的应用范围更为广泛，可以加工各种难加工材料及非难加工材料。金刚石刀具最适合用于非铁金属和有色金属的加工，且能对有色金属进行超精密加工。目前，人造金刚石刀具的应用越来越广泛，且已代替了大部分的天然金刚石刀具。

对于有色金属，主要是铜、铝及其合金，金刚石刀具可以对其进行超精密切削加工。因为金刚石刀具，尤其是天然金刚石刀具，其切削刃可以磨得十分锋利，可以研磨出纳米级的钝圆半径。金刚石刀具可以切削纯钨、纯钼材料；可以切削工程陶瓷、硬质合金、工业玻璃材料；可以切削石墨、塑料材料；可以切削各种复合材料，包括金属基与非金属基复合材料、纤维加强和颗粒加强复合材料；金刚石还大量用于制作拉丝、模、砂轮修正器及石油、地矿部门的钻探钻头等[17]。

5.1.2 金刚石切削刀具切削性能

金刚石切削刀具具有优异或特异的力学、物理及其他性能，决定了其有着广阔的用途。具体如下：

（1）具有极高的硬度和耐磨性。金刚石是世界上已发现的最硬物质，天然金刚石的硬度高达10000HV；人造聚晶金刚石的硬度稍低，PCD金刚石约为8000HV，CVD金刚石可达9000HV，比硬质合金和陶瓷刀具的硬度高好几倍。

金刚石具有极高的耐磨性，天然金刚石的耐磨性为硬质合金的80~120倍，人造金刚石的耐磨性为硬质合金的60~80倍。

（2）具有很低的摩擦因数。金刚石刀具与一些有色金属之间的摩擦因数通常在0.1~0.3之间，比其他刀具都低，约为硬质合金刀具的一半左右。对于同一种加工材料，天然金刚石刀具的摩擦因数低于人造金刚石刀具。金刚石摩擦因数低，加工时可以减少切削变形和降低切削力约1/3~1/2。

（3）具有好的导热性。天然金刚石的热导率达2000W/(m · K)，人造金刚石的热导率稍低，为硬质合金的1.5~9倍。由于热导率高，切屑热容易散出，故刀尖和切屑区温度低。

（4）具有高的杨氏模量。材料的杨氏模量越高，其刚性就越好。天然金刚石的杨氏模量高达1000GPa，人造金刚石的杨氏模量稍低。因而切削刃在切削过程中不易产生变形，这对于尺寸精度要求很高的精密和超精密加工来说尤为重要。

（5）具有小的密度。天然金刚石的密度仅为3.52g/cm^3，其与Al_2O_3和Si_3N_4的密度相近。

（6）具有较低的断裂韧性。天然金刚石的断裂韧性为3.4MPa/m^2，人造金刚石的断裂韧性稍高。而陶瓷刀具材料的断裂韧性在各种刀具材料中是属于较低者，然而尚能达到7~9MPa/m^2。故金刚石性脆，是其弱点。

（7）具有很低的线膨胀系数。天然金刚石的线膨胀系数仅为1×10^{-6}/K，人造金刚石的热膨胀率稍高。其线膨胀系数比硬质合金小几倍，约为高速钢的1/10,因此金刚石刀具不会产生很大的热变形，由切削热引起的刀具尺寸变化也较小。

（8）具有小的刃面表面粗糙度，切削刃非常锋利。金刚石刀具的切削刃表面粗糙度很小，一般可达 *Ra*0.1~0.3μm，高的可达0.001μm，切削刃非常锋利。

（9）化学性质。金刚石在常温下化学性质稳定，在氧气中约660℃开始石墨化，铁族元素特别是铁元素能促进石墨化，在酸和碱中都不受浸蚀。

（10）电学性质。纯净不含杂质的金刚石是绝缘体，室温下电阻率在$10^{16}\Omega\cdot cm$以上。只有当渗入了其他元素后，才显出半导体特性。与Si、Ge和As等半导体材料相比，金刚石具有非常宽的禁带、小的介电常数、高的载电子迁移率和大的电击穿强度，这说明金刚石是一种性能优良的宽禁带高温（大于500℃）半导体材料。天然金刚石无磁性；人造金刚石中若含有Ni、Co和Fe等触媒杂质，则具有磁性，杂质越多，磁性越强。

（11）光学性质。金刚石具有很高的折射率和强的散光性，还具有优良的透光性能，能透过很宽的波段。某些金刚石在紫外区、可见区直至远红外区的大部波段（0.22~25μm）处都是透明的[18~19]。

5.2　金刚石切削刀具切削试验

5.2.1　切削纯钼、纯钨

（1）用 CVD 金刚石厚膜刀具车削纯钼棒，其硬度为 125HBS，同时兼用硬质合金 813 刀具作为切削性能对比。该刀具的几何参数中前角 γ_0为-5°，后角 α_0为 7°，主偏角 k_r为 45°，刃倾角 λ_s为 3°。切削用量中切削速度 v_c为 32. 3~64m/min，背吃刀量 a_p为 0. 1mm，进给量 f 为 0. 05mm/r，不加切削液切削。

CVD 厚膜金刚石刀具采用两种切削速度：第一种 v_c为 64m/min，与硬质合金 813 刀具对比，此时 CVD 金刚石刀具磨损甚快；第二种 v_c为 32. 3m/min，其耐磨性能也不及硬质合金 813 刀具。

刀具磨损曲线如图 5-1 所示，当硬质合金 813 刀具的切削速度 v_c为 64m/min 车削纯钼时，刀具磨损比 CVD 金刚石刀具慢得多；当 CVD 金刚石刀具的切削速度降低到 32. 3m/min 时，也不能改变此状况，此时金刚石刀具的高硬度未起到作用。这可能是由于制造纯钼时，渗入了少量的碳元素，而形成了钼的碳化物 Mo_2C,还可能形成钼的氮化物和氧化物，从而使金刚石刀具在加工中容易磨损。还有人认为金刚石与 Mo 能产生化学反应，改变了刀具表面层与刀尖的性质，使刀具磨损加快。所以，金刚石刀具不适合切削纯钼，生产中钼的加工常使用硬质合金刀具。

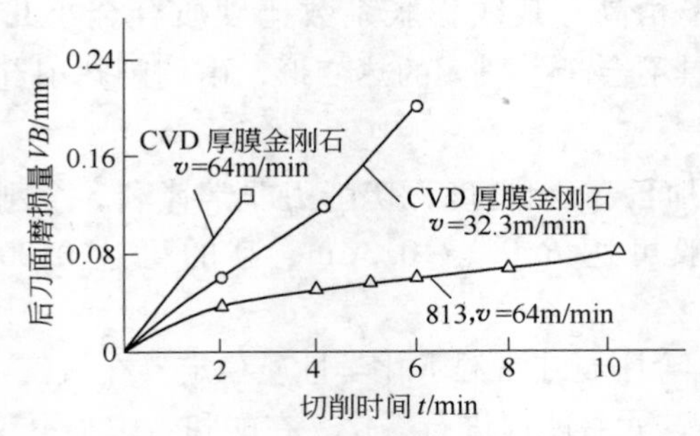

图 5-1　CVD 金刚石刀具与 813 刀具车削纯钼的磨损

（2）用 CVD 金刚石刀具与 PCBN 刀具车削纯钨棒，其硬度为 350HBS，兼与硬质合金 YS8 刀具作为切削性能对比。切削用量中切削速度 v_c为 2. 99m/min，背吃刀量 a_p为 0. 1mm，进给量 f 为 0. 04mm/r，不加切削液切削。

CVD 金刚石刀具几何参数中前角 γ_0为-5°，后角 α_0为 8°，主偏角 k_r为 75°，刃倾角 λ_s为 3°；PCBN 金刚石刀具几何参数中前角 γ_0为 0°，后角 α_0为 8°，主偏角 k_r为 75°，刃倾角 λ_s为 3°；YS8 金刚石刀具几何参数中前角 γ_0为 20°，后角 α_0为 8°，主偏角 k_r为 75°，刃倾角 λ_s为 3°。刀具磨损曲线如图 5-2 所示。

再用 CVD 金刚石刀具车削纯钨，改变三种切削速度，切削深度 a_p 与进给量 f 同上，做切削试验，$VB_s=0.07$mm，得 t-v_c 曲线如图 5-3 所示。

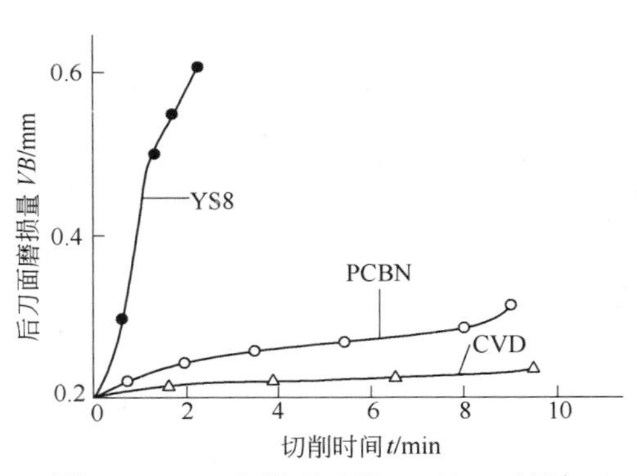

图 5-2 CVD 金刚石刀具、PCBN 刀具与 YS8 刀具车削纯钨的磨损

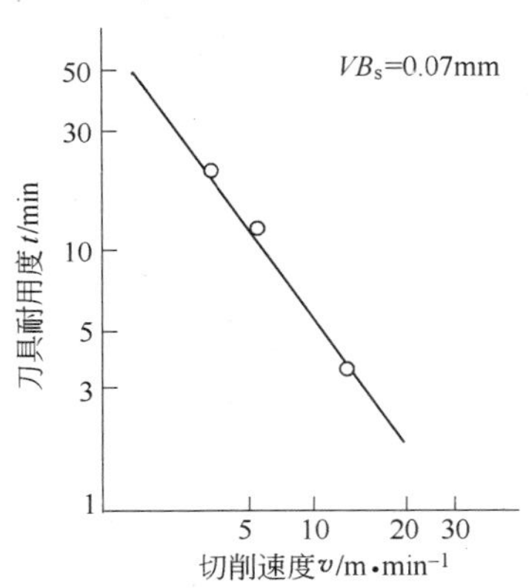

图 5-3 CVD 金刚石刀具车削纯钨的 t-v_c 曲线

从图 5-2 和图 5-3 可以看出，纯钨是属于难加工材料，其切削速度仅为 2.99m/min 时，YS8 刀具很快磨损失效，而 CVD 金刚石及 PCBN 刀具尚可胜任；但当切削速度提高后，CVD 金刚石刀具的使用寿命也不长，且前刀面产生月牙洼磨损，这可能是由于钨元素易与碳元素化合形成高硬度的 WC（2000HV）而导致刀具磨损。

根据图 5-3，可得 CVD 金刚石厚膜刀具车削纯钨 t-v_c 曲线的泰勒（Talyor）方程。

当 $VB_s=0.07$mm 时，泰勒（Taylor）方程为：

$$v_c = 50/t^{0.88} \quad (\text{m/min})$$

方程中 t 的指数值 0.88 也远远大于一般刀具，一般刀具的指数仅为 0.2 左右。

5.2.2 切削硬质合金

用 CVD 厚膜金刚石刀具车削硬质合金 YG6（89.5HRA）。刀具的几何参数中前角 γ_0 为 $-5°$，后角 α_0 为 7°，主偏角 k_r 为 75°，刃倾角 λ_s 为 $-3°$。切削用量中切削速度 v_c 为 15～80m/min，背吃刀量 a_p 为 0.1mm，进给量 f 为 0.05mm/r。采用干切削，不加切削液。VB_s 为 0.1mm，得到 t-v_c 曲线如图 5-4 所示。

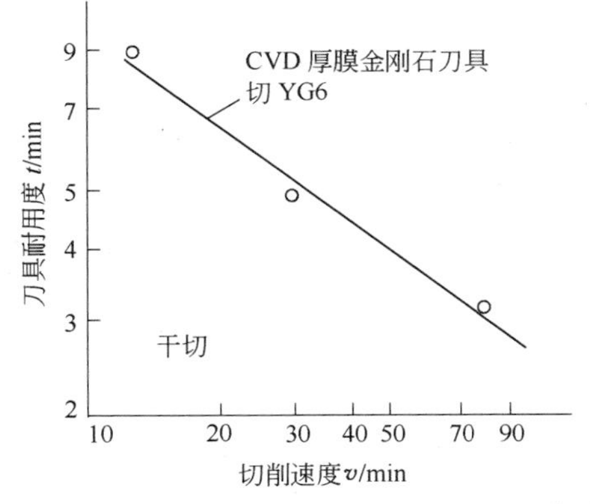

图 5-4 CVD 金刚石刀具车削 YG6 的 t-v_c 曲线

其泰勒（Taylor）方程为：

$$v_c = 590/t^{1.81} \quad (\text{m/min})$$

5.2.3 切削复合材料

在现代航空、航天工业中，复合材料应用广泛，复合材料常以金属或树脂为基体，用纤维或颗粒来增强，具有比重小、比强度大、比弹性模量大、耐高温、耐磨损和抗振性强等优点，但纤维或颗粒材料的硬度、大小及含量对复合材料的可加工性也影响较大。

5.2.3.1 切削纤维增强复合材料

CVD 厚膜金刚石刀具车削 GFRP，切削用量中切削速度 v_c 为 149~310m/min，背吃刀量 a_p 为 0.3mm，进给量 f 为 0.1mm/r。刀具的几何参数中前角 γ_0 为 0°，后角 α_0 为 7°，主偏角 k_r 为 45°，刃倾角 λ_s 为 0°，干式切削，VB_s 为 0.05mm，得到 t-v_c 曲线如图 5-5 所示。

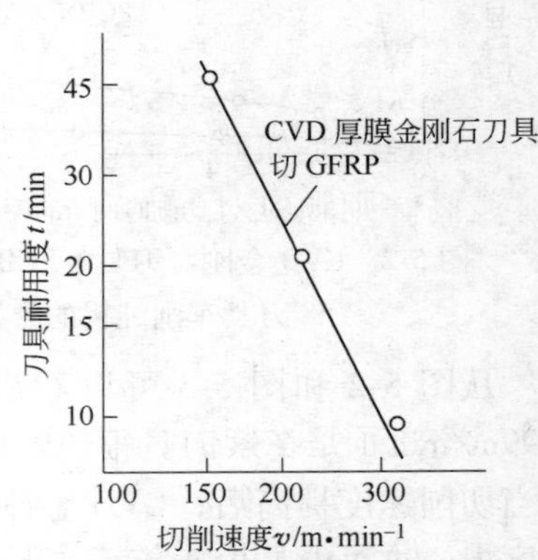

图 5-5 CVD 金刚石刀具车削 GFRP 的 t-v_c 曲线

相应的泰勒（Taylor）公式为：

$$v_c = 855/t^{0.454} \quad (\text{m/min})$$

5.2.3.2 切削颗粒增强复合材料

用超硬刀具车削铝合金基 SiC 颗粒增强的复合材料。

复合材料有三种：

No. 1：SiC_p/ZL109，粒度为 40~50μm，重量比为 20%；

No. 2：SiC_p/ZL109，粒度为 28~40μm，重量比为 20%；

No. 3：SiC_p/ZL109，粒度为 28μm，重量比为 20%。

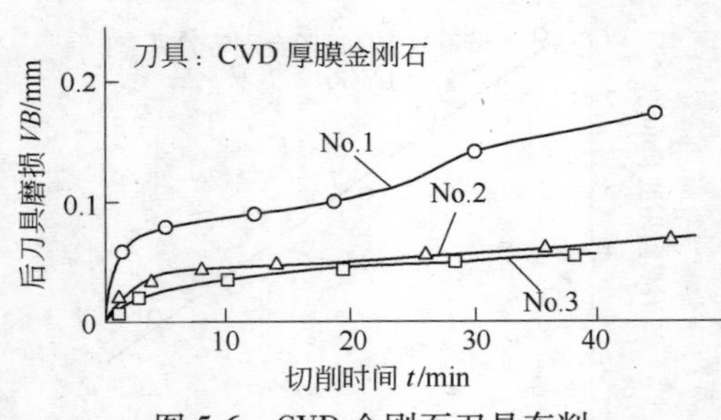

图 5-6 CVD 金刚石刀具车削 No. 1、No. 2 和 No. 3 复合材料的磨损

刀具材料为 CVD 厚膜金刚石刀具，该刀具的几何参数中前角 γ_0 为 3°，后角 α_0 为 13°，主偏角 k_r 为 75°，刃倾角 λ_s 为 6°。切削用量中切削速度 v_c 为 73m/min，背吃刀量 a_p 为 0.3mm，进给量 f 为 0.1mm/r，干式切削，得到刀具磨损曲线如图 5-6 所示。

由图可见，No. 1 复合材料较难加工，其原因是该材料的 SiC 颗粒大。No. 2 与 No. 3 复合材料的可加工性比较接近。所用的复合材料，加强颗粒质量比均为20%。不言而喻，颗粒含量多，则更难加工。

SiC的硬度很高，达到3000～3500HV。SiC颗粒对刀具切削刃有划伤和冲击作用，从而使刀具发生磨损。金刚石和PCBN两种超硬刀具完全能胜任颗粒加强复合材料的切削。金刚石和PCBN的硬度虽然很高，但韧性不足，故在SiC颗粒冲击下，也将发生磨损，甚至磨损较快，其磨损形式是“磨料磨损”和“切削刃微崩”。显然，对于硬度较低的颗粒，则较易加工。

根据物理学概念，物体的动能等于其质量和速度平方乘积的一半，即 $E=\frac{1}{2}mv^2$；又运动物体的动量等于物体质量和速度的乘积，即 $F_t=mv$；而动量的改变为冲量，故 m 越大，v 越大，则物体的动能、动量和冲量均越大。复合材料颗粒作用也正是如此，由此可见在切削复合材料时，硬颗粒的质量越大，切削速度越高，则颗粒对刀具的损伤也越大。

5.2.4 断续切削

用CVD厚膜金刚石刀具车削直流电机整流子，并用M10硬质合金刀具与之对比。整流子是在紫铜柱体开若干条均匀分布的槽，镶嵌入云母片。天然云母的成分为 $KMg_3(AlSi_3O_{10})(OH)_2$，人造云母的成分为 $KMg_2(AlS1O_3O_{10})F_2$，又称为氟金云母，其硬度为莫氏4级。因紫铜硬度很低，故整流子在切削中，云母起冲击作用。

该刀具的几何参数中前角 γ_0 为 $-10°$，后角 α_0 为 $8°$，主偏角 k_r 为 $65°$，刃倾角 λ_s 为 $-5°$。切削用量中切削速度 v_c 为 80m/min，背吃刀量 a_p 为 0.3mm，进给量 f 为 0.1mm/r，得到的刀具磨损曲线如图5-7所示。从图中可以看出，在 γ_0 为 $-10°$ 的情况下，用CVD厚膜金刚石刀具进行带有一定冲击性的切削，取得了良好的切削效果。

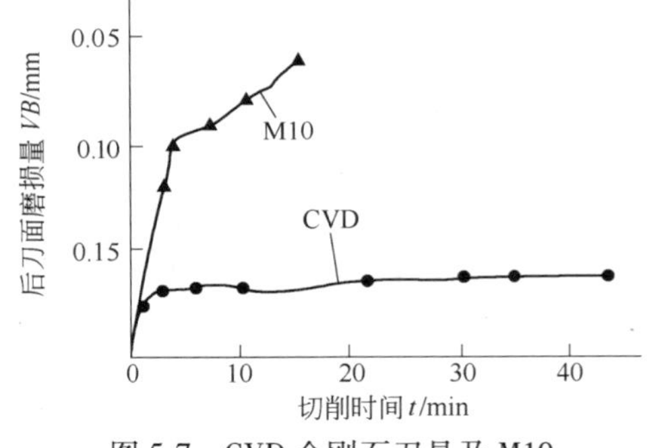

图5-7 CVD金刚石刀具及M10刀具车削整流子的磨损

5.2.5 施用切削液切削

用CVD厚膜金刚石刀具车削硬合金YG6（89.5HRA），并与图5-4相同的切削条件，切削用量中切削速度 v_c 为 14.8m/min，背吃刀量 a_p 为 0.1mm，进给量 f 为 0.05mm/r，施用水基切削液，作切削试验，$VB_s=0.1$mm 时，得到 t-v_c 曲线如图5-8所示。

相应的泰勒（Taylor）方程为：

$$v_c=718/t^{1.664}\ \text{(m/min)}$$

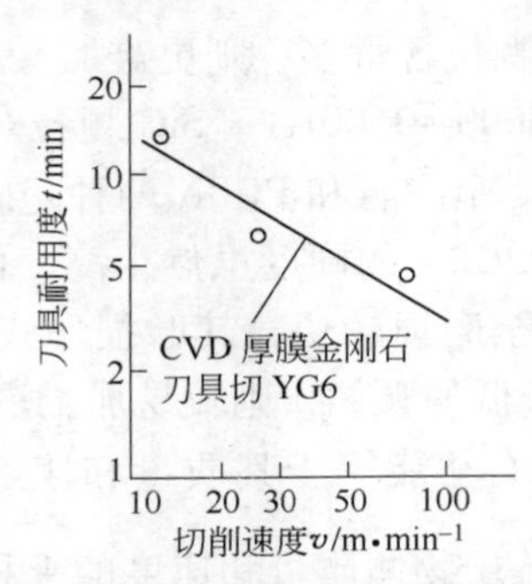

图 5-8 CVD 厚膜金刚石刀具车削 YG6（施用切削液）的 t-v_c 曲线

5.2.6 超精密切削

超精密切削主要指用金刚石刀具加工有色金属及其合金。金刚石刀具，尤其是天然金刚石刀具，经过精磨及仔细研磨，可以得到极其锋利的切削刃，其钝圆半径可达到纳米级。在超精密机床上，再配合合理的刀具几何参数和切削用量，能够加工出超精密的零件。用超硬材料刀具在普通机床上车削多种金属与非金属材料，测出已加工表面的粗糙度。与硬质合金刀具对比，金刚石刀具切削所得的粗糙度显著减小，立方氮化硼刀具所得的粗糙度也大于金刚石刀具。

图 5-9 所示为 CVD 金刚石厚膜刀具与硬质合金 YG8 刀具车削 No. 3 复合材料（SiC_p/ZL109，粒度为 28μm，质量比为 20%）时，加工表面粗糙度的对比。图 5-10 是 CVD 金刚石厚膜刀具与硬质合金 M10 刀具车削各种有色金属时，加工表面粗糙度的对比。切削用量中切削速度 v_c 为 60m/min，背吃刀量 a_p 为 1~5μm，进给量 f 为 0.01mm/r，且均为干式切削。

刀具	粗糙度 Ra/μm
CVD 厚膜	0.52
YG8	0.72

图 5-9 加工 No. 3 复合材料表面粗糙度对比

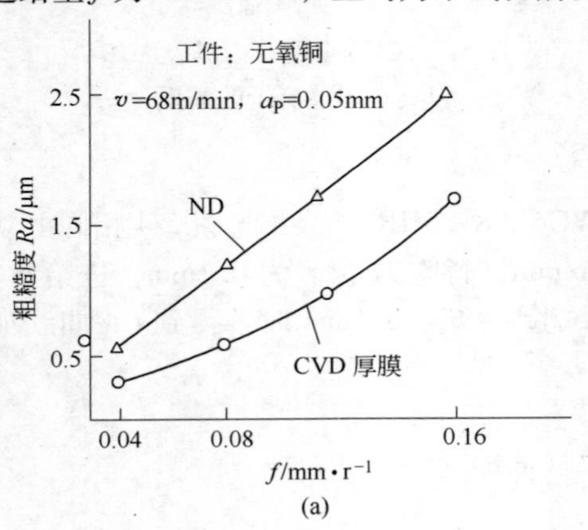

(a)

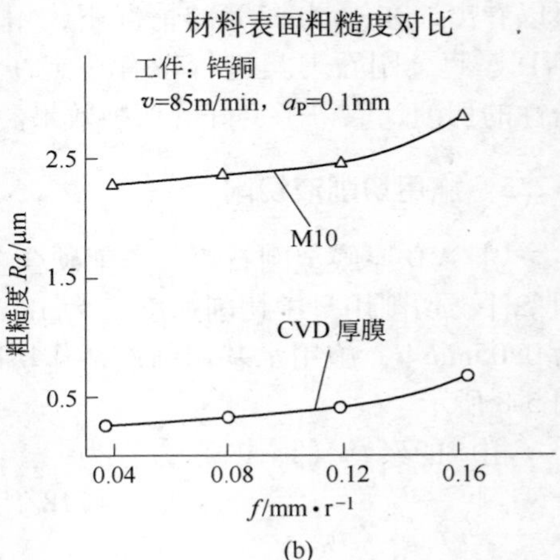

(b)

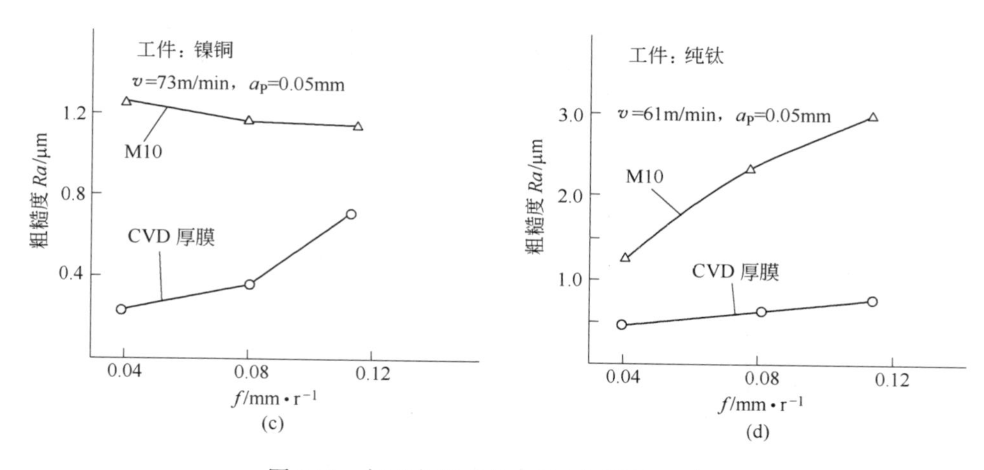

图 5-10 加工各种有色金属表面粗糙度对比

（a）加工无氧铜；（b）加工锆铜；（c）加工镍铜；（d）加工纯钛

5.3 金刚石切削刀具的选用

金刚石刀具主要适合加工各种非金属材料、有色金属及其合金见表 5-1。单晶金刚石和金刚石涂层刀具在超精密切削加工中的应用领域见表 5-2。PCD 刀具适合加工的材料见表 5-3。各公司金刚石刀具的应用见表 5-4~表5-13[13]。

表 5-1 金刚石刀具适合加工的材料及其加工方式

工 件 材 料			车削	磨削	珩磨	研磨及抛光	拉丝	修整	其他
金属	黑色金属	碳素钢	—	—	—	—	●	●	—
		铸铁	—	●	●	—	—	●	—
		合金钢	—	—	—	—	●	●	—
		工具钢	—	—	—	—	—	●	—
		不锈钢	—	—	—	—	●	●	—
		超级合金	—	—	—	—	●	●	—
	有色金属	铜、铜合金	●	—	—	—	●	—	—
		铝、铝合金	●	—	—	—	●	—	—
		贵金属	●	—	—	—	●	—	—
		喷涂金属	●	●	—	—	—	—	—
		锌合金	●	—	—	—	●	—	—
		巴氏合金	●	—	—	—	—	—	—
		钨	●	—	—	—	●	—	—
		钼	—	—	—	—	●	—	—

续表 5-1

工件材料			车削	磨削	珩磨	研磨及抛光	拉丝	修整	其他
金属	特殊材料	碳化物	●	●	●	●	—	—	●
		碳化钛	—	●	—	●	—	—	●
		铁淦氧磁合金	—	●	—	●	—	—	—
		磁合金	●	●	—	●	—	—	—
		硅	●	●	—	●	—	—	—
		锗	—	●	—	●	—	—	—
		磷化镓	—	●	—	●	—	—	—
		砷化镓	—	●	—	●	—	—	—
非金属	人造材料	塑料	●	●	—	—	●	—	—
		陶瓷	●	●	●	●	—	—	●
		碳、石墨	●	●	—	—	●	—	—
		玻璃	●	●	●	●	—	—	—
		砂轮、砖	●	●	—	—	—	●	—
		宝石	—	●	—	—	—	—	—
		石头	—	●	—	●	—	—	—
		混凝土	—	●	—	●	—	—	—
		橡胶	●	●	—	—	—	—	—
	天然材料	石料	●	●	—	●	—	—	—
		珊瑚	●	●	—	—	—	—	—
		贝壳	●	●	—	—	—	—	—
		宝石	—	●	—	●	—	—	●
		牙、骨头	—	●	—	—	—	—	—
		珠宝	—	●	—	●	—	—	●
		木材制品	●	—	—	—	—	—	—

注：●表示适合的加工方式。

表 5-2　单晶金刚石和金刚石涂层刀具在超精密切削加工的应用领域

应用领域	应用范围	精度要求
航空及航天	高精度陀螺仪浮球	球度 0.2~0.5μm，表面粗糙度 *Ra*0.1μm
	气浮陀螺和静电陀螺的内支撑面	球度 0.05~0.5μm，尺寸精度 0.6μm，表面粗糙度 *Ra*0.012~0.025μm

续表 5-2

应用领域	应用范围	精度要求
航空及航天	卫星观测用平面反射镜	平面度 0.3μm，反射率 99.8%，表面粗糙度 *Ra*0.012μm
	雷达波导管	内表面粗糙度 *Ra*0.01～0.02μm，平面度和垂直度 0.1～0.2μm
	航空仪表轴承孔、轴	表面粗糙度 *Ra*0.01～0.02μm
光学	红外反射镜	表面粗糙度 *Ra*0.01～0.02μm
	激光制导反射镜	表面粗糙度 *Ra*0.01～0.02μm
	其他光学元件	表面粗糙度 *Ra*0.01～0.02μm
民用	计算机磁盘	平面度 0.1～0.5μm，表面粗糙度 *Ra*0.03～0.05μm
	磁头	平面度 0.4μm，表面粗糙度 *Ra*0.1μm，尺寸精度 ±2.5μm
	非球面塑料镜成型模	平面度 0.3～1μm，表面粗糙度 *Ra*0.05μm

表 5-3 PCD 刀具适合加工的材料

工件材料		加工对象
有色金属	铝、铝合金	汽车、摩托：活塞、气缸、轮毂、传动箱、泵体、进气管、各种壳体零件等
		飞机：各种箱体、壳体、压缩机零件等
		精密机械：各种照相机、复印机、计量仪器零件等
		通用机械：各种泵体、油压机、机械零件等
	铜、铜合金	内燃机船舶：各种轴、轴瓦、轴承、泵体等
		电子仪器：各种仪表、电机换向器、印制电路板等
		通用机械：各种轴承、轴瓦、阀体、壳体等
	硬质合金	各种阀座、气缸等烧结品及半烧结品等
	其他	钛、镁、锌等各种有色金属
非金属	木材	各种硬木、人造板、人造耐磨纤维板及制品等
	增强塑料	玻璃纤维、碳纤维、增强塑料等
	橡胶	纸用轧辊、橡胶环等
	石墨	碳棒等
	陶瓷	密封环、柱塞等烧结品及半烧结品等

表 5-4 美国 Diamond Innovations 公司 PCD 刀具适合加工的材料

牌号	平均粒径/μm	加工对象	备注
Compax1600	4	铝、铜、贵金属、复合木板、塑料	表面精加工
Compax1300	5	*w*(Si) <14%的硅铝合金、铜合金、石墨及石墨复合材料、复合木板、未烧结陶瓷和硬质合金	具有高耐磨性

续表 5-4

牌　号	平均粒径/μm	加 工 对 象	备注
Compax1500	25	w(Si)>14%的硅铝合金、金属基复合材料、复合金属（铝/铸铁）；烧结陶瓷和硬质合金、其他高耐磨材料	强度高，断续加工和粗加工
Compax1800	25 和 4 混合	金属基复合材料、w(Si)>14%的硅铝合金、玻璃纤维、纤维板、层叠地板	苛刻加工

表 5-5　美国 Smith 国际有限公司 PCD 刀具适合加工的材料

牌　号	平均粒径/μm	加 工 对 象
Megadiamond C30X	30	适合加工有色金属材料及连续、断续加工的高耐磨材料，如高硅含量的硅铝合金、碳纤维增强塑料（CFRP）、金属基复合材料(MMC)、陶瓷、硬化塑料、印制电路板、碳化钨硬质合金
Megadiamond AMX	9	适合高速铣削铝
Megadiamond F05	5	加工低硅含量的硅铝合金、塑料、石墨、碳、树脂、光学零件、需求高的表面精加工和半精加工的贵重金属，特别适合铣削和断续车削
Megadiamond HM20	5	适合有色金属和非金属的加工，典型应用包括低硅铝合金、木材、木质产品、塑料、陶瓷等
Megadiamond M10	10	适合有色金属和非金属的加工，典型应用包括铝和其他的有色金属合金、碳纤维增强塑料（CFRP）、木材及相关 MDF 材料和层压板、橡胶、有色烧结金属、陶瓷等

表 5-6　日本京瓷（Kyocera）公司 PCD 刀具适合加工的材料

牌　号	平均粒径/μm	适合加工的材料
KPD001	0.5	铝合金等有色金属的高速加工，玻璃纤维、塑料、硬质合金、陶瓷等
KPD002	2	有色金属的粗断续加工，塑料、木材、无机质板材等
KPD010	10	铝合金等有色金属的高速加工，玻璃纤维、塑料、硬质合金、陶瓷等
KPD025	25	高含硅量合金的高速加工，硬质合金、陶瓷等

表 5-7　日本住友电工（Sumitomo）公司 PCD 刀具适合加工的材料

牌　号	平均粒径/μm	适合加工的材料
DA2200	0.5	高硅含量硅铝合金、铜、玻璃纤维、硬橡胶、石墨环氧树脂、木材、铝合金的精加工、粗加工及断续加工
DA200	0.5	塑料、木材、铝材的低表面粗糙度的精加工

续表 5-7

牌　号	平均粒径/μm	适合加工的材料
DA150	5	高硅含量硅铝合金、铜、玻璃纤维、硬橡胶、石墨环氧树脂、木材、碳复合材料
DA100	20	铝、铜、木材、橡胶、石墨、硬质合金
DA90	50	高硅含量硅铝合金、陶瓷、硬质合金
DA1000	—	铣削和重载荷断续车削有色金属，如铝合金等

表 5-8　日本三菱（Mitsubishi）公司 PCD 刀具适合加工的材料

牌　号	适合加工的材料
MD205	使用 MD220 耐磨性不足
MD220	有色金属的精加工，非金属的切削加工
MD230	MD220 发生缺损或表面要求高的精加工

表 5-9　日本黛杰（Dijet）公司金刚石刀具适合加工的材料

牌　号	平均粒径/μm	适合加工的材料
JDA10	0.5~2	铝合金的精加工
JDA715	3~5	电子部件、碳、CFRP 等有色金属、塑料等非金属
JDA440 JDA745	7~10	铝合金、铜合金、有色金属、塑料等非金属
JDA30 JDA735	20~30	硬质合金及高硅铝合金
JDA10000	20~30	石墨、碳墨、铝合金等有色金属

表 5-10　日本特殊陶业（NTK）公司金刚石涂层刀具适合加工的材料

牌号	适合加工的材料
UC2	高硅铝合金、金属基纤维增强复合材料、陶瓷、增强陶瓷、碳材料

表 5-11　韩国特固克（Taegu Tec）公司 PCD 刀具适合加工的材料

牌号	平均粒径/μm	适合加工的材料	车削	刻槽	切槽	铣削	立铣
KP500	10~25	高速车、铣硅铝合金（w（Si）= 18%）、硬质合金、陶瓷金属复合材料	√	√	√	√	√
KP300	8~9	高速车、铣硅铝合金（w（Si）= 12%~18%）、铜合金、碳纤维增强塑料	√	√	√	√	√
KP100	4~5	高速车（有切削液）硅合金（w（Si）<12%）、有色金属（铝、铜等）合金	√	√	√	—	—

表 5-12　韩国日进（Iljin）公司金刚石刀具 CC 牌号适合加工的材料

牌号	适合加工的材料	备　注
CC	高硅铝合金（*w*(Si) > 12%）、烧结硬质合金、预烧结硬质合金	连续和重载断续切削

表 5-13　以色列伊斯卡（Iscar）公司 PCD 刀具适合加工的材料

牌　号	金刚石颗粒尺寸/μm	适合加工的材料
ID6	10~25	铝合金的精加工（*w*(Si) > 12%）、硬质合金、铝合金的断续铣削
ID5	8~9	铝合金的精加工（*w*(Si) < 12%）、铜合金、有色金属的通用加工
ID4	4~5	FRP、木材、纯铝及近似纯铝

6 立方氮化硼切削刀具切削性能

6.1 立方氮化硼切削刀具切削性能

6.1.1 立方氮化硼切削刀具切削范围

立方氮化硼刀具具有高硬度及高热稳定性，对铁族元素呈惰性，故非常适合切削下列材料：切削各种淬硬钢，包括碳素工具钢、合金工具钢、高速钢、轴承钢及模具钢等；切削各种铁基、镍基、钴基和其他热喷涂（焊）零件。一般情况下，金刚石刀具所能加工的难加工材料，如硬质合金、陶瓷、玻璃、复合材料等，立方氮化硼刀具也能胜任，但一般立方氮化硼刀具的使用寿命低于金刚石刀具。

6.1.2 立方氮化硼切削刀具切削性能

立方氮化硼切削刀具具有优异的综合性能，具体如下所述：

（1）高的硬度和耐磨性。与其他硬质材料相比较，立方氮化硼切削刀具具有很高的硬度，CBN 微粉的显微硬度为 8000~9000HV，PCBN 烧结体的硬度也达到 3000~5000HV。

立方氮化硼切削刀具具有很高的耐磨性，在切削耐磨材料时，其耐磨性为硬质合金刀具的 50 倍，为涂层硬质合金刀具的 30 倍，为陶瓷刀具的 25 倍。

（2）好的导热性。立方氮化硼的热导率高达 1300W/(m·K)。作为对比，紫铜的导热性很好，其热导率仅为 393W/(m·K)，纯铝热导率仅为 226W/（m·K)，故 CBN 的热导率约是紫铜的 3.5 倍，约是纯铝的 5 倍。

（3）高的杨氏模量。材料的杨氏模量越高，其刚性就越好，立方氮化硼的杨氏模量高达 720GPa。作为对比，SiC、Al_2O_3、WC 和 TiC 的杨氏模量仅分别为 390GPa、350GPa、650GPa 和 330GPa。

（4）小的热膨胀系数。立方氮化硼的线膨胀系数非常小，仅为（2.1~2.3）× 10^{-6}/K。

（5）小的密度。立方氮化硼的密度仅为 3.48g/cm^3，其与 Al_2O_3和 Si_3N_4的密度相近。

（6）较好的断裂韧性。在硬度较高的材料中，立方氮化硼具有较好的韧性，其断裂韧性约为 5~9MPa/m^2，比氧化铝陶瓷和单晶金刚石的断裂韧性值高，与聚晶金刚石的断裂韧性值相当。

（7）较低的摩擦因数。立方氮化硼与不同材料的摩擦因数约为 0.1~0.3，比硬质合金的摩擦系数（约 0.4~0.6）小得多。

（8）稳定的化学性质。立方氮化硼热稳定性好，在大气中 1300~1500℃ 温度下也不分解。对铁族元素呈惰性，在酸中不受侵蚀，在碱中约 300℃ 时即受侵蚀。

6.2 立方氮化硼切削刀具切削试验

6.2.1 切削淬硬钢

用聚晶立方氮化硼 PCBN 刀具车削淬硬钢 T10A（60~63HRC），并与人造金刚石 PCD、硬质合金 YS8、Si_3N_4基复合陶瓷刀具进行对比。

图 6-1 所示为 PCD 刀具与两种 PCBN 的磨损曲线对比图。该刀具的几何参数中前角 γ_0为 0°，后角 α_0为 8°，主偏角 k_r为 45°，刃倾角 λ_s为 0°。切削用量中切削速度 v_c为 84m/min，背吃刀量 a_p为 0.1mm，进给量 f 为 0.05mm/r，不加切削液。

图 6-2 所示为 YS8 与 Si_3N_4基复合陶瓷刀具的磨损曲线图。该刀具的几何参数中前角 γ_0为-8°，后角 α_0为 8°，主偏角 k_r为 45°，刃倾角 λ_s为-4°。切削用量中切削速度 v_c为 44m/min，背吃刀量 a_p为 0.1mm，进给量 f 为 0.05mm/r，不加切削液。

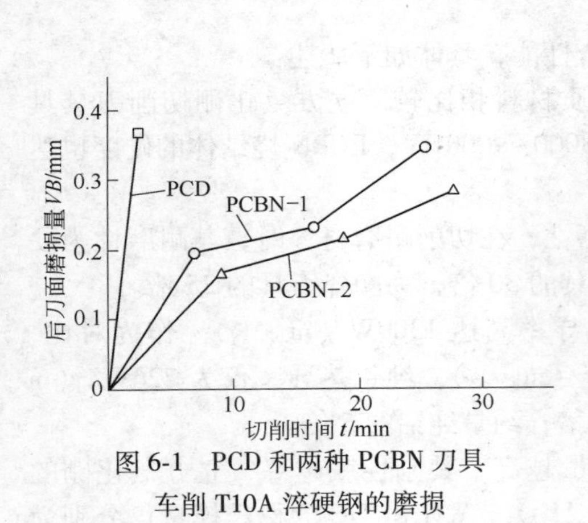

图 6-1 PCD 和两种 PCBN 刀具车削 T10A 淬硬钢的磨损

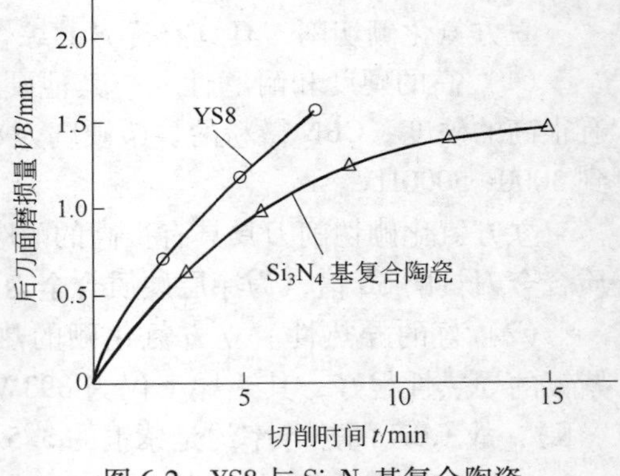

图 6-2 YS8 与 Si_3N_4基复合陶瓷刀具车削 T10A 淬硬钢的磨损

由图可以看出，在车削淬硬钢时，Si_3N_4基复合陶瓷刀具的磨损略小于 YS8 硬质合金，其切削速度较低，$v_c=44m/min$。当切削速度高达 84m/min 时，PCBN 刀具的后刀面磨损量大为减缓，切削时间近 30min，$VB_s=0.25\sim0.3mm$，但 PCD 刀具急剧磨损。因为在 700℃ 以上，金刚石在 Fe 元素的催化作用下转化为石墨而失去了硬度。金刚石中 C 元素易向淬硬钢工件方面扩散，降低刀具的硬度。在 700~800℃ 温度下，其也能产生氧化反应，即 $C+O \rightarrow CO$，$CO+O \rightarrow CO_2$，降低了刀具的性能。

6.2.2 车削冷硬铸铁

用聚晶立方氮化硼 PCBN 刀具车削球墨冷硬铸铁，成分含 C 为 2.8%～3.5%，含 Mn 为 0.4%～1.0%，含 Si 为 0.3%～3.2%，硬度为 58～68HBS。该刀具的几何参数中前角 γ_0为-3°，后角 α_0为 8°，主偏角 k_r为 84°，刃倾角 λ_s为 0°。切削用量中切削速度 v_c为 60m/min，背吃刀量 a_p为 0.3mm，进给量 f 为 0.22mm/r，不加切削液。

图 6-3 所示为这组试验的磨损曲线，可见 PCBN 刀具的耐用度相当长，切削路程达 8000m 时，VB_s值仅为 0.16mm。

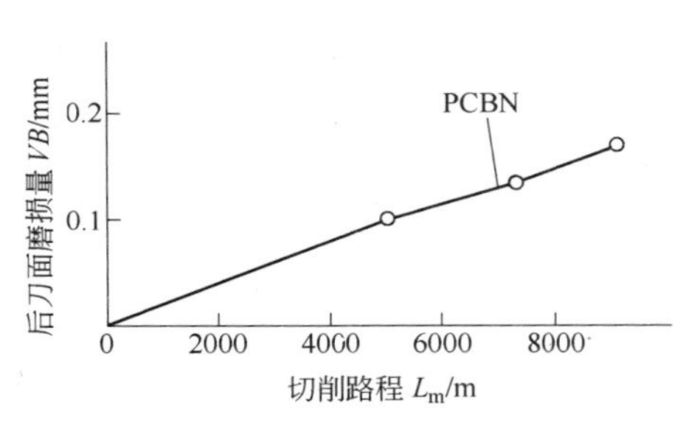

图 6-3 PCBN 刀具车削冷硬铸铁的磨损

若用硬质合金 YG6X 刀具车削冷硬铸铁，切削速度只能采用 6～10m/min，其刀具耐用度和加工效率均比 PCBN 刀具低得多。

在工业工程与机械制造中，黑色金属特别是钢铁用量最大，故 PCBN 在钢铁的硬切削中能发挥着重大作用，所以 PCBN 刀具可以弥补金刚石刀具的不足之处。

6.2.3 切削硬质合金

用聚晶立方氮化硼 PCBN 刀具与金刚石 PCD 刀具车削硬质合金 YG20（85 HRA），刀具的几何参数中前角 γ_0为 0°，后角 α_0为 8°，主偏角 k_r为 45°，刃倾角 λ_s为 0°。切削用量中切削速度 v_c为 16m/min，背吃刀量 a_p为 0.1mm，进给量 f 为 0.05mm/r。采用干式切削，不加切削液。

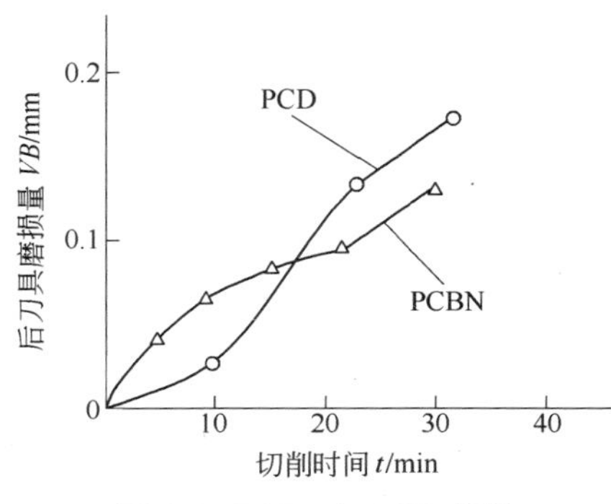

图 6-4 PCBN 与 PCD 车削 YG20 的磨损

图 6-4 所示为两种刀具的磨损曲线，该两种刀具的磨损情况相近。考虑到 YG20 中含 Co 达 20 %，Co 是铁族元素，对金刚石的石墨化有一定作用，但不如铁元素强烈，故得出了如图 6-4 的磨损结果。

又用 PCBN 刀具车削硬质合金 YG20（85 HRA）。刀具的几何参数中前角 γ_0为 0°，后角 α_0为 8°，主偏角 k_r为 45°，刃倾角 λ_s为 0°。切削用量中切削速度 v_c为 10～80m/min，背吃刀量 a_p为 0.1mm，进给量

f为 0.05mm/r。采用干式切削，不加切削液，VB_s为 0.2mm，得到 t-v_c曲线如图 6-5 所示。

其泰勒（Taylor）方程为：

$$v_c = 590/t^{1.81} \quad (\text{m/min})$$

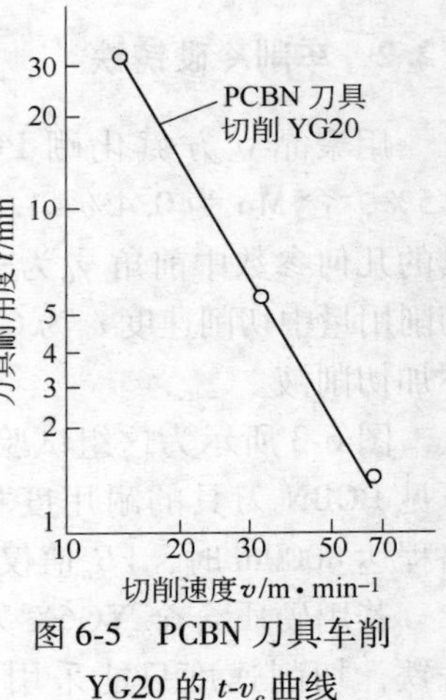

图 6-5　PCBN 刀具车削 YG20 的 t-v_c曲线

6.2.4　切削工程陶瓷

用 PCBN 刀具和 PCD、CVD 两种厚膜金刚石刀具车削 Al_2O_3基复合工程陶瓷（88～89HRA）。刀具的几何参数中前角 γ_0为 0°，后角 α_0为 8°，主偏角 k_r为 45°，刃倾角 λ_s为 0°。切削用量中切削速度 v_c为 42m/min，背吃刀量 a_p为 0.1mm，进给量 f 为 0.05mm/r，采用干式切削，不加切削液，得到刀具磨损对比曲线如图 6-6 所示。由于 PCBN 刀具的硬度低于金刚石刀具，故刀具的磨损稍快，而 PCD 刀具的韧性优于 CVD 刀具，故其耐磨性领先。

6.2.5　切削工业玻璃

用 PCBN 刀具和 PCD、CVD 两种厚膜金刚石刀具车削工业玻璃，其成分为 SiO_2、Na_2O 和 CaO 等，硬度约为 400～500HV。该刀具的几何参数中前角 γ_0为 0°，后角 α_0为 8°，主偏角 k_r为 45°，刃倾角 λ_s为 0°。切削用量中切削速度 v_c为 38m/min，背吃刀量 a_p为 0.1mm，进给量 f 为 0.05mm/r。采用干式切削，不加切削液，得到刀具磨损对比曲线如图 6-7 所示。可以看出，PCD 的切削性能更优异，工业玻璃的硬度不算太高，非超硬刀具也能用以切削，但从试验数据来看，玻璃仍有一定的加工难度。

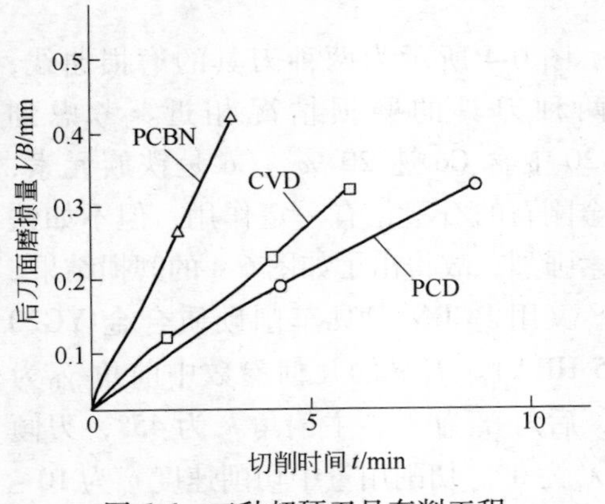

图 6-6　三种超硬刀具车削工程陶瓷的磨损

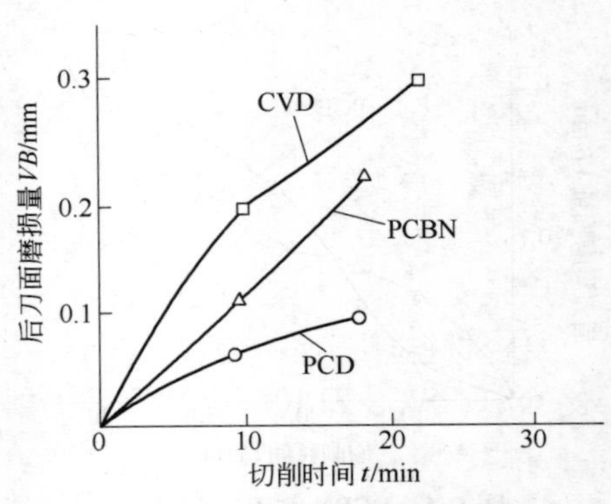

图 6-7　三种超硬刀具车削工业玻璃的磨损

6.2.6 切削复合材料

6.2.6.1 切削纤维增强复合材料

用立方氮化硼 PCBN 和 CVD 厚膜与薄膜金刚石刀具车削一种玻璃钢为酚醛树脂基玻璃纤维增强复合材料 GFRP，其宏观硬度为 131 HBS。为了进行对比，在切削试验中还采用了 K 类硬质合金 YS8 和 Si_3N_4基复合陶 HDM3 刀具。

切削用量中切削速度 v_c 为 80m/min，背吃刀量 a_p 为 0.3mm，进给量 f 为 0.1mm/r；YS8 刀具的几何参数中前角 γ_0为 0°，后角 α_0为 8°，主偏角 k_r为 45°，刃倾角 λ_s为-4°；HDM3 刀具的几何参数中前角 γ_0为 8°，后角 α_0为 8°，主偏角 k_r为 75°，刃倾角 λ_s为-4°；CVD 厚膜金刚石刀具的几何参数中前角 γ_0为-8°，后角 α_0为 8°，主偏角 k_r为 45°，刃倾角 λ_s为 0°；CVD 薄膜金刚石刀具的几何参数中前角 γ_0为-10°，后角 α_0为 8°，主偏角 k_r为 45°，刃倾角 λ_s为 0°；PCBN 刀具的几何参数中前角 γ_0为 0°，后角 α_0为 8°，主偏角 k_r为 45°，刃倾角 λ_s为0°，不加切削液。

图 6-8 所示为得到的刀具磨损曲线，GFRP 的加工有一定的难度，但难度不大。用硬质合金或陶瓷刀具车削 GFRP，切削时间达 30min 以上时，后刀面磨损量 VB_s约为 0.2mm。PCBN 刀具切削时间达 50min 时，VB_s约为 0.16mm。CVD 厚膜与薄膜金刚石刀具切削 60min，VB_s仅达 0.04~0.08mm。GFRP 的基体材料酚醛树脂对刀具磨损的影响很小，但玻璃纤维对刀具切削刃有擦伤作用。

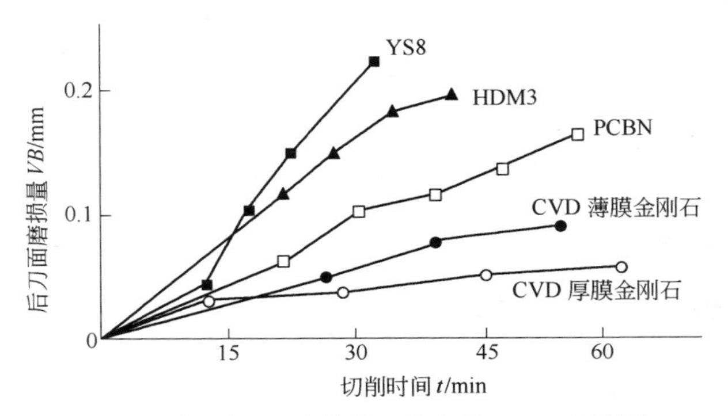

图 6-8 超硬刀具及其他刀具车削 GFRP 的磨损

6.2.6.2 切削颗粒增强复合材料

用超硬刀具车削铝合金基 SiC 颗粒增强的复合材料。

复合材料有三种：

No.1：SiC_p/ZL109，粒度 40~50μm，质量比为 20%；

No.2：SiC_p/ZL109，粒度 28~40μm，质量比为 20%；

No.3：SiC_p/ZL109，粒度 28μm，质量比为 20%。

PCBN 刀具能加工 SiC 颗粒增强复合材料，虽其耐磨性稍逊于金刚石刀具，但仍可使用，而其他刀具材料均不堪使用。例如，使用硬质合金 YG6 刀具加工 SiC 颗粒增强复合材料，可以说是“一触即溃”，如图 6-9 所示。该刀具的几何参数中前角 γ_0 为 1°，后角 α_0 为 8°，主偏角 k_r 为 75°，刃倾角 λ_s 为−4°。切削用量中切削速度 v_c 为 70m/min，背吃刀量 a_p 为 0.3mm，进给量 f 为 0.1mm/r，不加切削液干切。

随后又用 PCBN 刀具车削 No. 3 复合材料（SiC_p/ZL109，粒度为 28μm，质量比为 20%），该刀具的几何参数中前角 γ_0 为 1°，后角 α_0 为 8°，主偏角 k_r 为 75°，刃倾角 λ_s 为−4°。切削用量中切削速度 v_c 为 40~150m/min，背吃刀量 a_p 为 0.3mm，进给量 f 为 0.1mm/r，不加切削液干切。VB_s=0.3mm，得到 t-v_c 曲线如图 6-10 所示。

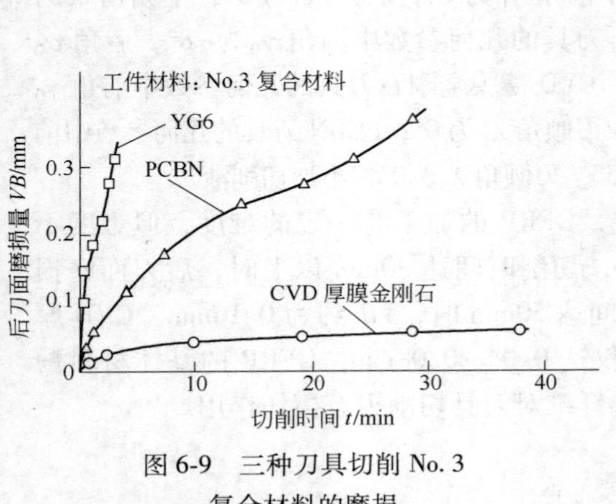

图 6-9　三种刀具切削 No. 3 复合材料的磨损

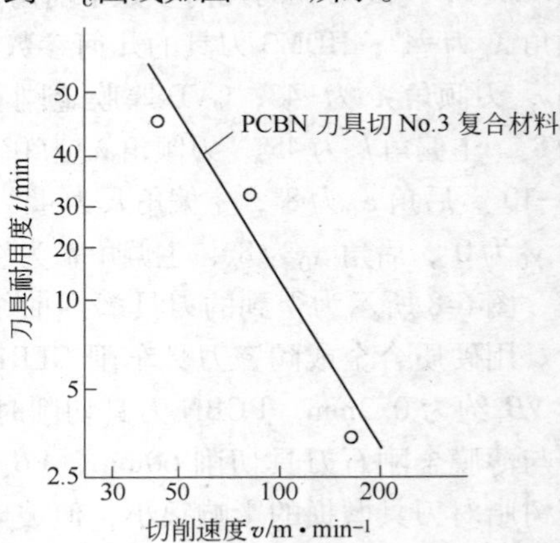

图 6-10　PCBN 刀具切削 No. 3 复合材料的 t-v_c 曲线

泰勒（Taylor）公式如下：

$$v_c = 372/t^{0.554} \quad (\mathrm{m/min})$$

6.2.7　施用切削液切削

用 PCBN 和 CVD 厚膜金刚石刀具车削硬合金 YG6（89.5 HRA），在施用水基切削液和干切两种情况下进行对比。该切削用量中切削速度 v_c 为 14.8m/min，背吃刀量 a_p 为 0.1mm，进给量 f 为 0.05mm/r，得到刀具磨损曲线如图 6-11 所示。

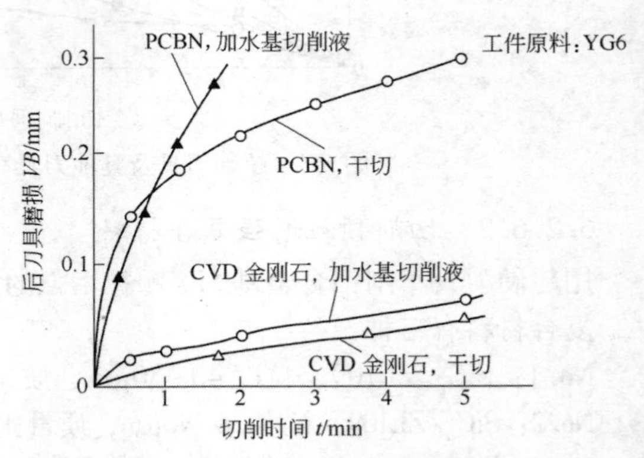

图 6-11　超硬刀具在施用水基切削液时的切削磨损

从图中可见，施用水基切削液，对金刚石刀具有利，可减少刀具磨损；对 PCBN 刀具不利，反而加快其磨损。因为 PCBN 刀具在较高温下，将与水发生化学反应，即 $BN+3H_2O \rightarrow H_3BO_3+NH_3$，而丧失其硬度。

经试验证实，施用油基切削液对金刚石刀具的切削，亦有减小刀具磨损的作用。

6.3 立方氮化硼切削刀具的选用

立方氮化硼切削刀具主要应用于加工硬度在 45HRC 以上的硬质材料，如各种淬硬钢、铸铁、高温合金、硬质合金、烧结铁、表面热喷涂（焊）材料、粉末冶金制品、高钴硬质合金等，还可用于钛合金、纯镍、纯钨及陶瓷等其他材料的加工。各公司 CBN 刀具适合加工的材料见表 6-1~表 6-16 [13]。

表 6-1　ZCC. CT 株硬公司 CBN 刀具适合加工的材料

牌　号	适合加工的材料
YCB011	铸铁、铁基 P/M 材料和耐热合金的高速、高精密切削加工
YCB012	用于淬硬钢（45~65 HRC）的高速、高精密连续或轻微断续切削加工，尽量采用干式切削

表 6-2　河南富耐克超硬材料有限公司刀具适合加工的材料

牌　号	适合加工的材料
FBN3500	耐磨和抗冲击均衡性优异的通用材质，适合于高硬度的镍铬钢、高铬钢、高速钢、淬火钢的中低速切削；适合于灰铸铁、球墨铸铁、高碳半钢工件的高速切削；适合于碳化钨辊环（88~90HRA）的中低速切削
FBN5000	耐磨性能优异，适合于淬火钢、高合金材料的高速连续切削，淬火轴承的精加工；适合于高合金、高硬度精加工，中速切削
FBN2000	耐磨、抗冲击、经济性兼顾，适合于灰铸铁、球墨铸铁工件的中、高速切削；适合于合金铸钢、半钢的中高速切削

表 6-3　英国元素六（Element Six）公司 PCBN 刀具适合加工的材料

牌　号	适合加工的材料
AMB90	CBN 含量高，粒度较大，热导率高，适于对硬的铁族材料进行中等至较高切削效率的加工
DBW85	为通用型材料，适合加工各种类型材料：淬火钢、冷硬铸铁（>45HRC）；珠光体铸铁、球墨铸铁；粉末冶金金属和烧结铁；耐热合金，特别适于镍基合金；烧结碳化钨（$w(Co)>17\%$）
DBA80	中等粒度 PCBN 材料，可灵活地进行工具优化设计
DBC50	CBN 粒度小，浓度低，在对铁族材料进行连续精加工时具有良好的切削刃稳定性，因此刀具寿命和工件质量均有所提高
DCC500	DBC50 的补充，可以采用更高的切削速度和更苛刻的操作条件。适用于对各种硬度达 65HRC 的淬硬钢和粉末冶金材料进行连续和轻度断续加工，可以进行精加工，表面粗糙度可达亚微米级

续表 6-3

牌　号	适合加工的材料
DBN45	CBN 的尺寸处于亚微米级，适用于对各种硬度达 65HRC 的淬火钢进行断续精加工
DCN450	DBN45 的改进型，适用于对各种硬度达 65HRC 的淬火钢进行轻度到中等的断续加工

表 6-4　美国 Diamond Innovations 公司 PVBN 刀具适合加工的材料

牌　号	适合加工的材料
BZN6000	珠光体灰铸铁、工具钢、表面堆焊用硬质合金、粉末冶金、精车超合金
BZN7000S	硬铸铁（大于 45HRC）、淬火钢（大于 45HRC）、珠光体灰铸铁、表面堆焊用硬质合金、粉末冶金
BZN8200	淬火钢合金、工具钢、模具钢
BZN9000	粉末冶金
BZN9100	铸铁、粉末冶金、铣削淬火钢、工具钢
HTC2000	淬火钢合金（大于 45HRC）、模具钢
HTM21000	合金钢、工具钢、模具钢

表 6-5　日本京瓷（Kyocera）公司 CBN 刀具适合加工的材料

牌　号	适合加工的材料
KBN510	热处理钢的精加工
KBN525	热处理钢的断续加工
KBN65B	烧结金属与灰铸铁的精加工
KBN900	热处理钢、压延材质或铸铁的重载加工或连续加工

表 6-6　日本住友电工（Sumitomo）公司 CBN 刀具适合加工的材料

牌　号	适合加工的材料
BN700	高速加工 GG，以及对铸铁、铁基材料、高硬轧辊和耐热合金进行加工
BN7500	最适合烧结合金的精加工
BN5800	高速加工 GG，以及对铸铁、烧结部件、特种铸铁进行加工
BNX10	高速连续切削
BNX20	高效切削
BNX25	高速断续切削
BN250	连续切削以及轻型到中等的断续切削
BN300	重载荷断续切削
BN350	中、强断续切削

续表 6-6

牌　号	适合加工的材料
BN500	加工 GGG 和 GG，同时适合连续精车淬硬轧辊
BNC80	高精度连续切削
BNC150	高速连续切削和轻型断续切削
BNC200	连续切削及轻型到中等断续切削
BNC300	重载荷断续切削

表 6-7　日本黛杰（Dijet）公司 CBN 刀具适合加工的材料

牌　号	适合加工的材料
JBN300	高硬度材料的断续、连续切削
JBN330	强韧性铸铁、高硬度材料、铁系烧结金属等连续切削
JBN795	铸铁的高速切削、铬镍铁超耐热合金等难加工材料和轧辊等高硬度材料的切削
JBN10	铸铁、铸钢的切削
JBN245	高硬度材料的强断续或精加工、主要用于铣削加工

表 6-8　日本东名公司 CBN 刀具适合加工的材料

牌　号	适合加工的材料
TBC80-350	JIS SKD1（大于 60HRC）、退火铸铁、冷作钢、铁基烧结合金

表 6-9　日本特殊陶业（NTK）公司 CBN 刀具适合加工的材料

牌　号	适合加工的材料
B16	高速粗加工灰铸铁和轧辊材料
B26	中等速度连续和断续切削烧结钢
B36	中等速度断续切削烧结钢

表 6-10　日本泰珂洛（Tungaloy）公司 PCBN 刀具适合加工的材料

牌　号	适合加工的材料
BXC90	高速精、粗加工铸铁和轧制钢
BXC90S	高速精、粗加工铸铁和轧制钢
BX930	高速车削灰铸铁和球墨铸铁
BX950	高速车削耐热合金、黑色金属和铸铁
BX870	切削铸铁缸套系列产品
BX850	切削铸铁
BX450	切削铁基烧结金属，特别适合阀座

续表 6-10

牌 号	适合加工的材料
BX480	铁基烧结金属和难加工轧钢
BXA30	中至高速切削
BX430	通用切削
BXC30	连续切削
BXC50	适合轻载断续至重载断续车削硬化钢和其他硬质材料（54~65HRC）
BX310	适合高速连续车削硬化钢和其他硬质材料（54~65HRC）
BX330	适合轻载连续至轻载断续车削硬化钢和其他硬质（54~65HRC）
BX360	适合轻载断续至重载断续车削硬化钢和其他硬质材料（54~65HRC）
BX380	适合重载断续车削硬化钢和其他硬质材料（54~65HRC）
BX530	适合高质量的表面精加工

表 6-11 韩国特固克（TaeguTee）公司 CBN 刀具适合加工的材料

牌号	ISO 组别	适合加工的材料	车削	切槽	车削切槽	铣削	立铣
KB50	H01~H10	渗碳钢和热处理钢的连续精车	√	√	√	—	—
KB650	H05~H15	渗碳钢和热处理钢的连续精车和轻度断续车削	√	√	√	—	—
KB90	K10~K20	高速湿式车削或干式铣削	√	√	√	√	√
	S01~S10	铬镍铁合金的高速精密车削	√	√	√	—	—
KB90A	K10~K20	高速湿式车削或干式铣削	√	√	√	√	—
	S05~S15	铬镍铁合金的高速精密车削	√	√	√	—	—

注："√" 表示适合的加工方式。

表 6-12 韩国日进（Iljin）公司 CBN 刀具适合加工的材料

牌 号	适合加工的材料
SB100	对铸铁和粉末冶金材料进行精加工
SB95	连续和断续切削软铸铁、连续加工硬铸铁，在极端切削条件下进行粗车削加工，对耐热合金进行粗、精加工
SB90	连续和断续加工软、硬铸铁，高精度切削铸铁，对烧结铁合金进行粗、精切削，对硬质合金部件进行精加工
SB80	加工超合金方面性能极佳，连续切削淬火钢
SB70	适合高效加工硬度大于 45HRC 的淬火钢，适合连续、断续加工，粗、精加工均可
SB60	适合对淬火钢进行连续和断续加工
SB50	高速连续加工淬火钢

表 6-13 韩国可乐伊（Korloy）公司 CBN 刀具适合加工的材料

牌 号	适合加工的材料
KB410	高速连续切削硬化钢
KB420	高效切削硬化钢
KB425	高速断续切削硬化钢
KB320	连续和断续切削硬化钢
KB330	重载断续切削硬化钢
KB350	高速精密切削铸铁
KB370	高速切削铸铁和难切削材料
DNC200	高速连续和中等断续切削硬化钢
DNC300	高速连续和轻载断续切削硬化钢

表 6-14 经色列伊斯卡（Iscar）公司 CBN 刀具适合加工的材料

牌 号	ISO 组别	适合加工的材料
IB50	P01～P10	精加工硬化钢（45～65HRC）、球墨铸铁及连续切削
IB55	K01～K15	半精加工硬化钢（45～65HRC）、球墨铸铁及连续切削
IB85	K01～K10	灰铸铁、粉末冶金材料/烧结铁基材料、超级合金/耐热合金、烧结碳化钨（w(Co) 大于 17%）、硬化钢、铸铁（大于 45HRC）
IB90	K01～K10	高速切削铸铁、切削碳化钨硬质合金、烧结金属、超级合金

表 6-15 德国赛琅泰克公司（Ceram Teck）高氮化硼含量牌号刀具的应用范围

牌 号		WBN735	WBN750	WBN100	WBN101	WBN105
ISO 组别		BH-K20	BH-K20	BH-K25	BH-K25	BH-K25
加工材料	铸铁	●	●	●	●	●
	特殊合金、钛	○	●	○	○	●
	硬质材料	○	—	○	○	○
加工方式	车削、镗削	●	●	●	●	●
	铣削	—	●	●	●	—
	切槽	○	●	●	—	○

注：●表示主要应用，○表示其他应用。

表 6-16 CBN 刀具不适合加工的材料

不适合加工的材料	原 因
铁素体为主的铸铁	扩散磨损严重
软的铁族金属（小于 45 HRC）	易形成积屑流，而这种积屑流的强度又不太高，会很快脱落，引起切割力波动而导致刀具损坏

续表 6-16

不适合加工的材料	原 因
铝合金、铜合金	容易产生严重的积屑瘤，使加工表面恶化，刀具寿命降低
金属基复合材料	—
玻璃钢	—
玻璃	—
石墨	—
木材	—
需低速加工的材料	低速时产生的热量不足，不能软化切削的区域
加工冲击大的材料	CBN 脆性大，强度和韧性低
需超精密加工的材料	CBN 具有一定的微粒尺寸，切削刃钝圆半径、刃口直线度和微观不平度均较金刚石差

7 涂层刀具概述

7.1 涂层刀具的问世及意义

随着现代科学技术的不断进步和金属切削工艺的快速发展，特别是高速切削、硬切削和干切削工艺的出现，这对金属切削刀具提出了越来越高的要求。传统的高速钢及硬质合金等刀具在恶劣的切削环境下，存在硬度稍低、切削效率较小、使用寿命较短、加工成本较高等缺点，其难以完全胜任现代机械加工制造的发展需要。

切削刀具表面涂层技术是近几十年应市场需求发展起来的材料表面改性技术，涂层刀具的出现是刀具材料发展中的一次革命。金属切削刀具表面改性技术，从广义上讲，是把材料的表面与基体作为一个统一系统进行设计和改性，以赋予刀具材料表面新的复合性能。涂层刀具是利用硬质涂层对刀具表面进行防护，采用物理气相沉积技术在高速钢和硬质合金刀具表面涂覆微米甚至纳米级的高硬度、高耐磨性的难熔金属或非金属化合物涂层。

涂层刀具的重要意义在于将刀具材料与超硬涂层的特性结合起来，实现传统刀具的综合改性。涂层刀具可以提高加工效率和加工精度，延长刀具使用寿命，降低加工成本，而且又能发挥其“超硬、强韧、耐磨、自润滑”的优势，从而大大提高了金属切削刀具在现代加工过程中的耐用度和适应性，满足机械加工制造行业发展的需要，符合世界刀具技术的发展方向。近些年来，新型的涂层材料和涂层工艺方法不断的出现，使得涂层刀具的应用也越来越广泛。目前，硬质反应涂层技术在齿轮刀具和钻头等多数高速钢和硬质合金刀具中都有广泛的应用。

7.2 涂层刀具的特性

7.2.1 涂层刀具的优点

涂层刀具由于其优良的切削性能而备受人们的关注，其具有表面硬度高、耐磨性好、摩擦系数小和热导率低等特性，而且涂层材料作为化学屏障和热屏障，减少了刀具与工件间的扩散和化学反应，从而减小了月牙洼磨损。

与未涂层刀具相比，涂层刀具可以提高刀具寿命 3~5 倍以上，提高加工精度 0.5~1 级，降低刀具消耗费用 20%~50%。涂层硬质合金刀具的耐用度可提高 2~10 倍，若保持耐用度不变，可提高切削速度 25%~70%。涂层高速钢刀具的耐用度可提高2~5倍，甚至10倍[20]。自涂层刀具问世以来，不仅刀具涂层技术取得了快速发展，涂层种类也越来越多。工业发达国家使用的涂层刀具在切削刀具中占的比例越来越大，约为70%~80%，涂层刀具已经成为现代刀具的标志产品[21~22]。

7.2.2 涂层刀具的缺点

涂层刀具虽然有诸多优点，而且使用量也越来越大，但还不能完全代替普通的未涂层刀具：

（1）由于硬质合金刀具在涂层后，韧性有所下降，故涂层刀具不适合特别重负荷下的粗加工和冲击大的间断切削。

（2）为了增加涂层刀具的刀刃强度，涂层前刀具应进行刀刃钝圆处理，钝圆半径一般为20~80μm，刀刃强度随钝圆半径的增大而增强，因此赶不上未涂层刀具的刀刃锋利。用CVD法涂层的硬质合金刀具的刀刃钝圆半径r_n一般为0.02~0.07mm，用PVD法涂层的硬质合金刀具的刀刃钝圆半径r_n虽然较小，但一般也不小于0.02mm，而肯纳金属公司的KC710-PVD涂层刀具r_n估计为0.01mm，这使得涂层刀具不适于进给量很小，如0.015mm的精加工，不适合微量的精加工。

（3）涂层刀具在低速切削时，容易产生剥落和崩碎等现象，故不宜用于低速的切削范围。

（4）涂层刀具不推荐于对下述材料的加工：高温合金（如镍基、钴基、铁基合金）、耐热钢及钛合金、非金属材料（如石墨、玻璃纤维、尼龙及塑料）、有色金属及合金（如易切黄铜、青铜、镍、银、纯铜、锰、锌等合金）以及难加工的有色合金（如铝青铜合金、硅铝合金、锰青铜合金、蒙乃尔合金及镍铜合金）等。

（5）涂层刀具也不适于加工高硬度材料，如300HB以上的钢料、冷硬铸铁及带硬质夹杂材料等。

（6）深孔钻削、切断、螺纹加工和切屑难以排出的切削加工，使用涂层刀具的效果也不太好，也不适于加工表面有夹砂、硬皮的毛坯[23~24]。

7.3 涂层刀具的应用

涂层刀具可用于加工不同材料的工件，对于各种碳素结构钢、合金结构钢、易切钢、工具钢、合金铸铁及镍铬不锈钢的高速精加工、一般精加工以及从轻负荷到重负荷的粗加工，可优先选用涂层刀具；对于铸铁以及镍铬不锈钢的高速精加工、一般精加工和轻负荷粗加工，最好也选用涂层刀具。所以，涂层刀具的钢铁加工使用率高达70%。

涂层刀具分为四种：涂层硬质合金刀具、涂层高速钢刀具、涂层陶瓷刀具及涂层超硬材料（如金刚石与立方氮化硼等）刀具。其中前两种涂层刀具使用最多。目前，切削加工中使用的各种刀具，如车刀、成形车刀、镗刀、钻头、绞刀、拉刀、丝锥、滚压头、螺纹梳刀、铣刀、齿轮滚刀和插齿刀等都可采用涂层工艺来提高其性能。

1980 年，Balzers 公司的第一代 TiN 涂层麻花钻面世。此后的 25 年中，PVD 涂层技术不断革新，有力推动了金属切削和塑料切削刀具性能的不断改善。钛化合物涂层（如 TiN、TiCN、TiAlN、AlTiN 等）几乎已成为独占鳌头的工业标准化涂层。此外，Balzers 公司开发的碳涂层（如 WC 等）刀具也在汽车、机械等精密零件的切削加工中显示出巨大优势。近些年来，西方工业发达国家使用的涂层刀片占可转位刀片的比例，已由 1985 年的 50%~60%增加到 2010 年的 85%；新型数控机床所用切削刀具中，有 90%左右使用涂层刀具；瑞典山特维克公司和美国肯纳金属公司的涂层刀片的比例已达 80%~85%以上；美国数控机床上使用的涂层硬质合金刀片比例为 90%；瑞典和德国车削用涂层刀片已占 80%以上涂层刀具将是今后数控加工领域中最重要的刀具品种之一[25]。

涂层刀具的适用范围非常广，只需很少的几种涂层就能适应广泛的加工范围，代替了很多种未涂层刀具。通常一种牌号的涂层硬质合金刀具常可胜任几个等级未涂层刀具的切削工作，可大大减少硬质合金的品种和库存量，简化刀具管理和降低刀具成本。无论加工钢还是加工铸铁，一种涂层刀片（如 GC135、GC1025、GC315 和 GC0l5 等）都可代替原来使用的 2~3 种牌号的硬质合金。瑞士山德维克公司牌号为 GC415 的涂层硬质合金刀片，既能加工各种钢材，又能加工铸铁，特别是加工不锈钢材料，还适合于精加工和一般的粗加工。因而，有些硬质合金厂只生产 3~5 种牌号的涂层硬质合金来取代原来很多牌号的硬质合金。根据瑞典可乐满厂介绍，由于涂层刀片的发展，满足市场所需的可转位刀片总规格数已由 1971 年的 11300 种下降到 2010 年的 2000 种。该厂所推荐的加工钢和铸铁的硬质合金牌号，除精密加工推荐用未涂层硬质合金 SIP 及 HIP 刀片外，其余加工均用涂层刀片。

美国通用电气公司卡波洛依厂推荐加工钢和铸铁的硬质合金牌号中，除最高速精密切削和特重组切削外，采用四个牌号的涂层刀片，即 Promax545、570、515、518 就可以满足要求。

奥地利普朗西金属加工股份公司生产的三个涂层刀片牌号 Gm15、Gm25 和 Gm35 可满足各种材料车削加工的需要；另外三个涂层牌号 Gm16、Gm26 和 Gm36 可满足各种材料铣削加工的要求。

我国株洲硬质合金厂生产的三个涂层牌号 CN15、CN25 和 CN35，可满足各种钢材切削加工的需要；另外两个牌号 CA15 和 CA25 可满足各种铸铁和有色金属切削加工的要求。

7.4　涂层刀具应用的影响因素

7.4.1　工件材料的影响

涂层刀具很适于加工铝、软钢、不锈钢及镍基合金类等材料，而且其使用效果，随着加工条件的不同而不同。

涂层刀具随着加工材料的不同，其切削寿命的差别也很大。根据居林公司报导，用该公司生产的 TiN 涂层麻花钻头钻削各种不同工件材料时，刀具耐用度可提高 2~20 倍。例如钻碳钢时，刀具平均耐用度可提高 3~5 倍；钻合金钢时，提高 2~4 倍；钻铸铁时，提高 6~8 倍；钻工具钢时，提高 4~6 倍；钻不锈钢时，提高 4~8 倍；钻某些铜合金时，则提高 19 倍。

工件材料的黏性愈大，涂层后的效果就愈好。这是因为涂层刀具减少了摩擦，从而减小了加工表面的粗糙度，而且由于摩擦和黏结的减小，会减少刀具在孔内的卡死和崩刃现象，从而提高刀具的耐用度。例如，用涂层丝锥与高压蒸汽处理的丝锥加工不同材料时的耐用度增加比例为：加工 A3 软钢（73~76HRB）为 2.2 倍以上；加工 45 中碳钢（94~97HRB）为 2.3 倍以上；加工 0Cr18Ni9 不锈钢（85~87HRB）为 4.6 倍以上；加工 AC4C-F 铝合金铸件为 5.1 倍以上。

工件材料的硬度及强度愈高，其对刀具涂层后的效果也愈好，如图 7-1 所示。

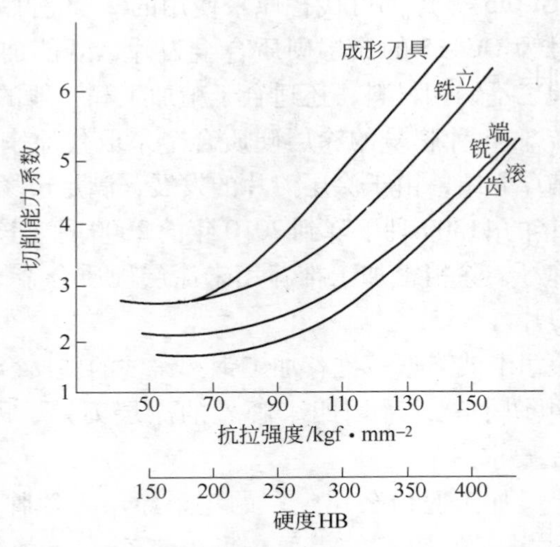

图 7-1　不同工件强度和硬度时涂层高速钢刀具切削能力的变化

例如，用滚刀加工 40HRC 及 50HRC 的 50 钢齿轮，切削速度 v 为 19.8m/min，进给量 f 为 0.5mm/r。用未涂层滚刀加工 40HRC 齿轮，切削长度为 4m；切削 50HRC 齿轮，切削长度为 1m。而用涂层滚刀前刀面经重磨后，切削 40HRC 齿轮时，可切削 10m，切削 50HRC 齿轮可切削 7m。可见，被加工齿轮硬度增加时，涂层滚刀耐用度提高更显著。

涂层丝锥适合于加工硬度超过 300HB 的难加工黑色金属，涂层刀具也适合于加工耐磨的硅铝合金和塑料。

在用 Kevlar 复合材料制造的飞机发动机整流罩上钻孔时，由于其加工性差，用高速钢钻头加工时，其耐用度很低；用硬质合金钻头加工，很容易崩刃，钻 1000 个孔要用 172 支钻头；若使用涂层高速钢钻头，则只需要 5 支。

7.4.2 刀具基体材料的影响

当涂层刀具基体成分不同时，刀具的使用效果也不同。

日本用 CVD 法在高速钢车刀上涂覆 TiC 涂层，对 DM 材料（363 HB）进行连续切削（$v = 24$m/min）。试验表明，与未涂层的 SKH57 车刀（基体材料为 W10Mo4Cr4V3 Co10）比较，SKH9（基体材料为 W6Mo5Cr4V2）涂层车刀耐用度提高 10 倍，SKH55（基体材料为 W6Mo5Cr4V2Co5）涂层车刀提高 15 倍。

在钻削 Cr18Ni12Mo2Ti 不锈钢通孔时，未涂层钻头只能加工 30 个孔；采用不含钴高速钢基体时，TiN 涂层钻头可加工 110 个钻头；而采用含钴高速钢基体时，TiN 涂层钻头可加工 675 个钻头。

图 7-2 所示为加工工件材料为渗碳 15CrMo 钢时，不同高速钢基体涂层滚刀的耐磨性比较。可以看出，三种基体 W6Mo5Cr4V2、W2Mo9Cr4V2Co8 及高碳 W2Mo9Cr4VCo8 的耐热性及耐磨性顺序增加，无论以后刀面磨损或以前刀面月牙洼深度为标准，切削长度均顺序显著增大。

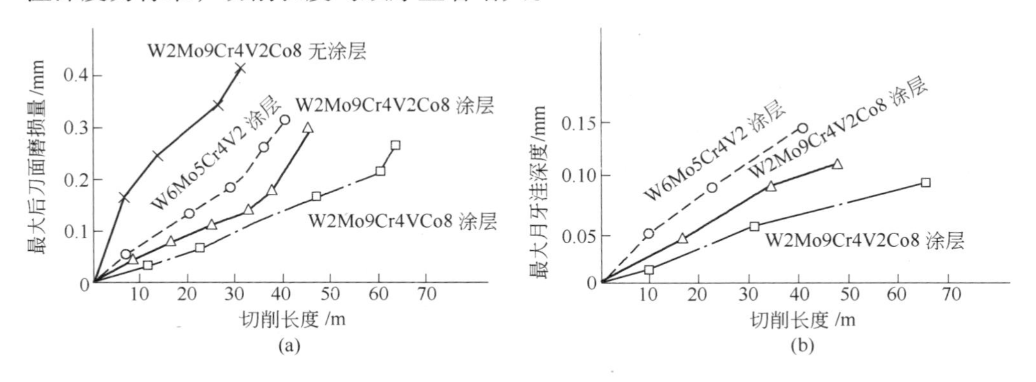

图 7-2 不同高速钢滚刀经涂层后的耐磨性比较
（a）最大后刀面磨损量；（b）最大月牙洼深度

图 7-3 所示为用 W2Mo9Cr4V2 普通熔炼高速钢及 W12Cr4V5Co5 粉末冶金高速钢丝锥，在淬硬 45 钢上攻丝时的耐用度比较。熔炼钢丝锥经 TiN 涂层后，其

耐用度虽较蒸气处理有所提高，但并不显著；而粉末冶金高速钢丝锥涂层后的耐用度则提高甚多。在用插齿刀加工齿轮时，刀具的转角磨损和微细崩刃是失效的主要原因，这时采用韧性较好的 W6Mo5Cr4V2 等高速钢作为涂层基体较好；但随着插齿速度和进给量的增加，用粉末冶金高速钢作基体的倾向也增加。

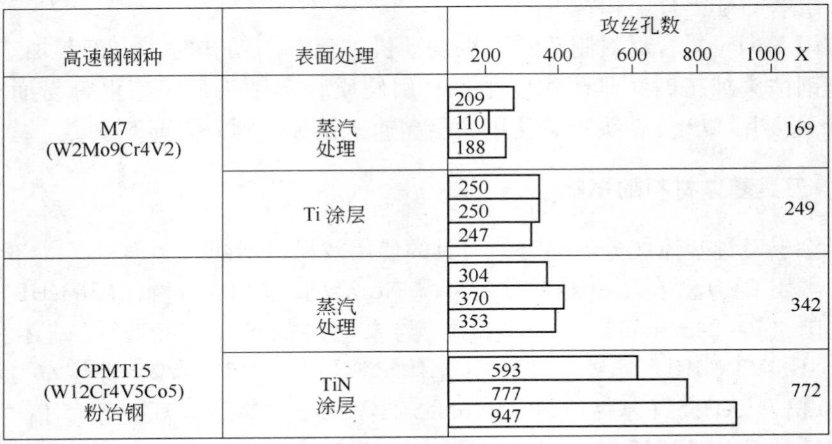

高速钢钢种	表面处理	攻丝孔数（200 400 600 800 1000）	X
M7 (W2Mo9Cr4V2)	蒸汽处理	209 110 188	169
	Ti 涂层	250 250 247	249
CPMT15 (W12Cr4V5Co5) 粉冶钢	蒸汽处理	304 370 353	342
	TiN 涂层	593 777 947	772

图 7-3 普通高速钢和粉末冶金高速钢丝锥进行表面处理后的耐用度对比

由上述可见，对连续切削的刀具，如车刀、钻头等，基体材料宜选用热稳定性较高的基体，如高碳高钴钢，以提高基体的抗软化性能。而对于断续切削的刀具，如插齿刀，则宜选用韧性较高的基体。

对同一种刀具，切削条件不同时，基体最好也不一样。例如，当涂层滚刀以切削速度为 45m/min 加工齿轮时，崩刃是滚刀磨损的主要原因，这时最好选用韧性较好的基体，如 W6Mo5Cr4V2；如切削速度以 100m/min 高速切齿时，月牙洼磨损是刀具磨损的主要原因，这时宜选择耐热性、耐磨性和抗黏结性较好的基体材料。

粉末冶金高速钢刀具经涂层后的效果优于熔炼高速钢刀具涂层，特别是在较重的切削负荷条件下加工的刀具。由于涂层材料的粒子小于粉末冶金高速钢材料的粒子，因此在刀具以黏结磨损为主的情况下，粉末高速钢涂层对提高其耐磨性是最为有效的。

在高质量刀具基体上进行高质量涂层，才能有高性能涂层刀具。为确保刀具基体的质量，应重视及控制刀具坯料的成分、刀具的精加工工艺、热处理后的基体组织和硬度，不同硬度的基体材料使用时，其切削寿命就有 0.3~0.5 倍的差别。

7.4.3 刀具涂层材料的影响

刀具在进行涂层前，需要重点探索和解决涂层元素之间的最佳配合、涂层的先后顺序及其不同厚度，合理控制涂层的工艺参数及其应力问题，并测定涂层厚度、分布均匀性、结合力、耐磨性和硬度等综合力学性能。

对于复合涂层刀具，添加合金元素组元及其构成形式对刀具涂层的综合切削性能均有一定影响，所以也要系统分析复合涂层的组元匹配、晶体微结构和综合切削性能之间的关系，研究复合涂层的微结构及性能提高原理[26~27]。

7.4.4 切削速度的影响

切削速度越高，刀具涂层后的改善效果也越显著。

例如，用 W20Cr4VCr12 高速钢车刀加工材料 EN8D（40 钢退火）时，涂层与未涂层刀具耐磨性对比，如图 7-4 所示。切削条件为背吃刀量 a_p = 2.5mm，进给量 f = 0.25mm/r，可溶性油冷却，切削路程为 450m。在 v = 3m/min 及 45m/min 时，涂层刀具尚无磨损，而未涂层刀具前、后刀面磨损均已显著；当切削速度增至 60m/min 时，未涂层刀具很快就损坏，而涂层刀具则只有较小磨损。

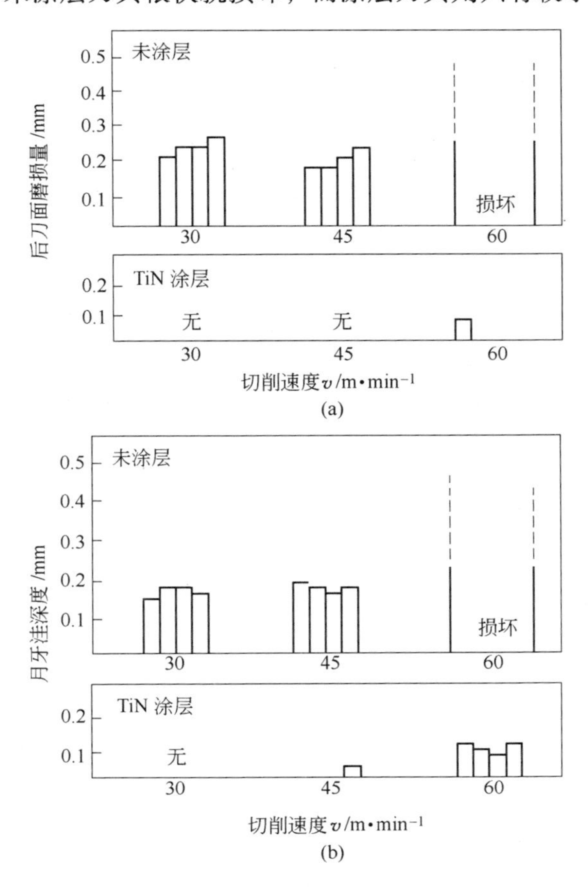

图 7-4 在不同切削速度下涂层与未涂层高速钢车刀耐磨性对比
（a）后刀面磨损量对比；（b）月牙洼深度对比

又如，在 0Cr18Ni2Mo2Ti 不锈钢上攻丝时，TiN 涂层丝锥在 $v=9.42\text{m/min}$ 切削时，耐用度为未涂层丝锥的 3.3 倍；当 $v=18.84\text{m/min}$，即 v 增大 1 倍时，耐用度则增为未涂层丝锥的 7 倍。

7.4.5 机床刚度的影响

采用 PVD 方法涂层高速钢刀具时，涂层和刀具基体基本上是机械结合，涂层和刀具基体无扩散层。因此，涂层刀具存在着涂层的剥落问题。优质的涂层刀具在正常切削情况下，涂层通常不会剥落，可显示出优良的切削性能。但如果机床在切削中振动较大，刀具和工件进行反复冲击，则会导致涂层非正常剥落，涂层一旦剥落则显示不出涂层刀具的优越性。但需要指出的是，在强烈振动下使用涂层刀具，并非刚一切削涂层就会剥落，这种剥落是在切削中逐渐进行的，即使在这种情况下，涂层刀具的使用寿命也会有不同程度的提高。

7.4.6 其他参数的影响

7.4.6.1 切削用量参数的影响

涂层刀具在高切削用量的情况下，会反映出长寿命和高耐用度。从这个意义上，涂层刀具更适合于高速切削机床及粗加工。但在低用量下进行切削时，涂层刀具也具有好的耐磨性，并可得到高的表面加工质量。

7.4.6.2 刀具几何参数的影响

通常当后角偏大时，涂层刀具会得到更满意的性能。如拉刀、铰刀和磨制钻头等精加工刀具，增加后角后涂层的效果明显提高。

7.4.6.3 切削液的影响

在不使用切削液时，涂层刀具的使用效果较未涂层刀具好。这是因为干切削时发热量大，经涂层后由于摩擦减小，会对降低切削温度及提高刀具耐用度的效果更为显著。

8 涂层材料研究进展

近年来，刀具涂层技术的进步使得制备硬质反应涂层的方法不断进步，日趋复杂化和多样化；同时，硬质涂层材料的种类也在不断更新，从单一的金属反应涂层到二元合金反应涂层，再朝着多元合金反应涂层发展；而且从涂层的层数来看，也从单层朝着多层和梯度的复合化方向发展。

8.1 涂层材料概述

8.1.1 涂层材料特点

目前，日益进步的工业技术对材料的综合性能提出了越来越高的要求，而硬质涂层是提高材料性能的一种经济、实用的途径。

硬质涂层具有极好的硬度、优异的抗摩擦磨损性能、低的热膨胀系数、高的热导率以及与基体良好的相容性。此外，硬质涂层往往还具有高的透光率，空穴的可移动性及优异的化学稳定性。硬质涂层不但在常温下具有良好的综合性能，而且在高温环境下也具有较高的强度及优异的耐腐蚀、抗冲刷和抗磨损的能力。

硬质涂层作为耐磨及防护涂层使用，可以有效地降低各零部件的机械磨损及高温氧化倾向，从而延长零件的使用寿命，这些良好的综合性能使得硬质涂层在工业材料，尤其是刀具材料中有着重要的应用前景。

8.1.2 涂层材料分类

硬质涂层根据主要用途，可分为耐磨涂层、耐热涂层和防腐涂层。显然，上述三种涂层的功能并不能截然分开。在使用中，同一涂层往往要发挥多方面的防护作用：

（1）耐磨涂层的使用目的是减少零件的机械磨损，因而涂层一般是由硬度极高的材料制成，其典型的例子是各种切削刀具、模具、工具和摩擦零部件；

（2）耐热涂层被广泛应用于燃气涡轮发动机等，需要在较高温度使用的机械零部件的耐热保护方面，其作用之一是降低零部件的表面热腐蚀倾向，二是降低或部分隔绝零部件所承受的热负荷，从而延长零部件的高温使用寿命；

（3）防腐涂层被应用于保护零部件不受化学腐蚀性气氛或液体的侵蚀，其应用的领域包括石油化工、煤炭气化以及核反应堆的机械零部件等方面。

硬质涂层根据构成的物质，可分为高硬（金属）合金、高硬化合物（离子化合物和共价化合物）和高硬聚合物（硬质合金）等，其中发展最快、种类最多的是高硬化合物类。它是由钛（Ti）、锆（Zr）、铪（Hf）、钒（V）、铌（Nb）、铬（Cr）、钼（Mo）、钨（W）等第Ⅳ～Ⅵ过渡族元素，与硼（B）、碳（C）、氮（N）、氧（O）等第Ⅲ～Ⅵ族元素化合，或与第Ⅲ～Ⅵ族元素化合形成的高硬化合物。例如，单一的金属氮化物（TiN、CrN、AlN、ZrN、VN、TaN、NbN、HfN、BN、Si_3N_4），单一的金属碳化物（WC、TaC、CrC、ZrC、HfC、TiC、VC、BC、SiC），单一的金属硼化物（TiB_2、ZrB_2、TaB_2），单一的金属氧化物（TiO_2、ZrO_2、Cr_2O_3、Al_2O_3），单一的金属碳氮化物（TiCN），类金刚石涂层，多元合金反应涂层及多层、梯度复合涂层（TiAlN、C-BN）等。

硬质涂层根据化学键合的特性，可分成离子键、共价键和金属键：(1) 离子键硬质涂层材料具有良好的化学稳定性，如 Al、Zr、Ti、Be 的氧化物属于这类涂层，其中 Al_2O_3 涂层是最为常见的。(2) 共价键硬质涂层材料具有最高的硬度，如 Al、Si 的氮化物、碳化物、硼化物及金刚石、类金刚石等涂层都属于此类。(3) 金属键硬质涂层材料具有较好的综合性能，属于这类材料的大多是过渡族金属的碳化物、氮化物和硼化物。其中，对 TiN 和 TiC 及其复合涂层的研究最多，他们的应用也最为广泛，其性能见表 8-1。多元硬质涂层的组元选择一般要考虑其单一反应涂层的性能，他们将直接影响到多元涂层的性能。按其键合方式对这些硬质材料进行定性比较，结果见表 8-2。其中对于金属键类的硬质材料来说，又可分为氮化物、碳化物和硼化物，其性能比较见表 8-3 [28]。由上述结果可知，每一类涂层都具有各自的优缺点，所以硬质涂层的优化可以通过多元、多层及梯度的复合方式来实现。

表 8-1　各种硬质涂层的性能

硬质涂层		密度 /$g \cdot cm^{-3}$	熔点/℃	显微硬度 /HV	弹性模量 /$KN \cdot mm^{-2}$	电阻率 /$\mu\Omega \cdot cm$	热膨胀系数①/K^{-1}	键合方式①
氮化物涂层	TiN	5.4	2950	2000	590	25	9.4×10^{-6}	M
	ZrN	7.32	2982	2000	510	21	7.2×10^{-6}	M
	VN	6.11	2177	1560	460	5	9.2×10^{-6}	M
	NbN	8.43	2204	1400	480	58	10.1×10^{-6}	M
	CrN	6.12	1050	1800	400	640	23×10^{-6}	M
	c-BN	3.48	2730	5000	660	1018	—	C
	Si_3N_4	3.19	1900	1720	210	1018	2.5×10^{-6}	C
	AlN	3.26	2250	1230	350	11015	5.7×10^{-6}	C

续表 8-1

硬质涂层		密度/$g \cdot cm^{-3}$	熔点/℃	显微硬度/HV	弹性模量/$KN \cdot mm^{-2}$	电阻率/$\mu\Omega \cdot cm$	热膨胀系数①/K^{-1}	键合方式①
碳化物涂层	TiC	4.93	3067	2800	470	52	$(8\sim8.6)\times10^{-6}$	M
	ZrC	6.63	3445	2560	400	42	$(7\sim7.4)\times10^{-6}$	M
	VC	5.41	2648	2900	430	59	7.3×10^{-6}	M
	NbC	7.78	3613	1800	580	19	7.2×10^{-6}	M
	TaC	14.48	3985	1550	560	15	7.1×10^{-6}	M
	Cr_3C_2	6.68	1810	2150	400	75	11.7×10^{-6}	M
	Mo_2C	9.18	2517	1660	540	57	$(7.8\sim9.3)\times10^{-6}$	M
	WC	15.72	2776	2350	720	17	$(3.8\sim3.9)\times10^{-6}$	M
	B_4C	2.52	2450	4000	441	5×10^5	$(4.5\sim5.6)\times10^{-6}$	C
	SiC	3.22	2760	2600	480	105	5.3×10^{-6}	C
硼化物涂层	TiB	4.5	3225	3000	560	7	7.8×10^{-6}	M
	ZrB_2	6.11	3245	2300	540	6	5.9×10^{-6}	M
	VB_2	5.05	2747	2150	510	13	7.6×10^{-6}	M
	NbB_2	6.98	3036	2600	630	12	8×10^{-6}	M
	TaB_2	12.58	3037	2100	680	14	8.2×10^{-6}	M
	CrB_2	5.58	2188	2250	540	18	10.5×10^{-6}	M
	Mo_2B_3	7.45	2140	2350	670	18	8.6×10^{-6}	M
	W_2B_5	13.03	2365	2700	770	19	7.8×10^{-6}	M
	LaB_6	4.73	2770	2530	400	15	6.4×10^{-6}	M
	B	2.34	2100	2700	490	1012	8.3×10^{-6}	C
	AlB_{12}	2.58	2150	2600	430	2×10^{12}	—	C
	SiB_6	2.43	1900	2300	330	107	5.4×10^{-6}	C
氧化物涂层	Al_2O_3	3.98	2047	2100	400	1020	8.4×10^{-6}	C
	TiO_2	4.25	1867	1100	205	—	9×10^{-6}	C
	ZrO_2	5.76	2677	1200	190	1016	$(7.6\sim11)\times10^{-6}$	C
	HfO_2	10.2	2900	780	—	—	6.5×10^{-6}	C
	ThO_2	10	3300	950	240	1016	9.3×10^{-6}	C
	BeO_2	3.03	2550	1500	390	1023	9×10^{-6}	C
	MgO	3.77	2827	750	320	1012	13×10^{-6}	C

①M—金属键，C—共价键。

表 8-2 硬质材料的特性

特性趋势	显微硬度	脆性	熔点	稳定性	热膨胀系数	结合强度
↓	C	I	M	I	I	M
	M	C	C	M	M	I
	I	M	I	C	C	C

注：M 为金属键，C 为共价键，I 为离子键。

表 8-3 金属键类硬质材料的特性

特性趋势	显微硬度	脆性	熔点	稳定性	热膨胀系数	结合强度
↓	B	N	C	N	N	B
	C	C	B	C	C	C
	N	B	N	B	B	N

注：N 为氮化物涂层，C 为碳化物涂层，B 为硼化物涂层。

8.2 涂层材料研究进展

多年来，国内外涂层刀具的研究和应用主要集中在 TiN 涂层上，并取得了优异的成效，目前单一涂层 TiC 和 TiN 等刀具已经大量生产使用。为了更进一步提高涂层刀具的使用性能，以（Ti，Al）N 涂层为代表的多元合金复合涂层近 10 年得到广泛的研究并取得较好的效果。多元多层合金复合涂层的发展在国内尚属于发展阶段，以期取得到更完善的综合使用性能。但是由于涂层成分控制的复杂性，高质量、高性能的涂层刀具研究进展缓慢，远落后于国外先进水平。

综上所述刀具涂层材料的发展状况见表 8-4，刀具涂层材料已从 TiC、TiN、Al_2O_3、CrN 、ZrN 等单一涂层，经历了（Ti，Al）N、（Ti，Cr）N、（Ti，Al，Zr）N、（Ti，Al，Cr）N、（Ti，Al，Zr，Cr）N、（Ti，Al，Zr，Si）N 及（Ti，Al，Zr，Y）N 等多元复合涂层发展阶段，涂层的层数也从单层发展到多层，而且各单层涂层的厚度将趋于纳米化，这将满足不同材料及切削环境的切削加工[29~33]。

表 8-4 刀具涂层材料的发展及应用领域

应用时间/年	涂层材料	涂层方法	应用领域
1968	TiC、TiN	CVD	硬质合金刀具
1973	Ti（C，N）	CVD	硬质合金刀具、模具
1979	TiN	PVD	高速钢刀具
1981	TiC、TiN、Al_2O_3	CVD	硬质合金刀具
1982	Ti（C，N）	MT-CVD	硬质合金刀具
1984	Ti（C，N）	PVD	硬质合金和高速钢铣刀、钻头类刀具
1986	CBN	CVD、PVD	硬质合金刀具

续表 8-4

应用时间/年	涂层材料	涂层方法	应用领域
1989	(Ti，Al) N	PVD	硬质合金铣刀类刀具
1990	TiN、Ti (C，N)、TiC	PCVD	模具、螺纹刀具、铣刀等
1991	(Ti，Al) N、CrC	PVD	车、铣削钛合金
1993	CrN	PVD	钛合金、铜合金加工
1993	TiN+Ti (C，N)、TiN	CVD、PVD	硬质合金铣削类刀具
1994	MoS_2	PVD	高速钢复杂涂层刀具
1995	CNx	CVD、PVD	高速钢刀具
1996	CNx	CVD、PVD	高速钢刀具
1996	厚涂层纤维状	MT-CVD	硬质合金车削类刀具
2000	TiAlCN	PVD	硬质合金刀具
2000	TiN/AlN 纳米多层	PVD	硬质合金和高速钢刀具
2000	TiAlCN	PVD	硬质合金刀具
2004	(Al，Cr) N	PVD	硬质合金和高速钢刀具
2005	Al_2O_3	PVD	硬质合金刀具
2007	(Ti，Al，X) N	PVD	硬质合金刀具
2010	(Ti，Al，Zr，X) N	PVD	硬质合金和高速钢刀具
2013	(Ti，Al，Zr，X) N 纳米多层	PVD	硬质合金和高速钢刀具

过渡族金属的氮化物由于具有熔点高、硬度高、热稳定性好、抗腐蚀性和抗氧化性好等特点，被广泛用作刀具表面的强化材料，以提高其基体的表面性能。根据氮化物涂层的发展历程可将其分为三代：第一代为单一的金属氮化物涂层，如人们熟知的 TiN 涂层、CrN 涂层和 ZrN 涂层。由于过渡族金属的氮化物可在同类之间相互固溶，利用这种特性可以制备复合型的氮化物涂层，即以 TiN 为基体，加入其他元素进一步形成合金，即第二代多元氮化物涂层，如 (Ti，Al) N 涂层、(Ti，Cr) N 涂层、(Ti，Zr) N 涂层、(Ti，Al，Zr) N 涂层和 (Ti，Al，Cr) N 涂层。它们通过改善合金元素的构成，成功地提高了涂层的热硬性和耐高温性能。而进一步的改进发展旨在提高结合力、热膨胀性能的匹配等方面，这些改善的结果取决于硬质涂层构成的多层、梯度复合化，即第三代氮化物涂层。它们将不同性能的材料组合到同一体系中，得到单一材料无法具备的新性能，因而成为目前涂层研究领域中极具应用潜力的方向之一，以上这些形成了完整的高性能硬质反应涂层体系。

8.2.1 单一涂层材料

单一涂层材料是组成均匀的单组分涂层，涂层必须附着在一定的基体上，以涂层/基体组成复合体的形式使用。单一涂层是最早研发出的超硬涂层，一般以易离子化的金属元素（如钛、钒、铬、钇、锆、铌、钼、铪、钽、钨等）和非金属元素（如氧、氮、碳、硼、硅等）在特定的环境（高温、高压、高真空）下发生物理化学反应，生成具有较高强度的非金属化合物或金属（合金）本身。单一涂层主要指一元反应超硬涂层，顾名思义就是只有一种金属元素参加反应而形成的化合物涂层，其化学式为 Me-N，Me 为金属元素，N 为非金属元素。单一涂层刀具的开发主要集中在 TiN、TiC、CrN、ZrN 等涂层上。

8.2.1.1 TiN（C）涂层

20 世纪 80 年代，TiN（C）硬质涂层获得了巨大的成功。TiN（C）是第一个产业化，并在刀具行业得到广泛应用的涂层。TiN 涂层的硬度为 2000 HV 左右；涂层韧性好，能承受一定程度的弹性变形；其热膨胀系数与高速钢相近，与高速钢的结合强度高；涂层开始氧化温度为 600 ℃，其抗腐蚀性和抗氧化性强、化学性能稳定性好；涂层的摩擦因数小，具有抗磨损作用[34]。

8.2.1.2 CrN 涂层

CrN 硬质涂层是最有希望替代 TiN 涂层的材料之一。早期研究已证明，与 TiN 涂层相比，CrN 涂层可达到极高的沉积速率，且其工艺较易控制；CrN 涂层硬度较低，为 1800 HV 左右；涂层具有优异的耐磨性，在抗微动磨损上表现尤佳；涂层的抗氧化温度高达 700 ℃；但 CrN 涂层脆性比较大，而且在镀涂层过程中施加偏压可以得到接近于非晶体的光滑表面的涂层。

8.2.1.3 ZrN 涂层

ZrN 硬质涂层的硬度为 2000~2200HV；其耐磨性是 TiN 涂层的 3 倍；涂层与基体有很牢固的结合强度，因此有很高的耐冲击性；涂层具有高熔点、低电阻率及较好的化学稳定性能；但 ZrN 的抗氧化性和抗损伤性较差，抗氧化温度为 550℃左右。

8.2.2 多元复合涂层材料

在工况恶劣的条件下，常规 TiN 涂层的应用受到了挑战。例如 TiN 涂层刀具以70~100m/min的高速度切削时，刀尖及切削刃附近会产生很大的切削力和强烈的摩擦热而使基体发生塑性变形及软化，涂层易于开裂；由于基体的强度和涂层与基体间的结合力不够，不能给予 TiN 涂层有力的支撑，涂层往往发生早期破坏；TiN 涂层在较高的温度下（>550℃），其化学稳定性变差，容易氧化成疏松结构的 TiO_2；此外，高温下依附在涂层表面的其他元素也容易向涂层内扩散，导致深层性能的下降。于是，各国纷纷着手开发新型的复合涂层技术，新的多元涂层体系可以使涂层的成分离析效应降低，并明显地提高涂层的综合性能，以满足切削技术的发展对涂层刀具性能日益提高的要求。

新的多元涂层体系的发展是从 TiN 涂层开始，并沿着几个主要方向逐渐推进：

（1）从提高涂层的初始氧化温度方面的发展，主要代表为（Ti，Al）N 涂层。

（2）从涂层的硬度，特别是红硬性方面的发展，主要代表为（Ti，Zr）N 涂层。

（3）从更宽泛的综合性能方面的发展，主要有（Ti，Al，Zr）N 涂层、（Ti，Al，Cr）N 涂层、（Ti，Al，Zr，Cr）N 涂层及在此基础上添加 Y、Si、Hf、Mo、W 等微量元素而形成的更多元的复合硬质涂层。

8.2.2.1 （Ti，Al）N 涂层

向 TiN 涂层中添加 Al 元素形成的（Ti，Al）N 涂层，以其优异的性能尤其是高温抗氧化性能，引起了世界各国的关注，并逐渐成为 TiN 涂层的更新换代产品。涂层的抗氧化温度高达 750~800℃，当温度超过约 750℃时，Al 元素使涂层的外表面转化为 Al_2O_3，他可以阻止涂层进一步的氧化，大大降低了 TiN 涂层在高速切削时的氧化磨损，这起到了保护刀具的作用。

（Ti，Al）N 作为一种新型的涂层材料，其硬度为 2800 HV 左右。而且，涂层的硬度与添加的 Al 含量有很大的关系。从图 8-1 可以看出，随着 Al 含量的增加，涂层的硬度呈上升趋势；当其含量为 50%（原子分数）时，涂层的硬度达到最大值；当其含量超过 50%时，涂层的硬度迅速下降。

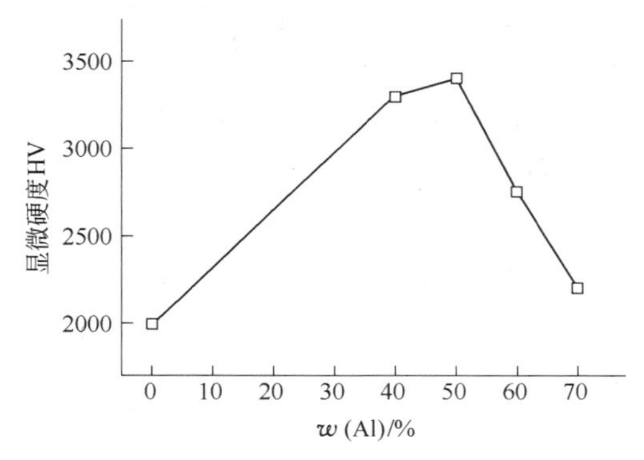

图 8-1 （Ti_{1-x}，Al_x）N 涂层的显微硬度随 Al 含量的变化曲线

（Ti，Al）N 涂层主要由（Ti，Al）N（fcc）相组成，此外还有（Ti_2Al）N（hcp）、（$Ti_{15}Al$）N（hcp）和（Ti_3Al）N（$CuTiO_3$结构）。在（Ti，Al）N 晶体涂层中，Al 原子置换 TiN 中的一部分 Ti 原子后，使晶格发生畸变。晶格畸变度大的涂层，由于晶界增多和位错较多不易滑移，从而导致涂层硬度的提高。此外，涂层还具有摩擦系数小、耐磨性强、涂层/基结合力强、导热率低等优异的性能。

8.2.2.2 （Ti，Cr）N 涂层

（Ti，Cr）N 涂层是在 TiN 和 CrN 的基础上发展起来的多元涂层，Cr 元素的加入使硬度提高到 3100 HV 左右，而且他有利于提高基体与涂层的结合强度，对刀具的抗氧化性也有好处，在 700 ℃时具有良好的抗氧化性能。（Ti，Cr）N 复合涂层的相结构仍保持了 TiN 类型的 fcc 结构，Cr 是以置换 Ti 的方式存在于 TiN 的点阵中。

与（Ti，Al）N 涂层类似，（Ti，Cr）N 涂层的硬度与涂层中添加的 Cr 含量有很大的关系，如图 8-2 所示。随着 Cr 含量的增加，涂层硬度呈上升趋势，当 Cr 含量达到 25%～30%（原子分数）时硬度达到峰值，这与异类粒子添加造成的晶格畸变密切相关，而随后 Cr 含量再增加，涂层的硬度有所下降。

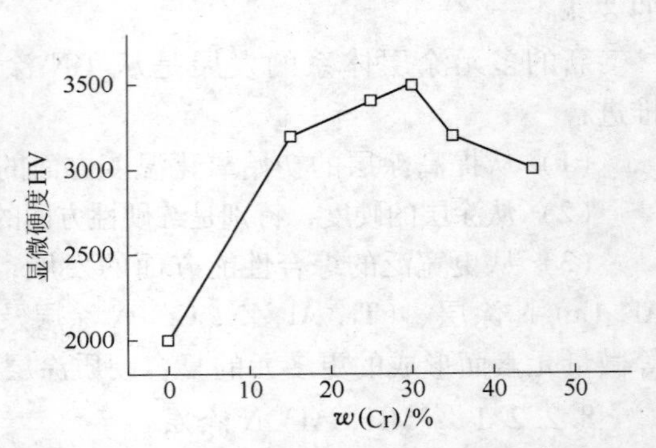

图 8-2 （Ti_{1-x}，Cr_x）N 涂层的显微硬度随 Cr 含量的变化曲线

8.2.2.3 （Ti，Zr）N 涂层

（Ti，Zr）N 涂层集中了 ZrN 较高的红硬性及 ZrN 和 TiN 结构相似性的优势。Zr 和 Ti 是同族元素，可以完全相互固溶，这会引起晶格畸变而形成能量势垒，出现残余应力，阻碍位错的运动，从而使得涂层的硬度提高。一般说来，（Ti，Zr）N 涂层的硬度明显高于（Ti，Al）N 涂层，可达到 3000 HV 左右，但是其使用寿命低于（Ti，Al）N 涂层，高于 TiN 涂层。（Ti，Zr）N 二元氮化物反应涂层的结构类似于 TiN 和 ZrN，为 fcc-NaCl 型，晶体组织为柱状晶，优势生长面一般为（111）。

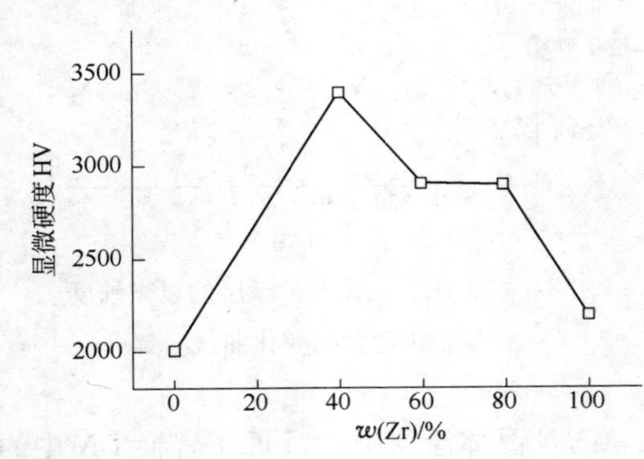

图 8-3 （Ti_{1-x}，Zr_x）N 涂层的显微硬度随 Zr 含量的变化曲线

（Ti，Zr）N 涂层的硬度受 Zr/Ti 原子比值的影响，具有很明显的规律，如图 8-3 所示。（Ti，Zr）N 涂层的硬度随着 Zr 在涂层中原子百分数的增大，先升高后下降，最大硬度值出现在 Zr 的原子分数 40%左右。

8.2.2.4 （Ti，Al，Cr）N 系涂层

向（Ti，Al）N 中添加 Cr、Y 和 Si 等元素可以使涂层保持高硬度，而且有更好的抗高温氧化性能。例如，添加微量 Cr 和 Y 到（Ti，Al）N 中形成的（Ti，Al，Cr，Y）N 涂层，可以使其氧化温度提高到 950℃；向（Ti，Al）N 添加 Cr 形成的（Ti，Al，Cr）N 涂层，可以使其氧化温度提高到 900℃。当连续致密的保护性 Al_2O_3涂层形成以后，Cr 能够继续提高其抗氧化性能，使涂层表面在高温下形成了 Cr_2O_3等惰性金属氧化物和共价键 AlN，这有利于涂层在高温下保持高的硬度、韧性和结合力。

8.2.2.5 (Ti, Al, Zr) N 涂层

向 (Ti, Al) N 中添加 Zr 元素形成的 (Ti, Al, Zr) N 涂层，硬度进一步提高到 3200 HV 左右。然而，加入 Zr 会在高温下形成 ZrO，妨碍致密 Al_2O_3防护层的生成，因而降低了其抗氧化性。研究表明，(Ti, Al, Zr) N 涂层中形成了 (Ti, Zr) N、(Ti, Al) N、TiN、ZrN 等分离相，这些分离相形成的混晶与晶格畸变是导致涂层具有较高硬度的主要原因。

8.2.2.6 (Ti, Al, Zr, Cr) N 涂层

(Ti, Al, Zr, Cr) N 多元涂层具有很高的硬度和结合力，硬度进一步提高到 3600HV，结合力高达 200N。该涂层在常温和高温条件下磨损时的平均摩擦系数在 0.3~0.5 之间；摩擦磨损均为以发生塑性变形为特征的黏着磨损，并伴有轻微的磨粒磨损，具有优良的耐磨损性能。在短时 (4h) 氧化条件下，(Ti, Al, Zr, Cr) N 多元涂层在 800℃时具有良好的抗高温氧化性能，在 XRD 谱中观察到金红石结构的 TiO_2；在长时 (100h) 循环氧化条件下，(Ti, Al, Zr, Cr) N 多元涂层的抗高温循环氧化温为 700℃。

综上所述，从沉积靶材、沉积工艺及涂层性能等多方面的考虑，Ti 作为多元氮化物刀具涂层的基体元素具有最大的优势；Al、Cr、Zr、Nb 和 V 等作为主要的合金化元素显示了不同方面的性能优势；Si、Y、Hf、Mo 和 W 等作为微量添加元素可以满足某些特别的性能要求，起到了一定的作用。涂层成分的多元化可以改善氮化物刀具涂层的综合性能，利用不同金属元素反应涂层的各自性能优势，实现综合性能指标的良好匹配。

8.2.3 多元多层复合涂层材料

多元合金涂层与基体在结构和性能上的匹配性较差，在沉积或使用过程中，由于热膨胀系数和弹性模量的差异等原因，涂层刀具会产生热应力和“不连续应力”，往往会出现过早失效，所以一般的沉积方法很难在基体上制备高硬度且结合牢固的涂层。

多元涂层采用多层结构设计，可以集中不同单层材料的优点[35]，保证多元涂层的优良特性；同时典型的多层梯度结构还可以提高多元涂层与基体及涂层之间的匹配，能够极大地缓冲涂层之间的内应力，增大涂层与基体的附着力[36]；多层界面可打断柱状晶的生长，阻挡位错的运动，阻碍裂纹的扩展，提高表面的硬度[37]；涂层和过渡层组成了稳定的耐磨损耐冲击强化区，提高韧性，从而使涂层的使用性能增强[38~39]。

目前，多元多层复合涂层刀具能发挥几种材料各自的优点，大大提高了刀具的性能，成为刀具涂层系中较完美的设计，并为硬质涂层在刀具行业上的应用扩大提供了可行性。

9 单一涂层刀具切削性能

9.1 TiC 系涂层刀具

9.1.1 TiC 系涂层刀具切削性能

与未涂层刀具相比，TiC 涂层具有高的硬度（2500~4200HV），较好的抗机械磨损和抗磨料磨损性能，较低的摩擦系数，较小的切削力和较低的切削温度，良好的抗后刀面磨损和抗月牙洼磨损能力，应用温度为 300℃左右[40]，因此，TiC 涂层刀具可以提高刀具的耐用度和切削速度。

但是，TiC 涂层脆性大，不耐冲击。在沉积 TiC 涂层时，基体与涂层之间生成脆性的中间层 η 相（Co_3W_3C）。这是由于 C 的不足，WC 置换生成 W_2C，其与 WC 的黏合剂 Co 结合生成 η 相。η 相过厚会造成 TiC 涂层的破碎。实验证明，η 相控制在 1~2μm 时，刀具耐磨性高，涂层不会产生宏观裂纹或脱落现象[41]。

TiC 涂层刀具的优越性首先表现在高的切削速度。涂层刀具车削中碳钢时，其后刀面磨损速度及前刀面磨损速度分别只有未涂层刀具的 1/10 及 1/100；在耐用度相同时，切削钢的速度可提高 50%~100%，有时可高达 2~3 倍；铣削 45 钢时，其刀具耐用度比硬质合金铣刀高 3 倍，切削效率可提高 50%。涂层刀具的优越性还表现在大的进给量和切削深度上。在涂层刀具车削中，进给量高达 0.51~0.76mm/r，同时切削深度达 6.35~7.6mm 也非罕见。如果将上述刀具的切削深度、进给量与涂层刀具一般使用的 240~360m/min 的切削速度结合起来，对机床的要求就很高。这不仅要求机床有高的转数，而且有高的刚性，且机床功率可能要达到普通中型车床（7.5~15kW）功率的 3 倍。

TiC 涂层刀具的经济效果也非常明显。表 9-1 列出了第一拖拉机制造厂完成

表 9-1 不同刀具消耗对比

刀具类型 \ 项目		每个刀片质量/g	每个刀片加工零件数量/件	每个刀片价格/元	每个刀杆价格/元	加工百台所耗刀具费用/元	加工百台所耗刀杆钢材/kg	加工百台所耗合金刀片/kg	加工百台所需刀杆的加工时间/h
焊接刀具		27 或 44	2.5	1.8 或 3	4	320 或 280	600	2.8 或 19	266
可转位刀具	未涂层	13	10	1.05	10	125	1.86	1.3	约 4
	涂层	13	30	1.7	10	58.44	0.8	0.44	约 2

百台扭力轴粗车工序的不同刀具消耗对比。虽然 TiC 涂层刀具比未涂层刀具成本贵，但每百台扭力轴加工所耗刀具费用仅为未涂层刀具的 1/2，而为焊接刀具的 1/40。

9.1.2 TiC 系涂层刀具切削试验

图 9-1 表示切削 38CrNi$_3$MoVA 高强钢时，涂层刀具与未涂层 YW1 硬质合金刀具在不同切削速度下的摩擦系数。该刀具上的刀片为 3k16，前角 γ_0为-3°，后角 α_0为 8°，主偏角 k_r为 90°，刃倾角 λ_s为 0°。切削用量中背吃刀量 a_p为 2.9mm，进给量 f 为 0.08mm/r。

图 9-2 表示切削 45 钢时，涂层刀具与未涂层 YT14 硬质合金刀具在不同切削速度时的切屑变形系数。该刀具上的刀片为 4k16，前角 γ_0为 8°，后角 α_0为 8°，主偏角 k_r为 76°，刃倾角 λ_s为 0°。切削用量中背吃刀量 a_p为 1mm，进给量 f 为 0.15mm/r。

由下面两图可以看出，TiC 涂层刀具的摩擦系数和切屑变形系数均小于未涂层刀具，而且其随切削速度的变化规律与未涂层刀具是一致的。

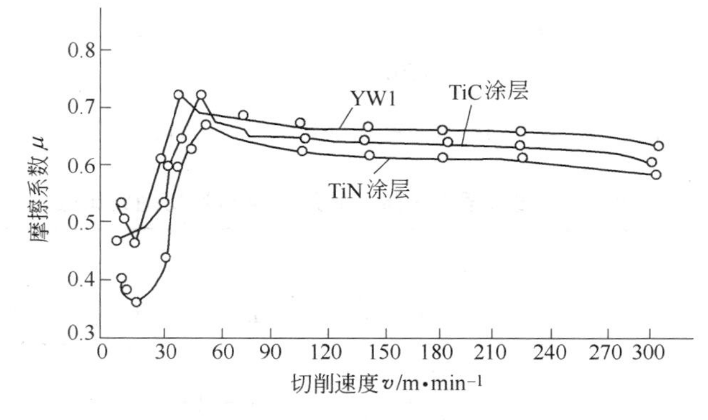

图 9-1 切削钢材时不同涂层与未涂层刀片的摩擦系数

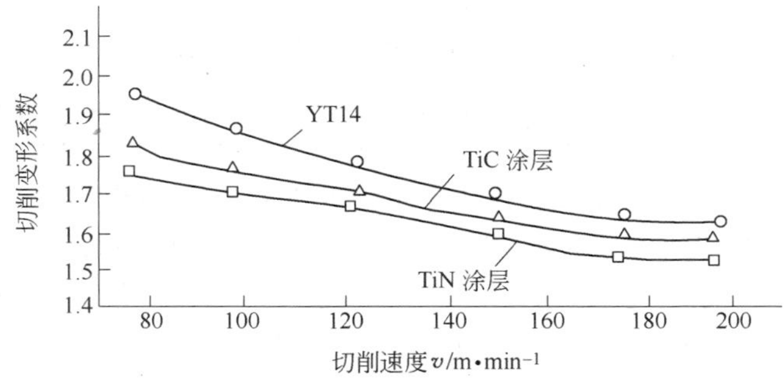

图 9-2 切削钢材时不同涂层与未涂层刀片的切削变形系数

图 9-3 及表 9-2 表示在不同切削速度加工中碳钢时，不同涂层刀具与未涂层刀具切削力的比较。可以看出，涂层刀具的切削力比未涂层刀具有所减少，当切削速度愈高，减小的幅度愈大。

图 9-3 所示的工件材料为 45 钢，刀具上的刀片为 4k16，前角 γ_0为 8°，后角 α_0为 8°，主偏角 k_r为 75°，刃倾角 λ_s为−4°。切削用量中背吃刀量 a_p为 2mm，进给量 f 为 0. 3mm/r。

表 9-2 的试验条件为；加工含碳 0. 22%的中碳钢，背吃刀量 a_p为 3mm，进给量 f 为 0. 1mm/r。刀具角度为前角 γ_0为−6°，后角 α_0为 6°，刃倾角 λ_s为 6°，主偏角 k_r为 70°。

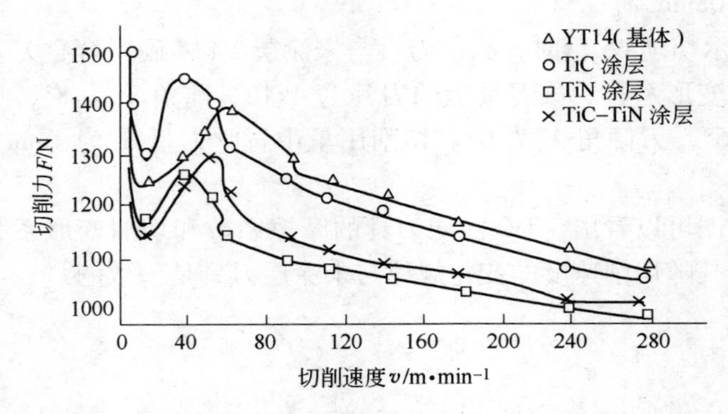

图 9-3 加工钢材时不同涂层与未涂层刀片的切削力

表 9-2 不同涂层与未涂层硬质合金刀片切削力比较

切削速度 /m·min⁻¹	切削力/N											
	P_{25}硬质合金			压层硬质合金			TiC 涂层硬质合金			TiN 涂层硬质合金		
	F_x	F_y	F_z	F_x	F_y	F_z	F_x	F_y	F_z	F_x	F_y	F_z
150	1260	530	440	1080	440	360	1150	470	340	1080	440	380
200	1200	560	590	960	400	330	1060	440	330	960	400	340
250	1130	560	440	910	390	330	980	440	340	910	390	380
300	1080	510	420	850	390	310	920	410	360	820	370	330

图 9-4 表示 TiC 涂层与未涂层刀具分别切削 45 钢、SIS2541 镍铬钼合金钢及密烘铸铁 GC 时的切削力与金属切除率。显示表明，当切削时间增长时，刀具磨损增大。虽然 TiC 涂层与未涂层刀具的三个分力都增大，但涂层刀具磨损较慢，故其分力增大也缓慢得多。同时，TiC 涂层刀具的金属切削率也比未涂层刀具要大。

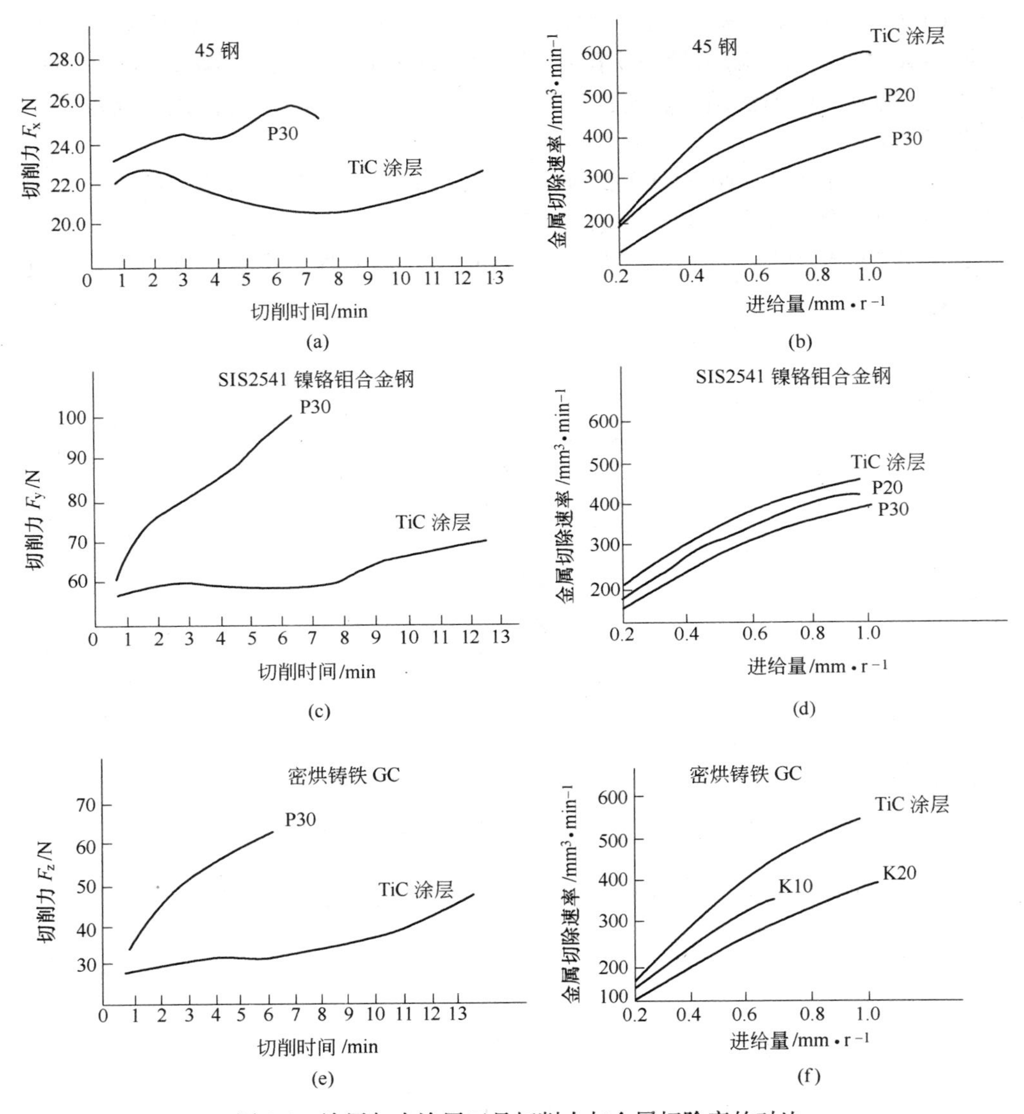

图 9-4 涂层与未涂层刀具切削力与金属切除率的对比

(a) 切削 45 钢时切削力 F_x；(b) 切削 45 钢时金属切削率；

(c) 切削 SIS2541 镍铬钼合金钢时切削力 F_y；(d) 切削 SIS2541 镍铬钼合金钢时金属切削率；

(e) 切削密烘铸铁 GC 时切削力 F_z；(f) 切削密烘铸铁 GC 时金属切削率

图 9-5 的工件材料为 SIS2541 镍铬钼合金钢，硬度为 270HB，切削条件为背吃刀量 a_p为 2.5mm，进给量 f 为 0.4mm/r，该图显示，TiC 涂层刀具由于摩擦系数小，故切削温度也较未涂层刀具低，切削速度越高，两者的温度差也越大。

图 9-6 所示为加工 30CrMnSiA 高强度钢时，TiC 涂层与其他未涂层硬质合金

刀具的耐磨性对比。该刀具上的前角 γ_0 为 4°，后角 α_0 为 8°，主偏角 k_r 为 45°，刃倾角 λ_s 为 -4°。切削用量中切削速度 v_c 为 150m/min，背吃刀量 a_p 为 0.5mm，进给量 f 为 0.2mm/r。结果表明：TiC 涂层硬质合金刀具的耐磨性比未涂层硬质合金刀具高得多。

图 9-7 为加工 PCrNi3MoVA 高强度钢时，TiC 涂层与其他未涂层硬质合金刀具的耐磨性比较。由图可知，无论后刀面磨损，或是前刀面月牙洼磨损，涂层刀具都要比未涂层刀具低得多。因此，TiC 涂层刀具是精加工高强度钢的优良刀具材料之一。

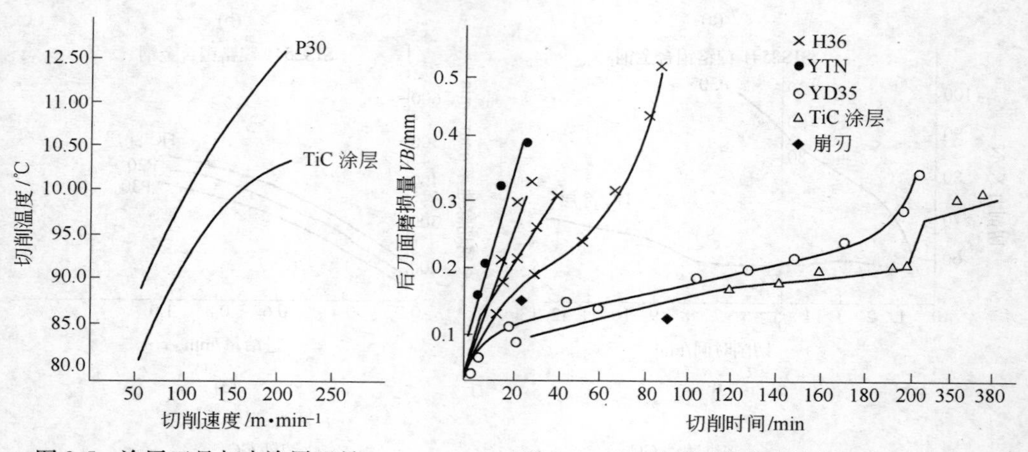

图 9-5　涂层刀具与未涂层刀具切削温度的对比

图 9-6　TiC 涂层及其他未涂层刀具加工高强度钢的耐磨性对比

图 9-8 所示为加工 35～40HRC 的 PCrNi3MoVA 钢时，TiC 涂层与几种未涂层硬质合金刀具的 t-v 曲线。

其关系式为：

TiC 涂层　$v = \dfrac{398.7}{t^{0.244}}$　(v = 190～290m/min)

YT30　$v = \dfrac{342.76}{t^{0.256}}$　(v = 150～210m/min)

YT30+TaC　$v = \dfrac{347.5}{t^{0.318}}$　(v = 130～210m/min)

YN10　$v = \dfrac{314.8}{t^{0.99}}$　(v = 150～230m/min)

图 9-9 表示在切削中碳钢 31.5min 后，TiC 涂层刀具与未涂层刀具的月牙洼剖视图，曲线 1 为 TiC 涂层硬质合金刀具，曲线 2 为 YW1 硬质合金刀具，曲线 3 为压层硬质合金刀具。切削用量中切削速度 v_c 为 200m/min，背吃刀量 a_p 为

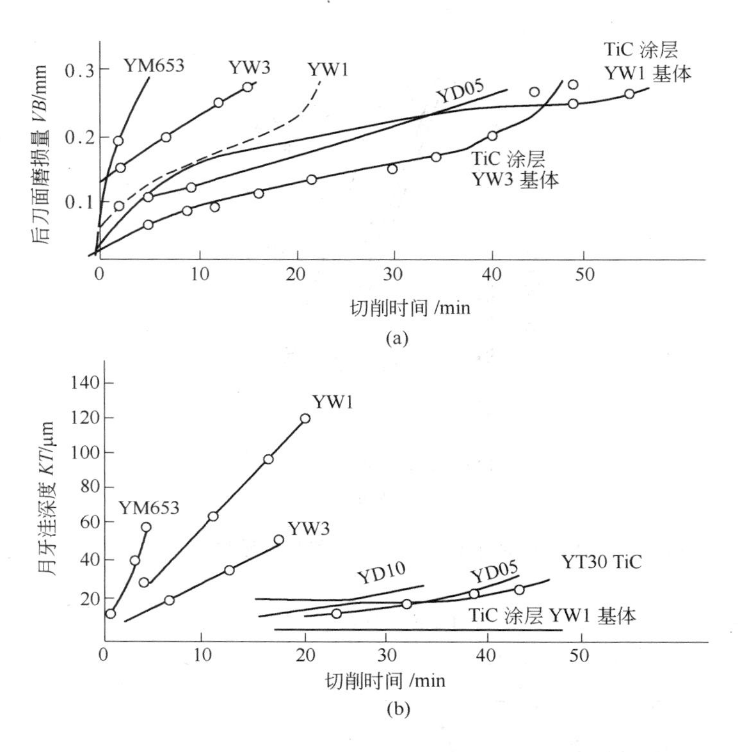

图 9-7 加工高强度钢时 TiC 涂层刀片与各种未涂层硬质合金耐磨性对比
（a）后刀面磨损曲线；（b）前刀面月牙洼磨损曲线

3mm，进给量 f 为 0.1mm/r。从图可以看出，TiC 涂层刀具加工时，刀—屑接触面积最大，故前刀面上受到的切削应力较小，同时 TiC 涂层的月牙洼深度也是最小的。TiC 涂层刀具的耐磨性还与涂层的晶粒半径有关，晶粒愈细小，后刀面磨损和月牙洼磨损都愈小。

TiC 涂层刀具具有较高的刀具耐用度，与未涂层刀具相比，耐用度平均可提高 1~3 倍，高的可达 5~10 倍。但 TiC 涂层刀具不适于在低速下使用，容易产生剥落和崩刃，其适合在中速或高速条件下使用。这是由于在中速或高速高温下，TiC 涂层刀具具有良好的抗扩散和抗氧化性能；而在低速低温下，刀具磨损以黏结磨损和磨料磨损为主，涂层刀具表面脆性较大，抗拉强度低，而且还常常存在残余应力，容易产生剥落和崩刃现象，刀具耐用度甚至还低于未涂层刀具。

图 9-10 所示为加工 38CrNi3MoVA 钢时三种硬质合金刀具的 t-v 关系。由图可知，用 YW1 及 YD10 刀具加工时，刀具耐用度最高的切削速度为 50m/min；而用 TiC 涂层刀具加工时，刀具耐用度最高的切削速度为 110m/min 左右，而且其数值也大于前两种硬质合金。然而，TiC 涂层刀具只是在 v>70m/min 以

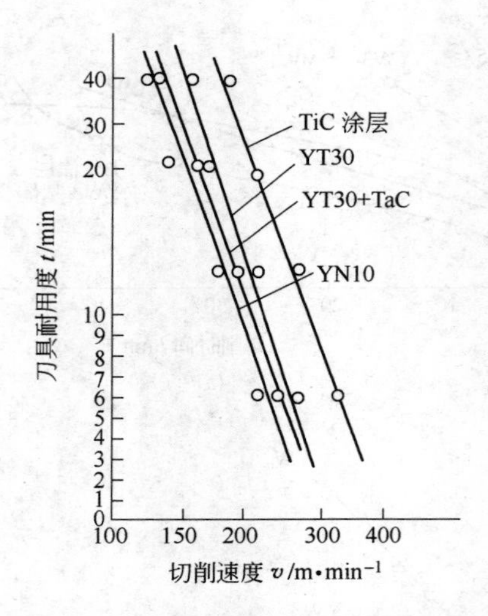

图 9-8　加工高强度钢时 TiC 涂层刀具和几种硬质合金刀具的 *t*-*v* 曲线

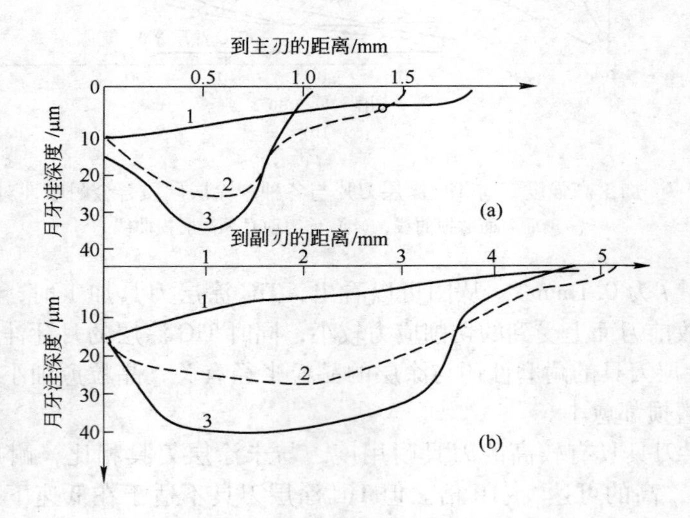

图 9-9　切削中碳钢时切削流动方向

（a）沿垂直方向；（b）月牙洼剖面

后，其刀具耐用度才高于 YD10 刀片；在 v<70m/min 条件下，其耐用度是很低的。

图 9-11 中刀具的前角 γ_0为 6°，后角 α_0为 7°，主偏角 k_r为 70°，刃倾角 λ_s为 0°。切削用量中背吃刀量 a_p为 2mm，进给量 f 为 0. 25mm/r。可以看出，TiC 涂层刀具比未涂层刀具的耐用度明显提高，而且 TiC 涂层刀具加工铸铁比加工钢材的耐用度提高更显著。

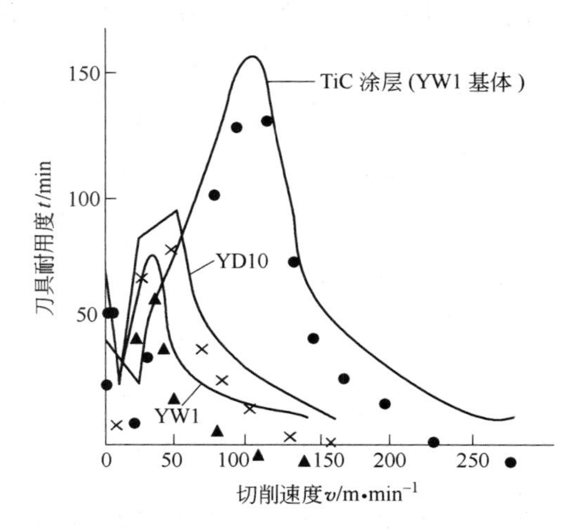

图 9-10 TiC 涂层刀片及两种未涂层刀片加工 38CrNi3MoVA 钢时的 t-v 曲线图

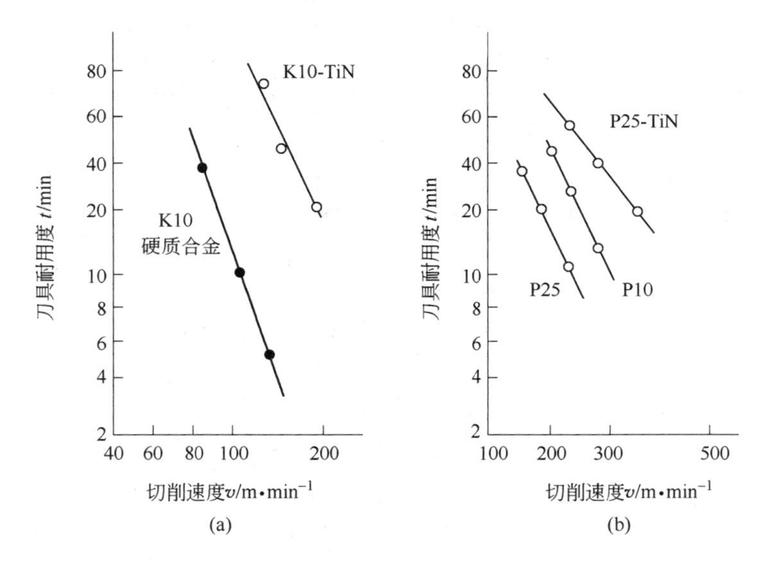

图 9-11 加上铸铁和钢材时 TiC 涂层与未涂层刀具耐用度

（a）加工铸铁；（b）加工钢材

成都工具研究所从 1972 年开始研究气相沉积工艺，对基体材料为 YT15、YT5 和 YG8 等硬质合金进行了系统的研究。图 9-12 所示为 TiC 涂层刀具与未涂层 YT15 刀具耐磨性对比。试验证明，YT5 涂层刀具可提高刀具耐用度 1~4 倍，YT15 涂层刀具可提高刀具耐用度 1~1.5 倍。

YT15 涂层刀片与未涂层刀片在不同条件下的加工效果见表 9-3。

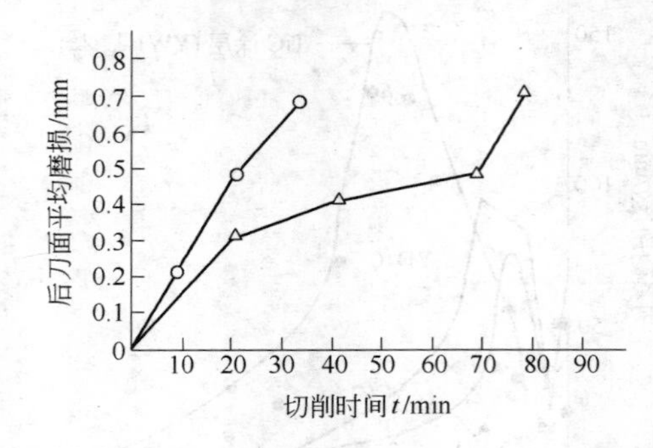

图 9-12 YT15 涂层与未涂层刀片的耐磨性对比

表 9-3 YT15 涂层刀片与未涂层刀片切削效果对比

工件材料及加工方法	刀具几何形状	切削用量	刀片牌号	加工零数/件	相对刀具耐用量/%
208 轴承外环 GCr15（197~207 HB）半精车	五边形，$\gamma_0=12°$、$\alpha_0=8°$、$\lambda_0=-6°$、$k_r=60°$、$k_r'=12°$	$v=125$m/min $a_p=0.65$mm $f=0.54$mm/r	YT15	652	100
			TiC 涂层	1210	186
热轧钢管 45MnB（26~32 HRC）成型车削	五边形，$\gamma_0=12°$、$\alpha_0=8°$、$k_r=45°$、$k_r'=27°$、$r=3$mm	$v=101$m/min $a_p=0.5\sim1$mm $f=0.98$mm/r	YT15	17	100
			TiC 涂层	27.6	162
螺杆（ϕ80×60）25CrMoV（30HRC）精车	三边形，$\gamma_0=12°$、$\alpha_0=8°$、$\lambda_0=-8°$、$k_r=90°$	$v=120$m/min $a_p=2$mm $f=0.32$mm/r	YT15	4	100
			TiC 涂层	8.5	212
滚筒 60Si2CrVA（40 HRC）半精车	五边形，$\gamma_0=12°$、$\alpha_0=8°$、$\lambda_0=-6°$、$k_r=60°$、$k_r'=12°$	$v=140$m/min $a_p=0.5\sim1$mm $f=0.23$mm/r	YT15	20	100
			TiC 涂层	45	225
功率输出轴（ϕ37×315）18CrMnTi（19HRC），精车	$\gamma_0=14°$、$\alpha_0=6°$ $\lambda_0=-6°$、$k_r=90°$ $k_r'=30°$、$r=0.8$mm	$v=116$m/min $a_p=1$mm $f=0.3$mm/r	YT15	19	100
			TiC 涂层	113	230
40Cr 调质（30 HRC）工件尺寸 ϕ47×210，精车	$\gamma_0=14°$、$\alpha_0=6°$ $\lambda_0=-6°$、$k_r=75°$ $k_r'=25°$、$r=0.4$mm	$v=145$m/min $a_p=0.8$mm $f=0.36$mm/r	YT15	55	100
			TiC 涂层	137	250
汽车半轴套 45 钢 精车	四边形，4K1615，45°机夹可转位外圆车刀	$v=224$m/min $a_p=0.75\sim1$mm $f=0.33$mm/r	YT15	150~180	100
			TiC 涂层	400~450	200~250

9.1.3 TiC 系涂层刀具的选用

关于 TiC 系涂层刀具的牌号选用，我国主要有株洲硬质合金厂的 CN、CA、YB 等系列，自贡硬质合金厂的 ZC 等系列。

用冶金部钢铁研究院研制的 H12S2 硬质合金涂层刀片在轴承外环的 KDM 自动线上加工 G20CrNi2MoA 钢轴承外环时，每刃可加工 80~90 件，而用未涂层 H12S2 硬质合金刀片每刃可加工 36~40 件，耐用度提高了 1 倍，平均水平达到瑞典涂层刀片 GC1025 的水平（每刃加工 80 件）。在用这种刀片加工高强钢 30CrMnSiA 时，YW1 硬质合金涂层刀片的耐用度比原来用 YD10 刀片提高了 2.5 倍。

瑞典山德维克公司是国外最早生产涂层刀具的几家著名公司之一，该公司生产的第一代 TiC 涂层刀片牌号为 GC125、GC135（加工钢）及 GC315（加工铸铁），涂层厚度约为 4~5μm，耐用度可较同类未涂层刀片高 3 倍以上。该公司生产的第二代涂层刀片 GC1025 性能得到了更大改进，晶粒更细，与基体结合强度更好，涂层厚度为为 7~8μm。该刀片兼有良好的耐磨性及强度，同时由于散热较快，抗塑性变形能力也得到改善。GC1025 的耐磨性可达 P10 范围，而强度可达 P30，现已取代 GC125，可使用范围为 ISOP10~P35。该涂层在 M15~M20 范围内加工球墨铸铁时也获得良好的效果，切削速度更高，可达 200m/min。在刀具耐用度相同的条件下，金属切除率可提高 10%~20%。如果不提高切削速度，GC1025 的耐用度可比普通涂层刀片高 1.5~2.5 倍，比未涂层刀片提高 3~5 倍。GC1025 不仅适于加工普通铸铁和钢，而且适于加工含锰量达 12%~14%的锰钢。GC315 是以 H20 为基体的 TiC 涂层刀片，其应用范围相当于 ISOK10~K20，其可代替该公司生产的未涂层刀片 HIP、H13 和 H20 使用。用 GC315 加工铸铁时，其耐度性高于 HIP，耐用度提高 2.3 倍。

涂层刀具与未涂层刀具相比较，其适用的加工范围得到了显著的扩大，如图 9-13 所示。在进给量不变的情况下，可大大增加切削速度。

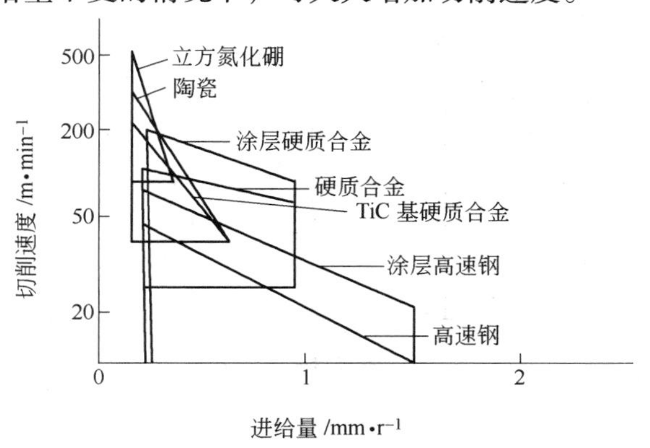

图 9-13 涂层刀具加工领域的扩大

9.2　TiN 系涂层刀具

9.2.1　TiN 系涂层刀具切削性能

20 世纪 80 年代，TiN 系涂层获得了巨大的成功。TiN 是第一个产业化，并在刀具行业得到广泛应用的硬质涂层刀具。在高速钢刀具的基体上，涂覆适当厚度的 TiN 硬质涂层，可以大幅度地提高高速钢刀具的使用性能，对硬质合金刀具也有很好的效果。目前离子镀涂层刀具在先进工业国家中已获得普遍的采用，有专家估计，我国的 PVD 刀具涂层技术与国际水平相比，仍落后 10 年左右。目前，国内外刀具公司都有 TiC 涂层和 TiN 涂层牌号的刀具产品。尽管经过了 40 多年的发展，涂层家族已出现了许多新成员，但至今主流涂层仍是 TiN 涂层，同时该涂层也是制备其他高性能涂层的基础[42~43]。

与 TiC 涂层刀具相比，TiN 涂层刀具有更低的摩擦系数[44]，更低的切削变形系数，因而切削力也更小。而且其抗黏结温度高，切削温度为 500℃左右，抗月牙洼磨损性能好。TiN 涂层刀具适用于硬质难加工材料及精密、形状复杂的轴承等耐磨件，对易黏结在刀具前刃面上的工件，切削效果更明显。目前发达国家中，TiN 涂层刀具的使用率占刀具总数的 50%~70%，有些不可重磨的复杂刀具的使用率已超过 90%。经 TiN 涂层后的丝锥耐磨性可提高 5~10 倍；钻头耐磨性提高 3~10 倍；铣刀耐磨性提高 6~10 倍。TiN 涂层刀具的使用寿命也得到了普遍的提高，涂层后的高速钢钻头寿命提高 5~7 倍；硬质合金铣刀的寿命提高 3~11 倍；M3 滚刀的寿命提高 8 倍多[45]。TiN 涂层刀具的加工速度可提高 30%，这大大提高了工业的生产效率，而且在一定程度上可以提高工件的加工精度。切削寿命和耐磨性的提高见图 9-14~图 9-16 所示。TiN 涂层钻头切削不同材料时提高生产效率的数据统计见表 9-4。

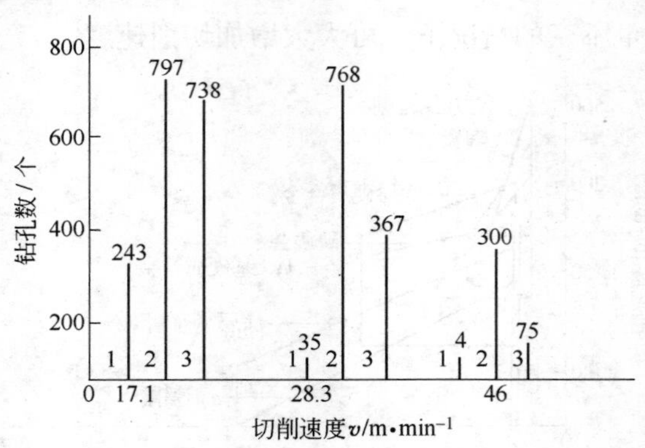

图 9-14　ϕ6.4 钻头寿命试验数据

1—未涂层钻头；2—TiN 涂层钻头；3—TiN 涂层重磨钻头

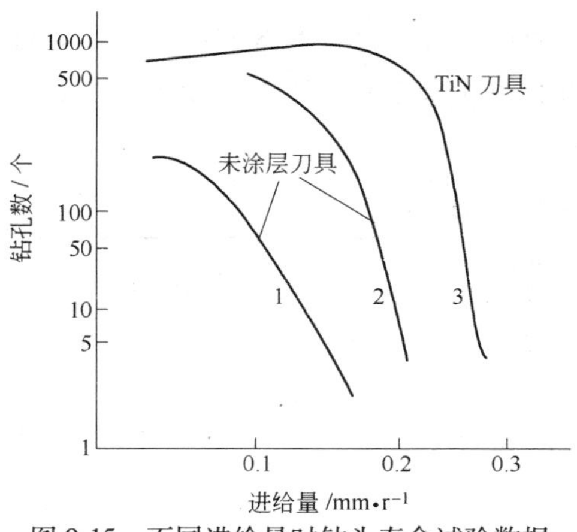

图 9-15 不同进给量时钻头寿命试验数据

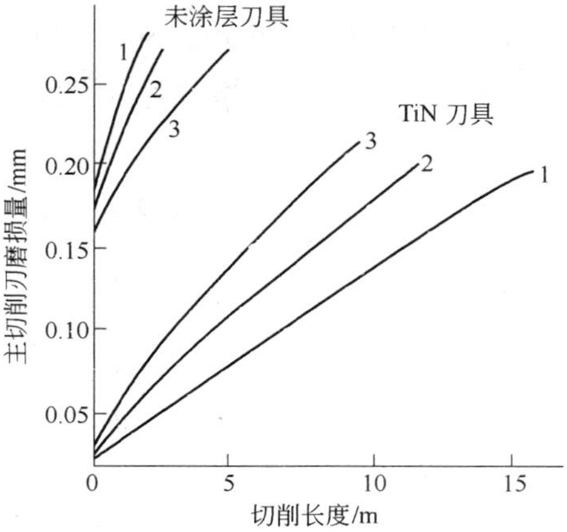

图 9-16 涂层与未涂层端铣刀耐磨性对比数据

表 9-4 TiN 涂层钻头生产效率提高率

工件材料	生产效率提高率/%
表面渗碳硬化钢	180
合金钢	140
工具钢	380
铝硅合金	420
球墨铸铁	710
不锈钢、耐热钢	900

9.2.2 TiN 系涂层刀具切削试验

张少锋、黄拿灿等人进行了钻头切削试验和铣刀切削试验。本试验制备的 TiN 涂层具有高硬度、高耐磨性、高涂层/基体结合力等优异的综合性能；所涂覆的 TiN 涂层刀具使用性能好，服役寿命长。TiN 涂层刀具相对未涂层刀具而言，切削时机床的震动和摩擦噪声较小，切削平稳性提高，切削阻力较小，切削轻快，机床消耗功率小，切削效率高，经济性好。

钻头切削试验数据和结果见表 9-5，随着切削速度的提高，涂层钻头相对未涂层钻头的优势更加明显。TiN 涂层高速钢钻头可以适用于高速切削加工，寿命约是未涂层钻头的 5~7 倍。

表 9-5 不同钻头切削实验数据和结果

主轴转速/r · min^{-1}	钻孔数/个		总深度/mm		相对寿命/倍
	未涂层钻头	TiN 涂层钻头	未涂层钻头	TiN 涂层钻头	
500	8	39	161	866	5.38
710	6	34	122	744	6.1
1000	1	7	21	152	7.24

铣刀切削试验结果由表 9-6 可以看出，TiN 涂层铣刀的寿命大约是未涂层铣刀的 3~11 倍。涂层硬质合金铣刀要在适当的切削速度中才能更好发挥刀具的使用寿命。

表 9-6　不同铣刀铣削槽的总长度

主轴转速/r · min^{-1}	总长度/mm		相对寿命/倍
	未涂层铣刀	TiN 涂层铣刀	
600	805	8672	10. 77
1180	1039	4064	3. 91
1500	1741	13090	7. 52
1800	1296	14747	11. 38

多弧离子镀滚刀表面沉积的 TiN 涂层表面均匀、致密度高且与基体材料的附着力好。在高温耐磨性试验中，通过分析天平进行测量，在同样的试验时间内，TiN 涂层试样的磨损量显著少于未经 TiN 涂层试样的磨损量，这说明镀 TiN 涂层后，试样的高温耐磨性得到了很大提高。用多弧离子轰击沉积 TiN 后的 M3 滚刀与未涂层的 M3 滚刀进行切削加工对比试验。结果表明，镀 TiN 涂层后的 M3 滚刀加工的工件数量为未涂层滚刀的 8 倍多（见表 9-7），滚刀使用寿命显著提高。

表 9-7　M3 滚刀未涂层与 TiN 涂层的加工性能对比

状　态	加工工件数量/件	磨损量/mm
未涂层的滚刀	100	0. 85
TiN 涂层的滚刀	814	56

与 TiC 涂层刀具相比，TiN 涂层刀具有更低的摩擦系数，更低的切削变形系数，因而切削力也更小，如图 9-17 所示。而且其抗黏结温度高，抗月牙洼磨损

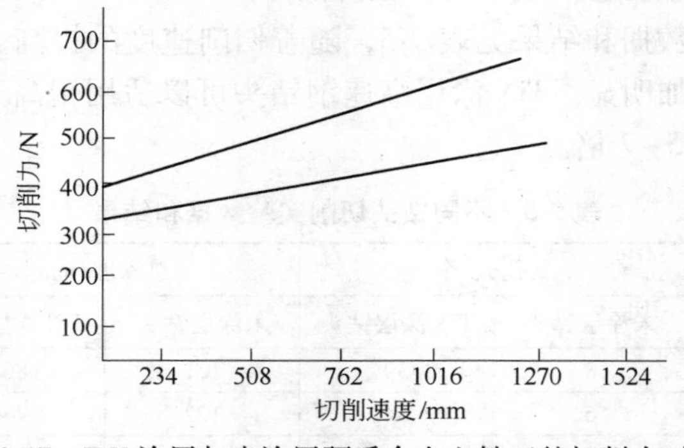

图 9-17　TiN 涂层与未涂层硬质合金立铣刀的切削力对比

性能好，如图 9-18 所示。该切削工件为 40CrNiMoA，切削用量中切削速度 v_c 为 160m/min，背吃刀量 a_p 为 1.5mm，进给量 f 为 0.45mm/r。试验说明，TiN 涂层更适合于加工钢材或切屑易于粘在前刀面上的其他工件材料，耐用度较未涂层刀具一般可提高 1~3 倍，高的可达 10 倍。

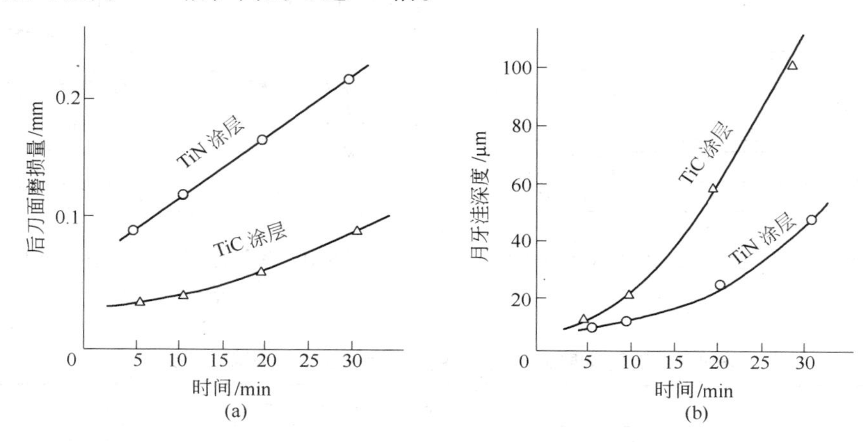

图 9-18 TiN 涂层及 TiN 涂层刀片耐磨性比较
（a）后刀面磨损量；（b）月牙洼深度

TiC 涂层刀具在较低切削速度下表现出很好的耐磨性，但在较高的切削速度下，容易出现严重崩刃现象。而 TiN 涂层则有较好的抗月牙洼磨损能力，切削不出现崩刃现象。这是因为 TiC 涂层刀具在高速高温下产生了氧化磨损，且 TiC 在高温下硬度减小而限制了刀具的耐用度。

用 ϕ10mm 的硬质合金铣刀加工热作模具钢 4Cr5MoVSi（34~36 HRC）时，TiN 涂层刀具与未涂层刀具的抗崩刃性比较如图 9-19 所示。可以看出，未涂层铣刀由于崩刃耐用度很低，而涂层铣刀不产生破损，外圆周后刀面磨损稳定，故刀具耐用度高得多。

图 9-20 所示为涂层滚刀与未涂层滚刀加工 40Cr 钢（260 HB）的耐磨性比较。涂层硬质合金滚刀的耐用度比未涂层滚明显提高，比涂层高速钢滚刀也明显提高。

与未涂层刀具相比，涂层刀具能获得更好的工件表面质量。不同涂层刀具与未涂层刀具车削 $38CrNi_3MoVA$ 钢（38~40 HRC）时加工表面粗糙的对比见表 9-8。试验条件：$a_p=1$mm，$f=0.2$mm/r，刀具几何参数为 $\gamma_0=8°$，$\alpha_0=8°$，$\lambda_s=-4°$，$k_r=75°$，$r_s=0.5$mm。试验结果表明，涂层刀具与未涂层刀具相比较，表面粗糙度 Ra 平均降低约 2μm（光洁度提高 1 级）。TiC 涂层硬质合金钻头的切削速度可达 300m/min。涂层硬质合金钻头钻钢时，进给量达 400~500mm/r，比高速钢钻头提高效率 6 倍，孔的精度将符合 IT9 级，表面粗糙度 Ra 达 1~2μm。

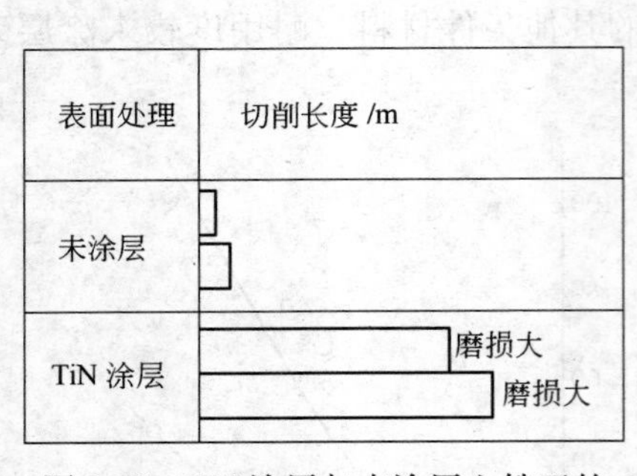

图 9-19 TiN 涂层与未涂层立铣刀的抗崩刃性对比

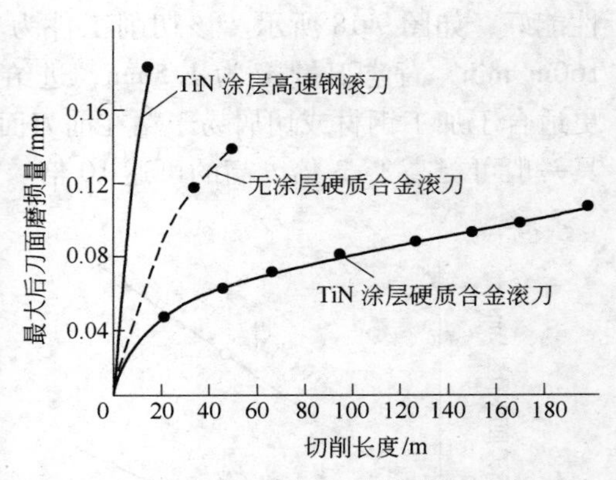

图 9-20 TiN 涂层与未涂层滚刀的耐磨性对比

表 9-8 不同涂层刀片与未涂层刀片加工表面粗糙度比较

切削速度 /m·min^{-1}	表面粗糙度 Ra/μm			
	YW3	TiC 涂层	TiN 涂层	TiC-TiN 涂层
28	3.6（▽5）	2.3（▽6）	2（▽6）	1.6（▽6）
49	4.2（▽5）	2.3（▽6）	1.9（▽6）	1.6（▽6）
90	4.1（▽5）	1.9（▽6）	1.9（▽6）	1.3（▽6）
113	4.1（▽5）	2（▽6）	1.9（▽6）	1.3（▽6）
158	4（▽5）	1.9（▽6）	2.3（▽6）	1.4（▽6）
196	3（▽5）	2.1（▽6）	2.3（▽6）	1.5（▽6）

断续切削 45 钢（167 HB）的切削试验（v=30m/min）证明，PVD 法涂层和未涂层的高速钢车刀磨损量相差不多，涂层效果不明显；而 CVD 法涂层车刀的磨损则明显降低，特别是韧性高和硬度低的基体材料涂层后的磨损比未涂层刀具可以减少 1/2。CVD 法涂 TiC 层的车刀在断续切削时，可抑制后刀面和月牙洼磨损进行，而 PVD 法涂层则易产生早期剥落，因此，宜选择高韧性的基体。

涂层高速钢刀具的使用性能在很大程度上取决于涂层前基体的磨削质量。例如，磨削时产生的马氏体是一种具有高内应力的组织，这种磨削马氏体与涂层的黏结能为很差，通常在涂层处理冷却后或在刀具使用初期就产生剥落。对基体表面采用刚玉喷砂可以改善 TiN 涂层的黏结能力。涂层高速钢刀具的表面粗糙度应在 Rz<4μm 的范围内，从涂层黏结力而言，光滑表面一般要比粗糙表面好。因此在可能的情况下，宜采用磨削性能良好的高速钢作为刀具基体。同时，基体在精磨时产生的毛刺对涂层刀具耐用度有很大影响，因为带毛刺的涂层刀具在使用

时，首先在毛刺处产生剥落，在切削刃暴露出未涂层部分产生微裂纹，此处比涂层处容易磨损。此外，高速钢基体在热处理中不应产生脱碳层，否则将对涂层高速钢刀具的使用性能产生很大影响。

TiN 涂层刀具在不同条件下的加工效果举例见表 9-9。

表 9-9 TiN 涂层刀片与未涂层刀片切削效果对比

工件材料及机床型号	刀具	切削用量	刀片牌号	加工零件数/件	相对刀具耐用度/%
工件材料：60 钢 机床：C7312	31305A	v=140m/min f=0.5~0.8mm/r a_p=3mm	YT15	143	100
			TiN 涂层	604	420
工件材料：T7A 机床：CW6163	31610A	v=192m/min f=0.34mm/r a_p=5mm	YT15	2	100
			TiN 涂层	10	500
		v=113m/min f=0.3mm/r a_p=8mm	YT15	2	100
			TiN 涂层	15	750
工件材料：45CrMoVA 机床：仿 CH107	T31905Fb	v=56m/min f=0.46mm/r a_p=2~3mm	YT5	7	100
			TiN 涂层	22	314
工件材料：40Cr 机床：仿 CE7132	T31605Fb	v=70m/min f=0.6mm/r a_p=2mm	YT15	69	100
			TiN 涂层	278	400
工件材料：T8A 机床：C620	31610A	n=480r/min f=0.2mm/r a_p=2.5mm	YT15	12	100
			TiN 涂层	28	233
工件材料：35CrMo 机床：C61100	T31605Fb	v=37.6m/min f=0.6mm/r a_p=1.5~3.5mm	YT15	80	100
			TiN 涂层	480	500
工件材料：34CrNi3Mo 机床：CW6163	41910H	v=70m/min f=0.6mm/r a_p=0.3mm	YT5	3	100
			TiN 涂层	10	333
工件材料：45 调质钢 机床：C620	41610C	v=200m/min f=0.4mm/r a_p=2~4mm	YT5	100	100
			TiN 涂层	580	700

续表 9-9

工件材料及机床型号	刀具	切削用量	刀片牌号	加工零件数/件	相对刀具耐用度/%
工件材料：20 钢 机床：C620	31610A	$n=200$r/min $f=0.3$mm/r $a_p=4$mm	YG8	3	100
			TiN 涂层	14	460
工件材料：2Cr13 机床：C630	41610C	$v=169.6$m/min $f=0.32$mm/r $a_p=8$mm	YW1	10	100
			TiN 涂层	34	330
工件材料：45CrNiMoVA 机床：仿 CH017	T31305Fb	$v=56$m/min $f=0.46$mm/r $a_p=2\sim3$mm	YT5	7	100
			TiN 涂层	22	310
工件材料：25Cr2MoV 机床：C620	41610D	$v=160$m/min $f=0.65$mm/r $a_p=5$mm	YT5	1	100
			TiN 涂层	5	500
工件材料：GCr15 机床：C620	T31506F	$v=126$m/min $f=0.18$mm/r $a_p=0.5$mm	YT15	7	100
			TiN 涂层	50	700
工件材料：ZG45 机床：X53T	4160511	$v=86.6$m/min $f=0.542$mm/r $a_p=8$mm	YT14	60	100
			TiN 涂层	80	150
工件材料：ZG45 机床：C630	41910Db	$v=110$m/min $f=0.45$mm/r $a_p=5$mm	YT5	2	100
			TiN 涂层	8	400
工件材料：45 钢 机床：DLZ450	T310910Y	$v=87.96$m/min $f=0.45$mm/r $a_p=4$mm	YT5	2	100
			TiN 涂层	13~14	650

9.2.3　TiN 系涂层刀具的选用

关于 TiN 系涂层刀具的牌号选用，我国主要有株洲硬质合金厂的 CN、YB 等系列，自贡硬质合金厂的 ZC 等系列。

株洲硬质合金厂从 1972 年就开始研究气相沉积 TiN 涂层硬质合金。加工钢时，试验了 YT5、YT14 和 YT15 等基体的涂层刀片。试验证明，YT5 涂层刀片耐用度可提高 265 %，YT14 涂层刀片耐用度可提高 140%，YT15 涂层刀片耐用度可提高 71%。

上海硬质合金厂生产的 TiN 涂层刀片，其涂层厚度为 8~15μm，显微硬度为 1800~2000HV，在车削 50 热轧钢时，YT5 涂层刀片的耐用度可提高 4 倍。用 YT15 涂层刀片车削 250HB 的 45 调质钢时，耐用度可提高 2 倍。

自贡硬质合金厂生产的以 YT5 为基体的 TiN 涂层刀片，涂层厚度为 7~10μm，可使摩擦系数降低 5%。在加工 T8A、40Cr、45Cr NiMoV 等钢料时，刀具耐用度比未涂层刀片提高 2~4 倍。以 YT15 为基体的 TiN 涂层刀片有更好的耐磨性、热稳定性及抗月牙洼磨损能力。加工碳钢及合金钢时，可提高刀具耐用度 2~5 倍。在 YG8 基体上涂 TiN 刀片，涂层厚度为 7~10μm，该刀片强度好、耐磨性高、可扩大加工范围（既可用于加工铸铁、有色金属及合金，也可加工碳钢、不锈钢等钢材）、刀具耐用度可提高 2~5 倍。该厂研制的牌号为 CP30 的刀片是在特殊基体上进行 TiN 涂层，可在中等或较高切削速度、大切深条件下对钢件进行粗或半精加工，具有较好的冲击韧性和耐磨性。

北京有色金属研究总院研究用 PVD 法在 YT14 硬质合金基体上镀 TiN 涂层，该涂层与基体结合良好，刀片硬度平均为 3000HV，最高可达 4000HV，抗弯强度为 1310MPa，与基体强度一致。在加工 45 钢、调质钢、CrWMn、G20CrNi20Mo、60SiMn2A 等合金钢及铸铁时，刀具耐用度提高 2~6 倍，多数在 3 倍以上，切削速度可显著提高，最高达 250m/min，粗糙度可降低 1~2 级。用于铣削时，耐用度可提高 4 倍。

9.3 Al_2O_3系涂层刀具

9.3.1 Al_2O_3系涂层刀具切削性能

Al_2O_3系涂层是氧化物陶瓷涂层，其刀具的切削性能高于 TiN 和 TiC 涂层刀具。与 TiN 和 TiC 涂层相比，Al_2O_3涂层刀具具有更好的化学稳定性和抗高温氧化能力，因此具有更好的抗月牙洼磨损和抗刃口热塑性变形的能力，在高温下具有较高的耐用度，适用于陶瓷刀具因脆性大而易于崩刃和打刀的情况。而且切削速度愈高，刀具耐用度提高的幅度也愈大。在高速范围切削钢件时，Al_2O_3涂层在高温下硬度降低较 TiC 涂层小，第一代 Al_2O_3涂层切削刀具中，涂层常常是由 α-Al_2O_3和 k-Al_2O_3的混合物组成，其导致不均匀的涂层形貌，严重降低了涂层性能。

在过去的 20 年里，在控制 α-Al_2O_3晶体成核和细颗粒微观结构方面取得了很大进步。早期的 α-Al_2O_3涂层出现热裂纹并且易碎，最近通过调节晶核表面的化学作用就可能完全控制并使 α-Al_2O_3相成核，形成由细颗粒 α-Al_2O_3组成的涂层，避免了转化裂纹，表现出优异的韧性。

Al_2O_3涂层硬质合金刀具兼有陶瓷刀具的耐磨性和硬质合金的强度，可用于现有陶瓷刀具加工的所有工序，适用于陶瓷刀具因脆性大而易于崩刃的场合，可在精加工和半精加工宽广的范围内使用。

在连续切削条件下，Al_2O_3涂层的耐磨性和热稳定性是影响刀具耐磨性的主要因素。Al_2O_3涂层刀具由于具有高的硬度和优良的抗氧化能力，故其切削性能优于 TiC 涂层刀具；但在断续切削条件下，由于冲击力的作用，涂层韧性成为影响耐磨性的主要因素。Al_2O_3涂层刀具的韧性较差，故其耐冲击性能远不如 TiC 和 TiN 涂层刀具。用 Al_2O_3涂层的硬质合金刀具加工汽车铸铁刹车盘、刹车鼓和轴承盖时，其耐磨性比 TiC 涂层刀具高 2~4 倍，比普通的硬质合金刀具高 6~8 倍，在切削速度为 365~550m/min 范围内可与陶瓷刀具相比。此外，Al_2O_3涂层与基体的结合强度较差，结合强度与基体的含钛量有关，含钛量愈高，则结合强度也愈好。

Al_2O_3涂层的绝缘特性使物理气相沉积（PVD）工艺相当难于控制，且沉积速度较低，如何能通过 PVD 方法制备 Al_2O_3涂层一直是刀具涂层业所关心的问题。CemeCon 公司开发的高电离化脉冲技术（HIPTM），使优异的 Al_2O_3涂层成为可能。该公司开发的在磁控溅射（Ti，Al）N 涂层基础上 Al_2O_3涂层，涂覆温度低于 450℃，在铸铁和高性能合金材料试验上取得了满意结果。

9.3.2　Al_2O_3系涂层刀具切削试验

图 9-21 为加工灰铸铁（210 HB）时，不同涂层刀具的耐用度对比。该刀具切削用量中背吃刀量 a_p 为 2.5mm，进给量 f 为 0.25mm/r。可以看出，当 $v>$ 110m/min 时，Al_2O_3涂层刀具的切削性能高于 TiC 及 TiN 涂层刀具，且切削速度越高，刀具耐用度提高的幅度也越大。

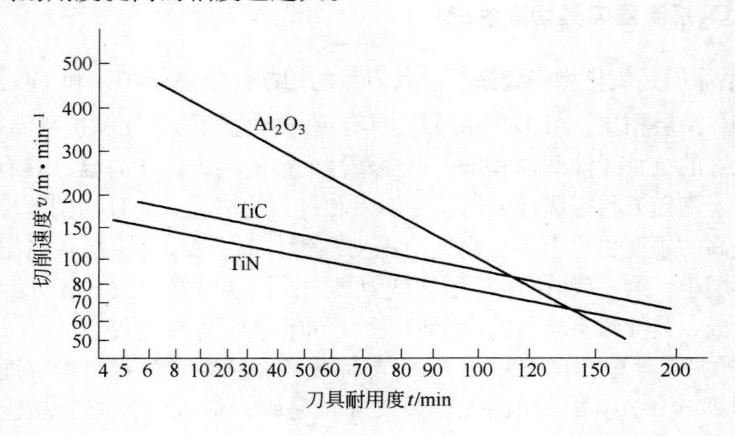

图 9-21　加工灰铸铁时不同涂层刀具的 t-v 曲线

图 9-22 所示为加工 45 钢（220 HB）时，未涂层与 Al_2O_3涂层、TiC 涂层刀具的耐用度比较。该刀具切削用量中背吃刀量 a_p为 2.5mm，进给量 f 为 0.25mm/r。在 $t=10$min 的条件下，TiC 涂层刀具的切削速度比未涂层刀具提高 50 %，而 Al_2O_3涂层刀具则可提高 90 %。

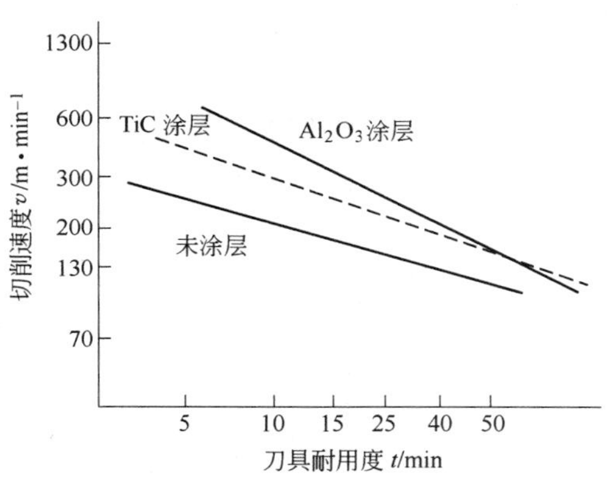

图 9-22　加工钢件时未涂层与不同涂层刀具的 t-v 曲线

在加工铸铁时，通常是 Al_2O_3涂层优于 TiC 涂层刀具：（1）在中、低速切削钢件（$v<150\sim180$m/min），TiC 涂层刀具较 Al_2O_3涂层刀片切削性能要好。这是因为在较低切削速度下，TiC 涂层刀具的抗后刀面磨损和抗机械振动方面都优于 Al_2O_3涂层刀具。（2）而在高速范围切削钢件时，Al_2O_3涂层刀具的切削性能优于 TiC 涂层刀具。这是因为：一方面在高温下 Al_2O_3的硬度比 TiC 下降的较慢，常温时，TiC 和 Al_2O_3的硬度分别为 3200HV 和 3000HV，而在 800℃时，则分别下降为 500HV 和 700HV，这时 Al_2O_3的硬度反而高于 TiC 了；其次，在高温高速切削条件下，磨损是由摩擦、扩散和氧化等原因所引起，由于 Al_2O_3有更好的化学稳定性和高温抗氧化能力，因此具有更好的抗月牙洼磨损，抗后刀面磨损和抗刃口热塑性变形的能力，由于同样的原因，在切削速度越高时，Al_2O_3涂层比 TiC 涂层提高耐用度的效果也越显著。

在加工钢材时，如果因为机床的转速和功率的限制不能采用很高的切削速度时，则采用 TiC 涂层刀具还优于 Al_2O_3涂层刀具。因此，这两种涂层刀具在不同速度范围内加工时是互为补充的。

图 9-23 进一步表示了 TiC、Ti（C，N）和 Al_2O_3涂层刀具的耐磨性比较。该刀具的几何参数中前角 γ_0为-5°，后角 α_0为 5°，主偏角 k_r为 45°，刃倾角 λ_s为 5°。切削用量中背吃刀量 a_p为 1.5mm，进给量 f 为 0.25mm/r。在 $v=100$m/min 时，TiC 涂层的磨损最小，其次是 Ti（C，N）涂层，Al_2O_3涂层刀具磨损最大。切削速度增加时，TiC 和 Ti（C，N）涂层刀具磨损增加，$v>300$m/min 时磨损显著增加，在 $v=400\sim500$m/min 时，Al_2O_3涂层刀具的磨损反而小于 TiC 和 Ti（C，N）涂层刀具。

图 9-24 所示为 Al_2O_3涂层晶粒大小对刀具切削性能的影响，该刀具切削用量中背吃刀量 a_p为 2mm，进给量 f 为 0.4mm/r。可以看出，晶粒愈小，耐磨性愈好。

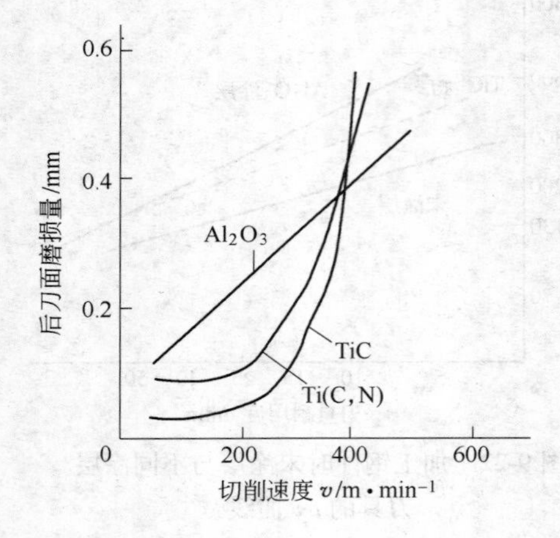

图 9-23　不同涂层的耐磨性

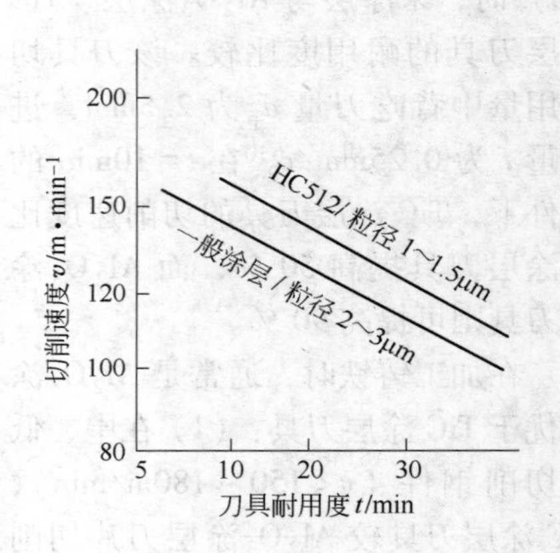

图 9-24　Al_2O_3涂层硬质合金结晶粒径对切削性能影响

图 9-25 所示为加工镍基合金时，Al_2O_3涂层刀具与未涂层硬质合金刀具的生产率对比。该刀具切削用量中切削速度 v_c为 70m/min，背吃刀量 a_p为 0.5mm，进给量 f 为 0.13mm/r。可以看出，当后刀面磨损量相同时，Al_2O_3涂层刀具切削面积要比未涂层刀片大得多。

表 9-10 列出了在不同加工条件下 Al_2O_3涂层刀具与未涂层刀具的切削效果对比。

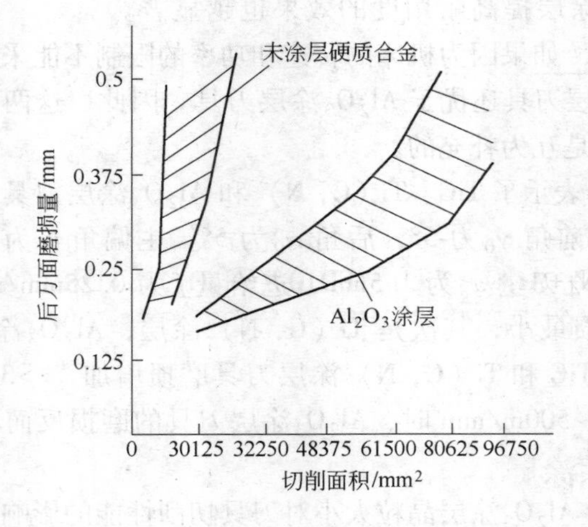

图 9-25　加工镍基合金时 Al_2O_3涂层与未涂层硬质合金刀具的生产率对比

表 9-10 Al_2O_3涂层刀片与未涂层刀片切削效果对比试验

<table>
<tr><th>工件材料及机床型号</th><th>刀具</th><th>切削用量</th><th>刀片牌号</th><th>加工零件数/件</th><th>相对刀具耐用度/%</th></tr>
<tr><td rowspan="2">工件材料：45 钢
机床：无级变速机床 C630</td><td rowspan="2">T3K1305A3</td><td rowspan="2">$v=200m/min$
$a_p=1.5mm$
$f=0.54mm/r$</td><td>YT15</td><td>90</td><td>100</td></tr>
<tr><td>Al_2O_3涂层</td><td>70</td><td>700</td></tr>
<tr><td rowspan="2">工件材料：KTH350-10 可锻铸铁
机床：CA5140
机床：C615</td><td rowspan="2">T3K1305A3</td><td rowspan="2">$v=144\sim173m/min$
$a_p=1\sim3mm$
$f=0.25mm/r$</td><td>YT15</td><td>84</td><td>100</td></tr>
<tr><td>Al_2O_3涂层</td><td>300</td><td>246</td></tr>
<tr><td rowspan="3">工件材料：T12A 高速工具钢
机床：CA5140</td><td rowspan="3">3K1805M5</td><td rowspan="3">$v=205m/min$
$a_p=1.5mm$
$f=0.4mm/r$</td><td>YT15</td><td>80</td><td>100</td></tr>
<tr><td>Al_2O_3涂层</td><td>200</td><td>122</td></tr>
<tr><td>Al_2O_3+TiC 涂层</td><td>300</td><td>333</td></tr>
<tr><td rowspan="2">工件材料：W18Cr4V
高速钢与 45 钢对焊
机床：CA5140</td><td rowspan="2">4K185A45</td><td rowspan="2">$v=80m/min$
$a_p=1.5\sim2mm$
$f=1.8mm/r$</td><td>YT14</td><td>35</td><td>100</td></tr>
<tr><td>Al_2O_3+TiC 涂层</td><td>100</td><td>286</td></tr>
<tr><td rowspan="2">工件材料：W18Cr4V 高速钢
机床：CA5140</td><td rowspan="2">4K185A45</td><td rowspan="2">$v=79m/min$
$a_p=0.5\sim1mm$
$f=0.5mm/r$</td><td>YT14</td><td>119</td><td>100</td></tr>
<tr><td>Al_2O_3涂层</td><td>239</td><td>200</td></tr>
<tr><td rowspan="2">工件材料：KZT450-06 铸铁
机床：CA5140</td><td rowspan="2">4K185A45</td><td rowspan="2">$v=200m/min$
$a_p=1mm$
$f=2mm/r$</td><td>YG6</td><td>80</td><td>100</td></tr>
<tr><td>Al_2O_3+TiC 涂层</td><td>157</td><td>156</td></tr>
<tr><td rowspan="2">工件材料：1Cr13 不锈钢
机床：CA5140</td><td rowspan="2">4K1610M6</td><td rowspan="2">$v=230m/min$
$a_p=4\sim5.5mm$
$f=2.5mm/r$</td><td>YT5</td><td>18</td><td>100</td></tr>
<tr><td>Al_2O_3涂层</td><td>24</td><td>212</td></tr>
</table>

9.3.3 Al_2O_3系涂层刀具的选用

关于Al_2O_3系涂层刀具，我国株洲钻石切削刀具股份有限公司生产的主要牌号有 CA1000（Al_2O_3+TiCN）等，清华紫光方大高技术陶瓷有限公司生产的主要牌号有 FD04（Si_3N_4+Al_2O_3+TiC）、FD10（Al_2O_3）、FD12（Al_2O_3+TiC）等，成都工具研究所生产的主要牌号有 P1（Al_2O_3）、P2（Al_2O_3）、M16（Al_2O_3+TiC）、M4（Al_2O_3+碳化物+金属）、M5（Al_2O_3+碳化物+金属）、M6（Al_2O_3+碳化物+金属）、M8-1（Al_2O_3+碳化物+金属）等。

9.4 其他 XN 系涂层刀具（X=Cr，Zr，Hf 等）

9.4.1 CrN 系涂层刀具

随着 TiN 涂层的大量应用，人们很快对 Cr、Zr、Hf、Si、Y 等的氮化物涂层进行研究，获得对超硬涂层的更多了解，以寻求更广泛的涂层材料应用性能。

CrN 系涂层因其具有良好的抗氧化、耐腐蚀、抗磨损性能而受到较多的关注。早期研究已证明，与 TiN 相比，具有优异的耐磨性[46]，在抗微动磨损上表现尤佳；抗氧化温度高达 700℃；但 CrN 涂层脆性比较大。CrN 涂层主要用于塑胶模具、冲头等机械零部件加工，由于他是无钛涂层，可以有效地切削钛、钛合金及铝合金等软材料[47]，而且 CrN 涂层可达到极高的沉积速率且其工艺较易控制，有利于大批量的工业生产，所以更加具有实际意义[48]。

9.4.2 ZrN 系涂层刀具

ZrN 系涂层的硬度为 2000~2200 HV 左右；具有较好的化学结构稳定性，比 TiN 好的耐蚀性；较好的耐磨性及熔点高、电阻率低等优良的化学、热学性能[49]。ZrN 系涂层刀具的耐磨性是 TiN 涂层刀具的 3 倍，涂层与基体有很牢固的结合强度，因此有很高的耐冲击性，其抗氧化温度为 700 ℃，具有较好的化学稳定性能。ZrN 系涂层已在铝合金、铜合金及一些精密工件的切削加工等方面获得了广泛应用。Jie Gu，Gary Bzrber 等人[50]将 ZrN 涂层应用于高速切削刀具，通过切削试验表明 ZrN 涂层能有效降低刀具的磨损，提高工件的切削质量。而且由于 ZrN 涂层可以减少与 Ti 合金的粘和磨损，很适合于切削 Ti 及 Ti 合金。用于 Ti 合金钢板的 ZrN 涂层钻头的寿命比 TiN 涂层的还要高一倍多。Sue J. A.，Chang T. P. 等人[51]对 ZrN、TiN 等涂层与镍铬 718 合金配副时，在 500℃时 ZrN 的耐高温磨损性能高于 TiN 涂层。

9.4.3 HfN 系等其他涂层刀具

HfN 系涂层的热膨胀系数非常接近硬质合金基体，涂覆后产生的热应力很小，不易崩刃，刀具抗弯强度降低少。而且与很多高熔点材料相比，HfN 涂层的热稳定性和化学稳定性高，在温度高达 817~1204℃时仍有很高的硬度（3000 HV），不会产生 C_O、W、C 反应生成的脆性 η 相。因此 HfN 涂层刀具具有良好的耐磨性能。目前市场上美国 Teledyne 公司牌号为 HN+及 HN+4 的刀片及德国 Walter 公司牌号为 WHN 的刀片都是 HfN 涂层刀片。

此外，由于 TiC、TiN 涂层与钛合金和铝合金材料之间的亲和力，会使摩擦力增大，产生粘屑。而 BN、VN、Mo_2N、Cr_2O_3 等涂层化学稳定性好，适于切削 Ti、Cu、Al 及其合金材料。

10 多元复合涂层刀具切削性能

在工况恶劣的条件下，常规 TiN 等单一涂层的应用受到了严峻的挑战。例如 TiN 涂层刀具以 70~100m/min 高速度切削时，刀尖及切削刃附近会产生很大的切削力和强烈的摩擦热而使基体发生塑性变形及软化，涂层易于开裂；由于基体的强度和涂层与基体间的结合力不够，不能给予 TiN 涂层有力的支撑，涂层往往会发生早期破坏；TiN 涂层在较高的温度下（>550 ℃），其化学稳定性变差，容易氧化成疏松结构的 TiO_2；此外，高温下依附在涂层表面的其他元素也容易向涂层内扩散，导致深层性能的下降。于是，各国纷纷着手开发新型的复合涂层技术，新的多元涂层体系可以使涂层的成分离析效应降低[52~53]，并明显地提高涂层的综合性能，以满足切削技术的发展对涂层刀具性能日益提高的要求。

如果在单一涂层中加入新的合金元素，制备出多元复合的刀具涂层材料，可以大大提高了刀具的综合性能，如加入 Cr 和 Y 可提高抗氧化性，加入 Zr、V、B 和 Hf 可提高抗磨损性，加入 Si 可提高硬度和抗化学扩散。

新的多元涂层体系的发展是从 TiN 开始沿着几个主要方向逐渐推进的：从提高初始氧化温度方面的发展，主要代表为（Ti，Al）N、（Ti，Cr）N 系涂层；从涂层的硬度，特别是红硬性方面的发展，主要代表为（Ti，Zr）N 系涂层；从更宽泛的综合性能方面的发展，主要有（Ti，Al，Zr）N 系涂层、（Ti，Al，Cr）N 系涂层及在此基础上添加 Y、Si、Hf、Mo、W 等微量元素而形成的更多元的氮化物超硬涂层。

10.1 Ti（C，N）系涂层刀具

Ti（C，N）涂层兼有 TiC 的高硬度和 TiN 的良好韧性，其在涂覆过程中可以通过连续改变 C 和 N 的成分来控制 Ti（C，N）的性质，并可形成不同成分的梯度结构，降低涂层的内应力，提高韧性，增加涂层厚度，阻止裂纹扩展，并减少崩刃。Ti（C，N）高韧性涂层特别适用于铣削、攻牙、冲压、成型及滚齿的加工。Ti（C，N）涂层刀具在高速切削时比 YT14 和 YT15 硬质合金的耐磨性高 5~8 倍[54]。

Ti（C，N）涂层技术不断地发展，20 世纪 90 年代中期，中温化学气相沉积（MT-CVD）新技术的出现，使 CVD 技术发生了革命性变革。MT-CVD 技术是以有机物乙腈（CH_3CN）作为主要反应气体，在 700℃以下生成 Ti（C，N）涂层。

这种 Ti（C，N）涂层方法有效控制了 η 脆相生成，提高了涂层的耐磨性、抗热震性及韧性。PVD 法沉积 Ti（C，N）涂层时，适当增加离子束轰击可明显提高涂层的硬度及耐磨性。近年来，以 Ti（C，N）为基的四元成分新涂层材料，如 TiZrCN、TiAlCN、TiSiCN 等也纷纷出现。

目前，我国主要选用的 Ti（C，N）涂层刀具牌号有株洲硬质合金厂的 CN15、CN25、CN35 等系列，成都工具研究所开发的 C72、GC11、GC14、GC32、C99 等系列，株洲钻石刀具厂的 YBD102、YBD152、YBD250 等系列。

Ti（B，N）涂层是基于 TiN 和 TiB_2 发展起来的多元涂层，其既增强了 TiN 涂层的硬度，又保持了良好的韧性，避免了 BN 涂层和 TiB_2 涂层的脆性，该涂层刀具耐磨性及抗腐蚀能力显著提高，且摩擦系数较低。Heau C 等人用溅射 Ti-B 靶材沉积出的 Ti（B，N）涂层，结合力大大改善，且达到了 44 GPa 的显微硬度。

成都工具研究所开发了我国首创的 Ti-C-N-O-Al 和 Ti-C-N-B 两个系列共三种高性能多元复合涂层，具有优异的复合力学性能和优良的切削性能，主要用于汽车刀具及 Hertel 系列螺纹梳刀片上。目前，该研究所生产的 CTR82、CTR83 等系列已得到广泛应用。

10.2　(Ti，Al) N 涂层刀具

10.2.1　(Ti，Al) N 系涂层刀具切削性能

目前，国内研究多且技术成熟的刀具涂层类型是单一涂层，如 TiN 或 TiC 等。但随着研究的不断深入，人们发现这些单一涂层各有其不足之处，如单一 TiN 涂层硬度不如 TiC 高；而单一 TiC 涂层硬度虽高，但其与基体的结合力较弱，脆性大、易剥落，所以均不理想。为了克服单一涂层的不足，国内外已在 TiN 涂层中加入合金 Al 元素形成（Ti，Al）N 涂层，这些涂层既具有接近 TiC 的高硬度高耐磨性，又具有与 TiN 涂层相当的结合强度，涂层的硬度明显提高至 2800HV 左右，抗氧化温度也可由 TiN 涂层的 600℃ 提高到 800℃，化学稳定性好，抗磨损能力强，摩擦系数小（与钢界面为 0.3 左右），附着力强，导热率低等优良特性。所以（Ti，Al）N 涂层具有优于 TiC、TiN 和 Ti（C，N）等涂层的综合性能，这使得（Ti，Al）N 涂层刀具适合高速切削和干式切削。

金属的加工是一个复杂的过程。在高温（约 1000℃）高压（约 700MPa）的切削环境下，刀具的切削片可能会与基体材料发生化学反应，以及各种形式的磨损，使得刀具的使用寿命受到限制。当温度超过约 750℃ 时，Al 元素在涂层的外表面会生成一层极薄的非晶态 Al_2O_3，从而形成硬质惰性保护涂层，这阻止进一步氧化，大大降低了涂层的氧化磨损。又由于涂层导热性能较差，大量热量无法通过切削刀片传导出去，因此（Ti，Al）N 涂层刀具在高速切削中性能优异，其比 TiN 更能有效地用于连续高速车削，尤其适合于加工高合金钢、不锈钢、高硅

铝合金、钛合金及镍合金等工件。在要求高耐磨性的场合下，鉴于TiN涂层在高温性能方面所表现出的不足，(Ti, Al) N涂层已基本替代TiN，刀具寿命比TiN涂层刀具高3~4倍。

目前，从环境保护的角度来看，制冷剂的使用量越少越好，因此迫切需要干式加工技术的快速发展。为实现干式切削，刀具涂层必须具有两个重要功能，一是可在刀具与工件之间起到热壁垒的作用，以减小作用于刀具基体间的热应力；二是可起到固体润滑剂的作用，以减小切削的摩擦及切削刀具的粘附。(Ti, Al) N涂层由于具有良好的红硬性、抗氧化性以及比刀具基体和工件材料低得多的热传导系数，已成为干切削加工中优良的涂层刀具。

(Ti, Al) N涂层刀具已在工业生产中使用，但不同的制备方法和Ti、Al含量会明显影响涂层的性能。如张德元等采用多弧离子镀方法[55]，用纯钛靶和纯铝靶沉积（Ti, Al）N涂层，发现涂层由单一（Ti, Al）的fcc相组成，Al的存在使得表面质量和致密性下降。当Ti/Al约为3时，涂层具有较高的硬度（约2500 HV）和较好的耐磨性。陈建国等人[56]采用同类设备，但使用机械复合式Ti-Al靶沉积（Ti, Al）N涂层，发现当Al含量为22.5%~30%时，涂层具有较高的硬度和较小的脆性；涂层能有效地防止黏着磨损，耐磨性能优于TiN涂层[57]，还具有良好的抗热疲劳性能和抗高温氧化性能。李成明等人[58]采用外加过滤电弧的多弧离子镀涂层装置，使用Ti-Al合金靶材镀涂层，证明过滤电弧对（Ti, Al）N涂层有明显的细化作用，平行靶表面的磁场分量和离子运动轨迹的改变使碰撞几率增加是细化的主要原因，（Ti, Al）N的抗氧化能力明显强于TiN涂层[59]。(Al, Ti) N涂层具有高铝元素含量，具有极高抗热性及硬度，特别适用于高硬度高速加工。

10.2.2 (Ti, Al) N系涂层刀具切削试验

在高温连续切削时，(Ti, Al) N高速干式切削性能优于TiN 4倍。(Ti, Al) N涂层铰刀在不添加制冷剂和两倍常规切削速度的条件下，其断面磨损量远远低于未镀涂层铰刀、(Ti, Zr) N涂层铰刀和ZrN涂层铰刀，结果如图10-1所示[60,61]。

(Ti, Al) N涂层刀具的切削速度和切削寿命明显大于TiN涂层刀具，图10-2所示为两者切削速度和切削寿命的比较。该刀具钻削直径为8mm，钻削深度为16mm，切削工件为S50C（230~268 HB）。

在用WC-6%Co硬质合金、718镍基合金、中碳钢（SAE1045）、可锻铸铁等材料制成的刀具上，TiN、Ti（C, N）及（Ti, Al）N涂层后的使用寿命，如图10-3所示，通过比较可知，(Ti, Al) N和Ti（C, N）涂层的使用寿命更长久[62]。

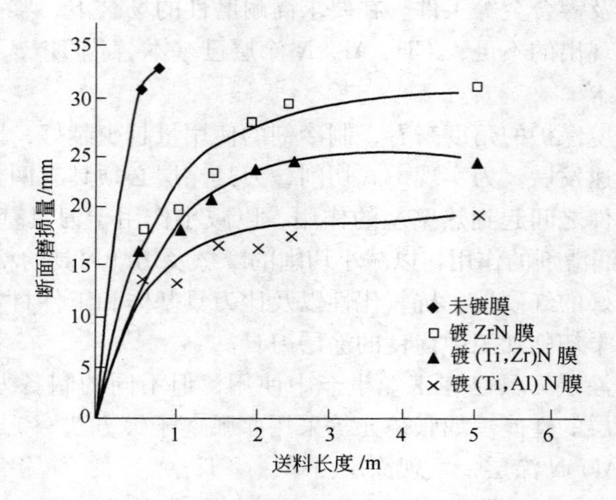

图 10-1　灰口铸铁铰刀的干切削结果

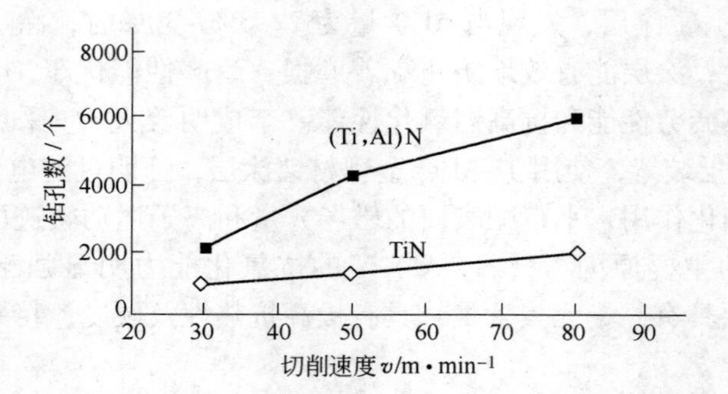

图 10-2　TiN 和（Ti，Al）N 涂层刀具的切削速度比较

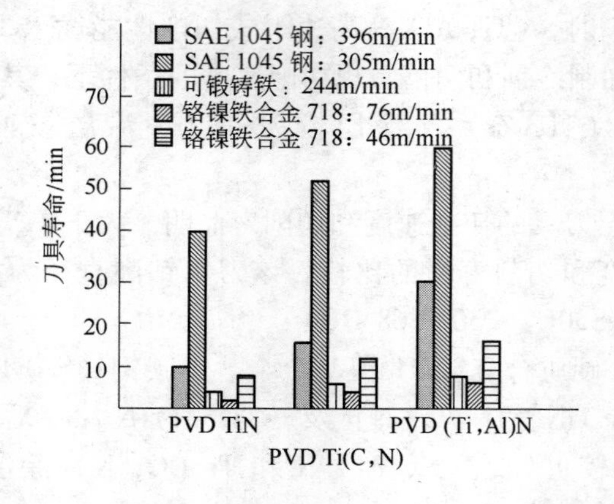

图 10-3　TiN、Ti（C，N）和（Ti，Al）N 涂层刀具的使用寿命

（Ti，Al）N 涂层是目前高速铣削淬硬模具钢较常用的理想刀具。由 VC-MD 型六齿（Ti，Al）N 铣刀高速铣削 AlSiH13/JISSKD61 淬硬模具钢（52 HRC）的数据比较见表 10-1[63,64]。

表 10-1 不同速度和冷却方式下（Ti，Al）N 铣刀铣削长度比较

铣削速度/m·min^{-1}	不同冷却方式下的铣削长度/m		
	风 冷	干切削	加切削液
157	300	300	200
314	300	150	50
471	300	200	50
628	150	120	30

分别用 VC-MD 型号（Ti，Al）N 涂层铣刀、TiN 涂层铣刀和未涂层铣刀高速铣削 AlSiH13/JISSKD61 模具钢（52HRC），其进给速度为 0.1mm/齿，轴向切深 10mm，径向切深 0.5mm，顺铣风冷。加工长度达 50m 后，刀具后刀面的磨损情况如图 10-4 所示。可以看出，TiN 涂层铣刀和未涂层铣刀在切削速度 $v=200$m/min 时磨损量已较大，切削速度继续增大时则出现剧烈的磨损；（Ti，Al）N 涂层铣刀的磨损曲线斜率较小，走势较平坦；其他两种刀具的磨损曲线斜率则较大。（Ti，Al）N 涂层随着切削速度的增加磨损量变化很小，非常适合高速切削。（Ti，Al）N 涂层刀具高速铣削模具钢时，主要磨损形式为微剥落，并伴随着少量划伤。（Ti，Al）N 较高的耐磨性主要是由于较低的摩擦系数以及与 Fe 极低的化学亲和力。磨痕表面略有 Al、O 富集，未发现其磨痕表面有 Fe 黏附，因为其与钢的黏附倾向很小[65,66]。

（Ti，Al）N 涂层铣刀低速铣削钛合金 Ti-6Al-4V 时，刀具磨损量很小，磨损曲线较平坦。随着切削速度不断增大，刀具磨损量缓慢增加。但当切削速度超过 10000r/min 后，刀具磨损量快速增加，如图 10-5 所示。切削热和机械振动是刀具失效的重要影响因素，断续切削钛合金材料产生的高温会使刀片的切削刃与其他部位之间产生较大温差，导致切削刃产生裂纹，裂纹的扩展将导致切削刃破裂及刀片破损。

涂层厚度（一般为 2~18μm）对于刀具性能具有重要影响。涂层厚度及层数主要取决于工况条件，层数越多，性能也不一定越优越。刀具涂层厚度过大会因处于高应力状态而变脆，导致使用寿命减少。对于冲击力较大、刀具快速冷却及加热的间断切削，薄涂层承受温度变化的性能优于厚涂层，其应力较小，不易产生裂纹，因此薄涂层刀片干式切削时的寿命可延长[67~69]。

对（Ti_{46}，Al_{54}）N 涂层硬质合金铣刀，涂层厚度为 3~10μm，硬度 1400~2400HV，铣削合金结构钢 42CrMo4V，$VB=0.2$mm，其铣刀性能如图 10-6 所示。

研究结果表明：涂层强度和硬度对切削性能均有影响，尤其是对于薄涂层。而对于厚度为 8~10μm 的涂层，强度和硬度对切削性能的影响不大。

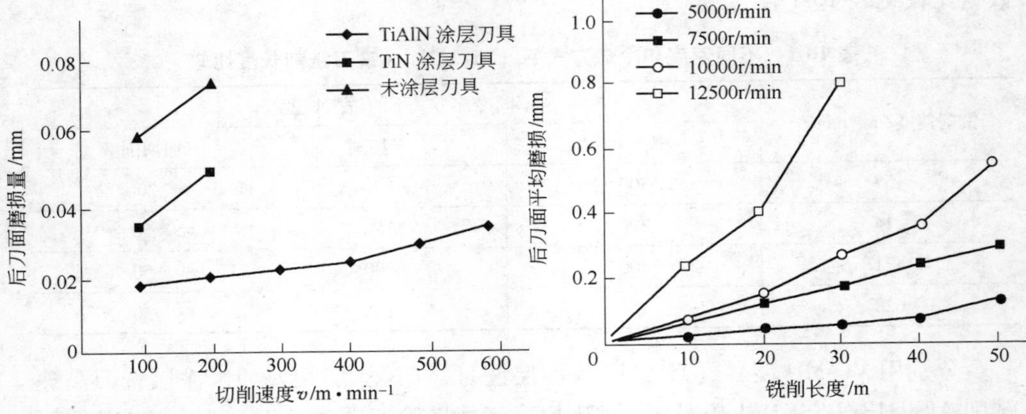

图 10-4　TiAlN 涂层铣刀与其他刀具磨损比较　　图 10-5　铣削速度与后刀面磨损关系曲线

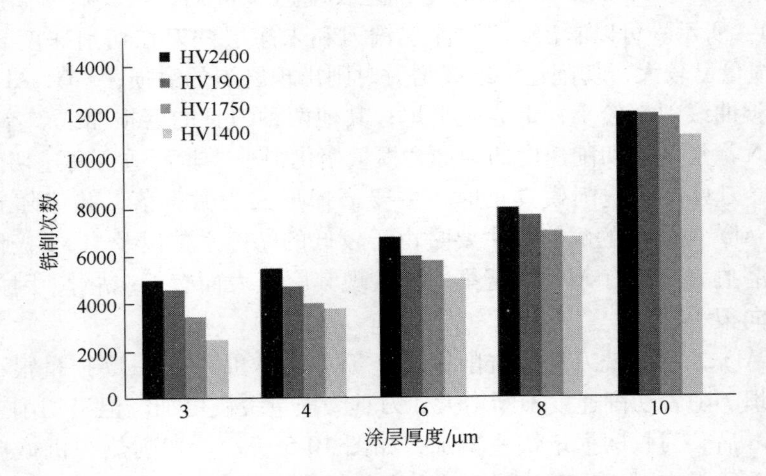

图 10-6　不同厚度及硬度的铣刀性能

当刀具涂层与基体具有一定的界面结合强度时，其涂层厚度对后刀面磨损有较大影响，增加涂层厚度有利于提高抗磨损能力，磨损主要取决于涂层本身的厚度。(Ti，Al) N 硬质合金铣刀以 $v=200$m/min 铣削 42CrMo4V 时，涂层厚度与后刀面磨损的关系如图 10-7 所示。由图可知，当涂层厚度为 3~6μm 时，厚度的变化对后刀面磨损的影响不明显；而厚度为 8~10μm 的涂层，其抗后刀面磨损能力显著增强。目前 AlTiN 涂层刀具的理想工作速度为 183~244m/min，主轴转速为 20000~40000r/min 或者更高，并且切削深度较浅。在这种工作条件下，生产效率较高，主轴所受压力较小，表面光洁，切屑较细，有利于带走较多的切削热。

高速切削镍基合金时，切削刃处的温度可能高达800℃，采用（Ti, Al）N 干式切削对镍基合金特别有利。涂层刀具在使用过程中的磨损形式主要表现为中速时的磨粒磨损和黏着磨损、高速时的扩散磨损和黏着磨损，最后失效形式多为刀刃微区剥离，其机理是涂层中、涂层间和基体内部的裂纹产生和扩展。涂层与基体以及层与层之间存在明显的界面，是涂层内应力的起源，这导致涂层的剥落与破损。

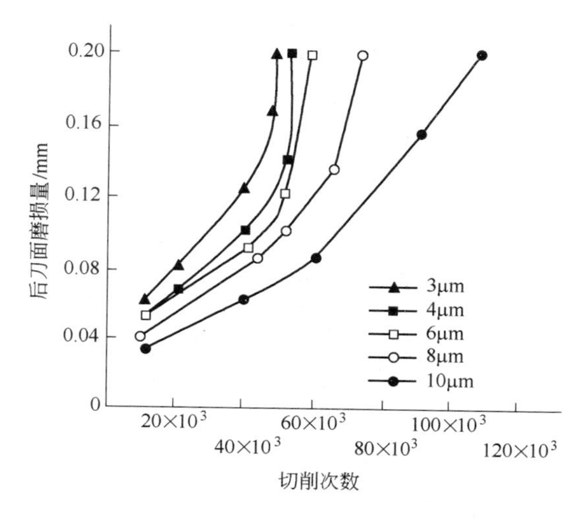

图 10-7　不同涂层厚度铣刀铣削时后刀面磨损

上海工具厂用离子镀膜机制备了（Ti, Al）N 涂层硬质合金钻头，并对其干式切削性能进行了分析。切削试验机床型号为 DECKEL MAHO 70V，用 Kistler 测力仪进行切削过程中的受力测定，整个试验是在无冷却、无润滑的情况下进行的钻头干式钻削。被切削材料为 45 钢，调质处理，硬度为 210~250HB。钻削过程中，孔深为 18mm、孔间距为 4mm，加工过程中，试件安装牢固，机床无震动。试验过程中各切削参数见表 10-2。

表 10-2　切削参数一览表

切削参数	切削速度 /m · min^{-1}	转速 /r · min^{-1}	进给量 /mm · r^{-1}	进给速度 /mm · min^{-1}	切削深度 /mm
数值 1	80	3184	0. 2	636. 8	18
数值 2	100. 48	4000	0. 2	800	18
数值 3	125. 6	5000	0. 2	1000	18
数值 4	150. 72	6000	0. 2	1200	18

刀具失效判断依据为钻尖后刀面磨损达 0. 25~0. 3mm 或切削刃破损，同时视具体情况而定。（Ti, Al）N 涂层切削过程中磨损小于 TiN 涂层，切削寿命高于

TiN 涂层。

切削过程中（Ti，Al）N 和 TiN 两种不同涂层刀具的切削寿命比较，如图 10-8 所示。从图可见，TiN 涂层刀具总共钻 61 孔，其中以 3184r/min 钻 51 孔，以 4000r/min 钻 10 孔后就失效。而（Ti，Al）N 涂层刀具总共钻 110 孔，其中以 3184r/min 钻 50 孔，以 4000r/min、5000r/min、6000r/min 各钻削 20 孔后失效。通过比较可看出，（Ti，Al）N 涂层刀具的切削寿命大大高于 TiN 涂层刀具，并且（Ti，Al）N 涂层刀具能够经受 5000r/min，6000r/min 的高速切削，而 TiN 涂层刀具在 4000r/min 的转速下就失效。

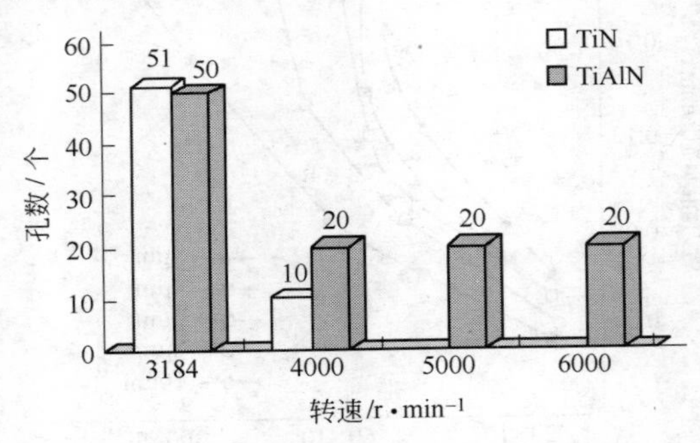

图 10-8 不同涂层的试验切削寿命比较

切削过程中两种刀具的切削磨损情况比较，如图 10-9 所示。在切削过程中，涂层刀具开始磨损急剧，然后趋于平缓，然后又急剧增大。（Ti，Al）N 涂层硬质合金钻头在切削过程中的耐磨性明显优于 TiN 涂层硬质合金钻头。TiN 涂层刀具在切削过程中磨损迅速，刚到磨损平缓区域就超出切削要求而失效，而（Ti，Al）N 涂层刀具磨损较 TiN 涂层刀具缓慢，经过平缓区域后才开始磨损加剧而失效。

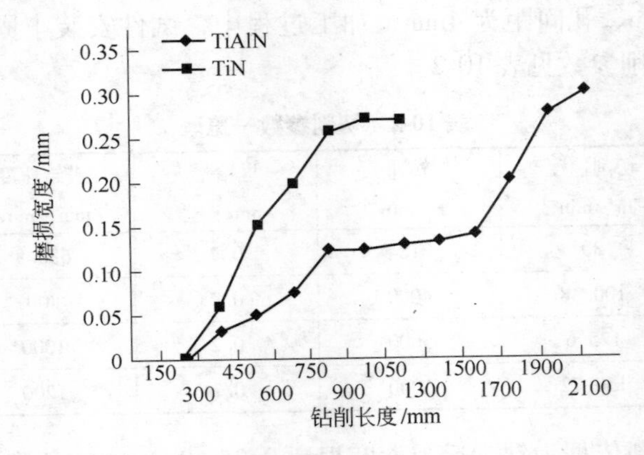

图 10-9 切削过程中前刀面的磨损曲线

采用多弧物理气相沉积技术研究了（Ti_{70}，Al_{30}）N 与 TiN 涂层刀具的切削耐用度对比试验。基体刀具使用 ϕ25.4mm×114.3mm 高速钢立铣刀（M7），加工材料为 15~5PH，其硬度为 30~32 HRC，切削速度 v 为 16.764m/min；进给量为 127mm/min。磨损量相同时切削长度分别为：未涂层刀具 1016mm；TiN 涂层刀具 1828.8mm，是未涂层的 1.8 倍；（Ti，Al）N 涂层刀具 2438.4mm，是未涂层刀具的 2.46 倍，是 TiN 涂层的 1.33 倍。同时相关试验也表明该厂已使用的（Ti，Al）N 涂层硬质合金刀具的使用寿命比未涂层硬质合金刀具提高 5~10 倍。

10.2.3 （Ti，Al）N 系涂层刀具的选用

目前在美、德、日等国家，（Ti，Al）N 涂层刀具占所用涂层刀具的 20 %左右，且有上升趋势。例如，美国 Kennametal 公司推出的 H7 刀片是（Ti，Al）N 涂层，是专为高速铣削合金钢、高合金钢和不锈钢等高性能材料而设计的。瑞士 Balzers 公司的 X. CEED 涂层也是一种单层（Ti，Al）N 涂层，具有优异的红硬性和抗氧化性，即使在恶劣条件下，涂层与基体仍具有良好的结合强度，因此可适用于断续切削加工方式，该类涂层可用于加工钛合金和铟铬镍合金等材料。三菱公司的 MIRACLE 涂层是含 Al 丰富的（Al，Ti）N 涂层，通过大幅提高涂层硬度和抗氧化性而实现了对淬火钢的直接加工。德国 Metaplas 公司开发的（Al，Ti）N-saturn 涂层组织细密，呈非柱状晶结构，表面几乎无“液滴”现象出现，*Ra* 值可小于 0.15μm，使用温度高于 900℃，适合于高速、干式切削加工。德国 CemeCon 公司采用高电离溅射技术获得先进的（Ti，Al）N 涂层，涂层与基体有极好的结合力，避免了采用多弧离子镀技术时蒸发材料在熔融状态以液滴的形式沉积于工作表面等缺陷，从而可获得表面非常光滑平整的涂层。该公司开发的 TiAlBN 涂层，通过硼含量的变化，在加工过程中产生了“实时”现象，即通过硼扩散，形成 BN、B_2N_3 等，从而得到了有利于切削加工的润滑涂层。此外，日立公司开发的 TiAlCN 涂层具有高韧性、高硬性、高抗热性、低摩擦系数等特性，适用于车、铣、滚齿、攻牙及冲压等工艺。

我国关于（Ti，Al）N 系涂层刀具也广泛应用，例如，株洲钻石切削刀具厂生产的 YBG120、YBG202、YBG302、YBG203 等系列牌号，基体材料为硬质合金材料，适合于各类材料的轻、中等载荷的车、铣削加工以及高温合金的精、半精加工等。

10.3 （Ti，X）N 系涂层刀具（X=Cr，Zr，Si 等）

（Ti，Cr）N 涂层是在 TiN 和 CrN 的基础上发展起来的多元刀具涂层，Cr 元素的加入使得刀具硬度提高到 3200HV 左右，而且有利于提高涂层/基体间的结合力，对（Ti，Cr）N 涂层的抗氧化性也有好处，在 700℃时刀具具有很好的抗氧化

性[70]。(Ti, Cr) N 涂层适合于硬质合金及高速钢刀具材料，用于铣削和车削加工，切削速度可达 400m/min 以上，应用空间巨大。

(Ti, Zr) N 系涂层集中了 ZrN 较高的红硬性及 ZrN 与 TiN 结构相似性的优势。Zr 和 Ti 是同族元素，可以完全互溶，固溶会引起晶格畸变形成能量势垒，出现残余应力，阻碍位错运动，从而使其硬度显著提高。一般说来，(Ti, Zr) N 涂层的硬度明显高于 (Ti, Al) N 涂层，可达到 3000 HV 以上，但其使用寿命低于 (Ti, Al) N 涂层，高于 TiN 涂层，所以在实际中应用较少。有相关实验研究证明，在相同切削条件下，未镀涂层高速钢刀具可钻 50 孔时，TiN 涂层刀具可钻 186 孔，(Ti, Zr) N 涂层可钻 210 孔，(Ti, Al) N 涂层刀具可钻 422 孔。

在 TiN 中加入 Si 元素形成 (Ti, Si) N 多元涂层，其抗高温氧化性较单涂层 TiN 明显提高。日本日立公司开发的适用于硬切削的 (Ti, Si) N 涂层具有 3600 HV 的硬度和 1100 ℃的开始氧化温度，使用寿命比 TiN 涂层刀具延长 3~5 倍。

10.4　(Ti, Al, X) N 系涂层刀具 (X=Cr, Zr, Si, Y 等)

向 (Ti, Al) N 中添加 Zr 元素形成的 (Ti, Al, Zr) N 涂层，其硬度进一步提高到 3500 HV 左右[71]。然而，加入 Zr 则会在高温下形成 ZrO，这妨碍致密氧化铝防护层的生成，因而降低其抗氧化性能。研究表明，(Ti, Al, Zr) N 涂层中形成了 (Ti, Zr) N、(Ti, Al) N、TiN、ZrN 等分离相，这些分离相形成的混晶与晶格畸变是导致涂层具有较高硬度的主要原因。

向 (Ti, Al) N 中添加 Cr、Y、Si 等元素可使涂层保持高硬度，而且有更好的抗氧化性能。例如，添加少量 Cr 和 Y 元素到 (Ti, Al) N 形成的 (Ti, Al, Cr, Y) N 涂层，可使氧化温度提高到 950℃；向 (Ti, Al) N 添加 Cr 形成的 (Ti, Al, Cr) N 涂层可使氧化温度提高到 900℃。当连续致密的保护性 Al_2O_3 涂层形成以后，Cr 元素能够提高抗氧化性能，使涂层表面在高温下形成 Cr_2O_3 等惰性金属氧化物和共价键 AlN，有利于涂层在高温下保持高的硬度、韧性和附着力[72]。

(Ti, Al, Cr) N 涂层的氧化增重结果，如图 10-10 所示，与 (Ti, Al) N 涂层相比，(Ti, Al, Cr) N 涂层具有更好的硬度和氧化阻力，从而具有更好的切削性能和更高的使用寿命，如图 10-11 所示。

肖继明等人[73,74]采用闭合场非平衡磁控溅射离子镀技术，在 M2 高速钢钻头基体温度小于 300 ℃条件下，沉积 Cr、Ti 和 Al 三种金属。钻削 45 钢、30CrMnSi 和 D406A 超高强度钢时，(Cr, Ti, Al) N 涂层高速钢钻头的寿命分别提高了大约 19 倍、15.2 倍和 6 倍。在干式切削条件下的钻削试验中，(Cr, Ti, Al) N 涂层可显著改善 M2 高速钢麻花钻的抗摩擦磨损性能，钻头寿命比未涂层钻头延长 17 倍。但随着被加工材料强度和硬度的提高，钻头寿命提高幅度逐渐下降，尤其是钻头重磨后下降幅度更大[75]，由此可见，(Cr, Ti, Al) N 涂层具有良好

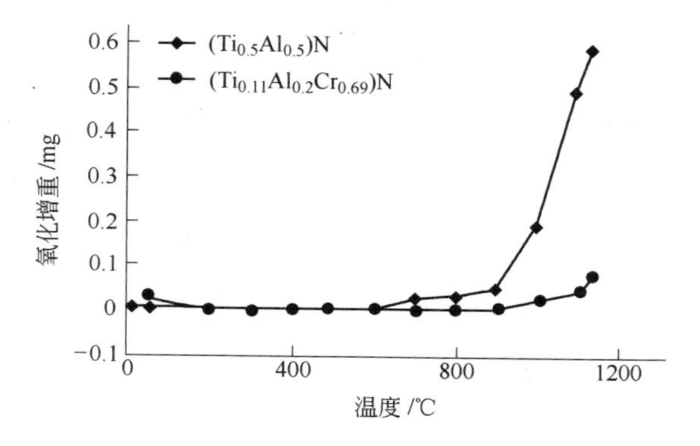

图 10-10 (Ti, Al) N 和 (Ti, Al, Cr) N 涂层的氧化增重曲线

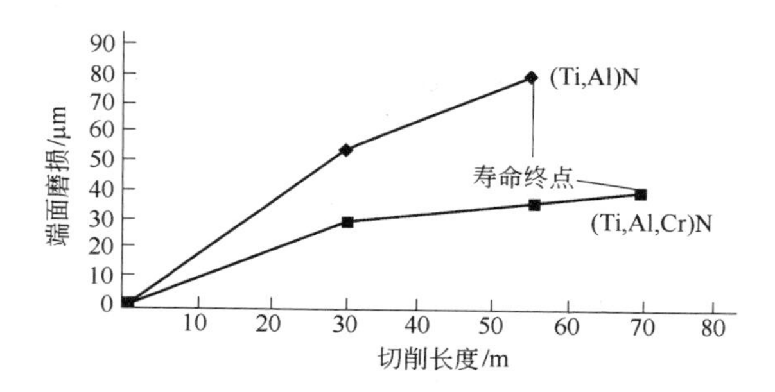

图 10-11 (Ti, Al) N 和 (Ti, Al, Cr) N 涂层的切削寿命比较

的切削性能。

向 (Ti, Al) N 中添加 Si 元素形成的 (Ti, Al, Si) N 涂层，氧化温度可提高到 1100℃，尤其在高速切削下，切削性能及耐磨性能明显高于 (Ti, Al) N 涂层。利用磁控溅射法及化学气相沉积法制备的 (Ti, Al, V) N 涂层，比 TiN 具有更高的硬度、耐磨性及耐蚀性能，其韧性也进一步得到改善。

目前，Teer 公司已经使用 (Ti, Al, Zr) N 涂层刀具和 (Ti, Al, Cr) N 涂层刀具用于对耐磨性和耐腐蚀性有较高要求的工件处理上。实践证明，(Ti, Al, Zr) N 涂层和 (Ti, Al, Cr) N 系涂层将有望代替 TiN、(Ti, Al) N、(Ti, Zr) N、(Ti, Cr) N 等，使刀具更适于高速切削、干式切削等恶劣的切削条件[76,77]。

10.5 其他非 Ti 基涂层刀具

瑞士 Balzers 公司开发出世界首创的新一代无钛涂层，即以 Cr 元素替代 Ti 元素形成的 (Al, Cr) N 涂层，称为 G6。新一代 (Al, Cr) N 基涂层的性能明显优于 Ti 基涂层，其出现将突破传统刀具涂层的性能局限，为金属切削刀具性能的跳跃式发展提供了可能。与传统的 TiN、Ti (C, N)、(Ti, Al) N 相比，(Al, Cr) N

基涂层具有更高的硬度 3200HV 及抗氧化性能，使用温度可达到 1000℃，可显著减小刀具的磨损和摩擦，切削速度可达 400m/min 以上，使用寿命均显著提高。即使在极高的热负荷加工条件下，仍能稳定地保持良好的整体性能，因而更适合断续切削和难加工材料的加工。该涂层不仅适合于精加工，也可用于粗加工，从某种角度而言，拓宽了涂层刀具的应用领域。采用（Al，Cr）N 配方的 BALIN1TALCRONA 涂层是 G6 涂层的首种产品。BALIN1TALCRONA 涂层铣刀和滚刀适用于非合金钢、高强度和高硬度钢的干式切削和湿式切削，也适合于高机械应力、高热应力的加工。

日立公司以 Cr 元素代替 Ti 元素，开发出具有润滑性的（Cr，Si）N 涂层及具有超强耐氧化性的（Al，Cr，Si）N 涂层，其更适合用于铝、不锈钢等黏附性强的材料加工。

11 多元多层复合涂层刀具切削性能

多元合金复合涂层与刀具基体在结构与性能上的匹配性相对一般，而且在涂层沉积或使用过程中，由于热膨胀系数和弹性模量的差异等原因，涂层刀具往往会出现过早失效。所以，制备高硬度、结合牢固的优异涂层应采取多层复合结构。

多元多层复合涂层是由依次沉积的多元硬质化合物构成的多层复合结构。根据不同涂层材料的性能和切削条件，涂覆不同的涂层组合，可获得单一涂层难以企及的优异切削性能，其广泛用作刀具涂层及其他抗高温、耐腐蚀的工具涂层。

多元多层复合涂层可分为两大类：

第一类是有限单层数的涂层。大多数多层涂层属于这一类，如 TiN/TiC/TiN、TiN/Ti(C,N)、TiN/(Ti,Al)N 等涂层。这种结构可中断各单层柱状晶的生长，并聚结不同的材料，其涂层刀具已经广泛应用。

第二类是纳米级的多层涂层。该涂层是由特征长度不大于 10nm 的相组成，并由不同材料相互交替沉积或结构交替变化而形成的涂层材料。每相邻的两层形成一个周期，称为调制周期或调制波长，其厚度用 Λ 表示。其特点是层数多，且各单层厚度极薄可达到纳米级，具有纳米尺寸效应。这种涂层是一种与各单层材料不直接相关的全新涂层，由于增加了大量界面、减小了晶粒尺寸、消除了孔隙，所以增加了涂层的硬度和韧性，而且相对低的残余压应力有利于提高涂层的附着力，从而使涂层的综合性能得到极大改善。通过选用不同的材料组合、改变调制周期和调制周期比，运用不同离子轰击偏压等沉积工艺可以制备出结构各异、性能优异的纳米多层涂层，以满足实际生产需要。

11.1 有限层数涂层刀具

11.1.1 双层涂层刀具

目前，国内外研究较多且有较好应用的是双层涂层刀具和层数在 3~7 之间的多层复合涂层刀具。

最早的双层涂层是 TiC/TiN 复合涂层，该涂层兼有 TiC 涂层的高硬度和高耐磨性，又有 TiN 涂层的良好化学稳定性和高抗月牙洼磨损性能。由于 TiC 的热膨胀系数比 TiN 更接近基体，涂层的残余应力较小，与基体结合牢固，并有较高的抗裂纹扩展能力，所以常用作多层涂层的底层。

由 TiN 和 Ti(C，N) 组成的多层涂层，主要用于高速切削刀具上，每层涂层厚为数微米。与单层 TiN 和 Ti(C，N) 涂层相比，TiN/Ti(C，N) 多层涂层能显著提高刀具的使用寿命、耐蚀性及抗开裂性等综合性能。例如，丝锥涂镀 TiCN/TiN 双层复合涂层后，攻削铸铁件螺孔，其攻丝效率平均提高 5.59 倍。又如，用 TiCN/TiN 双层复合涂层的高速钢钻头，钻削 40Cr 钢，其钻头的切削寿命比涂 TiN 的钻头平均提高 3 倍。

Al_2O_3涂层有很多优良的性能，但 Al_2O_3与基体刀具的结合强度较差，所以在基体上先沉积一层 TiC 或 TiN，如 TiC/Al_2O_3，TiN/Al_2O_3等，这可以改善 Al_2O_3 涂层的结合强度。瑞典山德维克公司的 GC3015，美国肯纳曼特公司的 KC910 和万耐特公司的 V01 等涂层刀片都是双涂层 TiC/Al_2O_3[78]。

刘建华、张卧波等人[79]采用多弧离子镀方法，在 YG6 和 YT14 硬质合金基体上沉积 ZrN/TiN 复合涂层，通过切削试验研究了 ZrN/TiN 涂层对硬质合金刀具切削性能的影响，并与未涂层刀具的切削效果进行了对比。研究结果表明：基体 YG6 和 YT14 涂层后，刀具的显微硬度分别可达到 2500HV 和 2800HV，涂层厚度分别为 1.5μm 和 3μm，涂层刀具的切削力降低约 20%，有效地缓解了硬质合金刀具的后刀面磨损，涂层刀具的磨损形式主要表现为磨料磨损和黏着磨损，提高了涂层刀具的耐磨损能力。

11.1.2 多层涂层刀具

三层涂层的组合方式很多，目前应用较多的有 TiC/Ti(C,N)/TiN、TiC/Ti(C,N)/Al_2O_3、TiC/TiN/Al_2O_3、TiC/Al_2O_3/TiN、TaC/TiC/TiN、TiN/TiC/TiN 及 Ti(C,N)/TiC/TiCN 等，其都是利用各个单涂层的优点，并根据不同的切削条件组合而成的。

最常见的是 TiC/Ti(C,N)/TiN 涂层，该涂层与 TiC/TiN 涂层类似，切削性能优于单层 TiC 和 TiN 涂层。大多数刀具涂层厂家都有这种组合方式的涂层牌号，如美国肯纳曼特公司的 CA9443、CA9721、KC210、KC250 等。

而瑞典山德维克公司的 GC415、美国肯纳曼特公司的 KC950 和万耐特的 SV3 都是 TiC/TiN/Al_2O_3涂层，TiC 涂层和外层的 Al_2O_3相结合，抗磨损能力优于 Si_3N_4，能显著减少月牙洼磨损，有良好的切削性能。

在 TiC/Ti(C，N)/TiN 涂层组合中再加入 Al_2O_3涂层，可成为更现代化的涂层刀具。如瑞典山德维克公司的 GC2015 牌号刀具是具有 Ti(C,N)-TiN/Al_2O_3-TiN 结构的复合涂层，其中底层的 Ti(C，N) 与基体的结合强度高，并具有良好的耐磨性。Al_2O_3/TiN 的多层结构既耐磨又能抑制裂缝的扩展，表面的 TiN 具有较好的化学稳定性，又易于观察刀具的磨损。

日本不二越公司开发出一种称为 SG 的新型涂层，其结构为 TiN/Ti(C，N)/Ti，涂层与基体结合强度高，表层为 Ti 系特殊涂层，具有极好的耐热性。瑞典 Seco 刀具公司应用新型 MT-CVD 工艺生产的 TP3000 刀片涂层，内层 Ti(C，N) 与基体有较强的结合力和强度，中间的 Al_2O_3作为一种有效的热屏障可允许有更高的切削速度，外层的 Ti(C，N) 保证抗前刀面和后刀面磨损能力，最外一薄层金黄色 TiN 层使得容易辨别刀片的磨损状态。

其他的多层涂层组合有如德国 Widia 公司的 TiC/Ti(C,N)/TiN/Al(O,N)/TiN 涂层；日本三菱金属公司生产的牌号为 U66 的 TiC/特殊陶瓷/Al_2O_3涂层；美国 VR Wesson 公司生产的牌号为 680 刀片的 TaC/TiC/Al_2O_3/TiN 组合涂层；奥地利 Tizit 金属加工公司生产的牌号为 Stamaster Sr17 刀片的 TiC/Ti(C,N)/TiN/陶瓷组合涂层等。

经过不同涂层体系和涂层厚度的组合，所制成的涂层刀具进行了综合性能比较试验。李成明等人[80]使用过滤电弧沉积 TiN/TiCrN/CrN/CrTiN 多层涂层，其可有效减少或消除大颗粒，因此可进行单层厚度小于 100 nm 的多层涂层的沉积。在调制周期大于 100nm 时，多层涂层的显微硬度符合 Hall-Petch 关系，在 80nm 时，则脱离线性关系。TiN/TiCrN/CrN/CrTiN 多层涂层的显微硬度在 Λ = 80nm 时，达到 2900HV，与 TiN/CrN 多层涂层在 Λ = 15 ~ 20nm 时的硬度值相同。这使高硬度的调制周期范围得到了扩展，对实际应用有重要意义。

黄元林[81]等人在 LF6 防锈铝的基体上采用多弧离子镀技术沉积了 Ti(C,N)/TiN/Ti(C,N)/TiN/Ti(C,N)/TiN 六层多元多层涂层，多元多层涂层的临界荷载为 79N，结合强度良好；显微硬度达 1911$HV_{0.1}$，与基体相比，其表面显微硬度提高了近 20 倍；耐磨性提高了 10 倍以上，但摩擦系数较高（μ=0.66），较高的摩擦系数对材料表面的减磨性是不利的。

成都工具研究所研究的多元多层复合涂层，是其完成国家科技攻关项目“新型涂层材料及其涂层工艺技术研究”制备的刀具。所用刀具及其几何参数见表 11-1[82]。

表 11-1 试验用刀具及其几何参数

刀具编号	刀具材料	涂层厚度/μm	刀具几何参数					
			γ_0/(°)	α_0/(°)	k_r/(°)	λ_s'/(°)	k_r'/(°)	α_0'/(°)
1号	TiC+TiCN+TiC+TiCN+TiC+TiCN+TiN	8	12	10	75	0	15	0
2号	TiC+TiCN+TiC+Al_2O_3+TiN	6	12	10	75	0	15	0
3号	TiC+TiCN+TiC+过渡层+Al_2O_3	4	12	10	75	0	15	0
4号	TiC+TiCN+TiC+TiCN+TiN	5	12	10	75	0	15	0
5号	未涂层刀具 YW1	—	5	10	75	−5	15	0
6号	未涂层刀具 YT15	—	12	10	75	0	15	0

注：涂层刀具结构为 4K12。

涂层刀具的切削力明显低于未涂层刀具，这是由于涂层刀具的涂层具有减少刀屑接触长度和减少切削过程中摩擦力的缘故。TiN 外层涂层刀具的切削力比 Al_2O_3外层涂层刀具的切削力低得多，Al_2O_3外层刀具（3 号刀具）的切削力甚至比未涂层刀具的切削力还要大。这是因为 TiN 涂层具有优良的润滑减磨性能和很好的化学稳定性，与氧化物粒子的黏着性较差，是一种理想的表层材料，其颜色美观，呈黄色，是一种优良的扩散屏障，能有效减缓刀具后刀面氧化磨损，适用于减轻摩擦磨损及抗腐蚀、冲蚀和剥落的场合；而 Al_2O_3 外层涂层刀具的减磨性能相对较差，其切削力测定值及回归计算结果见表 11-2 与表 11-3。

表 11-2　F_z 测定值

刀具编号	进给量 f/mm · r^{-1}					切削深度 a_p/mm			
	0.1	0.15	0.2	0.26	0.5	1	1.5	2	2.5
1 号	402	519	627	745	206	382	539	676	823
2 号	372	490	588	696	196	382	529	686	823
3 号	421	539	627	745	206	392	549	696	853
4 号	372	480	608	706	216	372	519	686	823
5 号	412	529	637	755	235	421	588	735	882

注：工件为 40Cr 棒料，硬度为 30～33HRC，切削条件为 $n=320$r/min，$a_p=1.0$mm，$D=95$mm，$f=0.1$mm/r，$D=95$mm。

表 11-3　切削力回归计算结果

刀具编号	F_z-a_p关系式	F_z-f关系式	F_z-a_p，f二元关系式
1 号	$376.8a_p^{0.858}$	$1785.4f^{0.655}$	$2251.1a_p^{0.858}f^{0.655}$
2 号	$369.8a_p^{0.889}$	$1682.4f^{0.653}$	$2273.4a_p^{0.889}f^{0.653}$
3 号	$383.0a_p^{0.877}$	$1638.8f^{0.589}$	$2262.7a_p^{0.877}f^{0.589}$
4 号	$378.9a_p^{0.835}$	$1781.8f^{0.681}$	$2287.4a_p^{0.835}f^{0.681}$
5 号	$418.1a_p^{0.820}$	$1838.7f^{0.659}$	$2302.1a_p^{0.820}f^{0.659}$

Al_2O_3次外层，TiN 外层组合的 2 号涂层刀具的切削力比其他 TiN 外层涂层刀具的切削力小，尤其是在小切削深度、大进给量条件下的切削力比其他刀具明显小，可见其减磨性能良好，TiN 韧性好，摩擦系数低，具有良好的抗黏着性能。Al_2O_3涂层是具有离子键的硬质化合物，强度高、导热率较低，可对硬质合金基体起到热屏蔽层作用，并使切削热更多地传递给切屑，具有较强的化学稳定性和较高的抗氧化、抗高温磨损性能。在高速、大进给量等产生大切削热的情况下，其优异性能可充分体现[83]。使用涂层刀具可大大改善刀具与工件间摩擦及刀具与切屑间摩擦，降低主切削力，3 号刀具的主切削力相对其他刀具要大一些。1 号和 4 号刀具依次沉积相互固溶的 TiC-TiN 硬质涂层，可以增加结合力和改善涂

层性能，并且韧性较好，适用于重载、半精加工及断续切削。2 号和 3 号刀具依次沉积彼此无交互作用的硬质涂层，每层都具有特定功能，适用于高速切削。

11.2 纳米级多层涂层刀具

随着纳米技术的发展和涂镀技术的进步，纳米刀具涂层材料也引起了广大研究者的关注。纳米级涂层主要有两种：纳米多层结构和纳米复合结构。纳米多层涂层一般由高层数的同种结构和化学键、相近原子半径及点阵常数的各单层材料组成，可得到与组成其各单层涂层性能差异显著的全新涂层。这是一种人为可控的一维周期结构，交替沉积单层涂层不超过 5~15nm。纳米多层涂层的高硬度主要是由于层内或层间位错运动困难所致，当涂层非常薄时，两层间的剪切模量不同，如果层间位错能量有较大差异，则层间位错运动困难，即位错运动的能量决定了超点阵涂层的硬度。

纳米多层涂层具有高硬度、高附着力和高耐磨性等优异特性。虽然纳米多层涂层达到了较高的硬度，但研究认为纳米多层涂层的性能与涂层的周期涂层厚度有很大关系，当在形状复杂的刀具或零件表面沉积纳米多层涂层时，很难控制各层的涂层厚度，同时在高温工作环境下各层间的元素相互扩散，也会导致涂层性能下降，而采用单层的纳米复合涂层能解决此类问题。

德国材料科学家 Veprek 等人根据 Koehler 的外延异质结构理论，提出了纳米复合超硬涂层的理论和设计概念，并在由等离子体增强化学气相沉积法制备的 Ti-Si-N（nc-TiN/a-Si_3N_4）系统中被证实，同时 nc-W_2N/a-Si_3N_4 和 nc-VN/a-Si_3N_4 也均表现出了良好的力学性能。以 nc-TiN/a-Si_3N_4 为代表的纳米复合超硬材料，以其优异的性能，如高硬度、高韧性及低的摩擦系数等，引起了人们的极大兴趣。用离子束沉积了 nc-TiN/a-Si_3N_4 纳米复合涂层，并系统研究其微观结构、表面形貌和力学性能。结果显示，Si 含量为 11.4% 时，复合涂层达到最大值 4200HV。Kim 等人研究了闭合场非平衡磁控反应溅射 TiAlSiN 涂层，其由纳米晶的(Ti,Al)N 和非晶态的 Si_3N_4 组成，显微硬度及弹性模量约为 4200HV 和 490 GPa。Nakonechan 等人用阴极弧 PVD 制备了(Ti,Si,Al)N 涂层，最大硬度 3800~3900HV。Ribeiro 等人研究了离子轰击对(Ti,Si,Al)N 涂层的影响，发现系统中存在(Ti,Al)N 和 SiN_x 相，并形成了 nc-TiN/a-Si_3N_4 复合纳米结构，增加离子轰击可使硬度从 3000HV 增大到 4500HV。

李戈扬、施晓蓉[84]通过双靶轮流反应溅射的工艺方法研究了 TiN/AlN 纳米混合涂层微结构及力学性能。TiN 为金属键化合物，具有较高的硬度，是一种应用广泛的硬质涂层材料；AlN 为共价键化合物，有六方以及面心立方的亚稳态两种晶形，具有较好的高温和化学稳定性，在空气中温度为 1000℃ 以及在真空中温度达到 1400℃ 时仍可保持稳定。TiN 和 AlN 两材料弹性模量相差较大，根据 Koehler 的理论，由两种模量相差大的材料制成的多层涂层可获得较高的力学性能。

(Ti,Al)N 涂层可与其他涂层配合组成多元多层复合涂层，目前(Ti,Al)N/Al_2O_3多层 PVD 涂层也已成功应用，这种刀具的涂层硬度可达 4000HV，涂层数为 400 层，厚度为 5nm，切削性能优于 TiC/Al_2O_3/TiN 涂层刀具[85]。

近些年，Ti/TiN、TiN/(Ti,Al)N、TiN/Ti(C,N)及 TiN/CrN 等涂层已在世界发达国家中逐渐实现了商业化，并广泛应用于刀具和模具的耐磨涂层，使用寿命提高了近 10 倍。TiN/TiC 多层涂层和 TiN/CrN 多层涂层已证明是目前最佳的轴承耐磨涂层。

日本住友公司开发的 AC105G 和 AC110G 等牌号的 ZX 涂层是一种 TiN 与 AlN 交替的纳米多层涂层，层数可达 2000 层，每层厚度约为 1nm。这种新涂层与基体结合强度高，涂层硬度接近 CBN，抗氧化性能好，抗剥离性强，而且可显著改善刀具表面粗糙度，其寿命是 TiN、(Ti,Al)N 涂层的 2~3 倍。瑞士 Balzers 公司开发应用的 FUTUNA NANO 和 FUTUNA TOP 是两种(Ti,Al)N 纳米多层涂层，最新的技术可达到上百层，涂层硬度平均为 3300HV，开始氧化温度为 900℃。瑞士 Platit 公司开发纳米多层涂层，以 AlN 作为主层，TiN-CrN 为中间层，两者相互交替形成多层结构。试验表明，当周期为 7 nm 时涂层的硬度达到最高，约 4500HV。该公司利用 LARC ® （Lateral Rotating ARC-Cathodes）技术开发的新一代 nc-(Ti,Al)N/(a- Si_3N_4)纳米复合涂层是在强等离子体作用下，厚度为 3nm 的(Ti,Al)N 晶体被镶嵌在非晶态的 Si_3N_4 体内，这种结构使涂层硬度可达到 5000HV，且高温硬度更加突出，当温度达到 1200℃时，其硬度值仍可保持在 3000HV。2003 年，该公司的 nACoR 纳米结构涂层达到工业应用水平。

日立公司最近也开发了采用纳米结晶材料组成的 TH 涂层（TiSiN），其实现了耐高温和高硬度性，从预硬钢到淬火钢的高速切削加工有显著的优越性，加工效率提高 2 倍以上。与常用涂层相比，由于耐高温，所以更适合于铣削加工。同时，日立公司还开发了纳米结构 CS 涂层（CrSiN），其适用于软钢的加工领域。三菱综合材料神户工具生产的“IMPACT MIRACLE 立铣刀”，采用先进的单相纳米结晶(Al,Ti,Si)N 涂层，氧化温度达到了 1300℃，与基材的结合力达 100N，在加工 60HRC 左右的高硬度材料时，可大幅延长刀具寿命。

Cemecom 公司新的纳米结构 Supernitrides 涂层成分中含有可生成不同氧化物的高含量元素。这类涂层将硬质涂层卓越的抗磨损性能及传统的氧化涂层所具有的化学稳定性完美结合起来，在应用中表现出极佳的热稳定性及化学稳定性。涂层的形态及构成，如铝含量、结构、表面光洁程度等可根据应用的需要进行最佳设计。对多种不同的被加工材料，如 CGI、42CrMo4、铸铁及工具钢等，进行钻削、铣削、滚削和车削加工测试的结果证实了 Supernitrides 涂层的优越性能。

12 刀具涂层制备技术

12.1 真空镀涂层技术概述

真空镀涂层技术是真空应用领域的一个重要方面，它是以真空技术为基础，利用物理或化学方法，并吸收电子束、分子束、离子束、等离子束、射频和磁控等一系列新技术，为科学研究和实际生产提供涂层制备的一种新工艺。简单地说，在真空中把金属、合金或化合物进行蒸发或溅射，使其在被涂覆的物体（称基板、基片或基体）上凝固并沉积的方法，称为真空镀涂层。

众所周知，在某些材料的表面上，只要镀上一层涂层，就能使材料具有许多新的、良好的物理和化学性能。20 世纪 70 年代，在物体表面上镀涂层的方法主要有电镀法和化学镀法。前者是通过通电，使电解液电解，被电解的离子镀到作为另一个电极的基体表面上，因此这种镀涂层的条件，基体必须是电的良导体，而且涂层厚度也难以控制。后者是采用化学还原法，必须把涂层材料配制成溶液，并能迅速参加还原反应，这种镀涂层方法不仅涂层的结合强度差，而且镀涂层既不均匀也不易控制，同时还会产生大量的废液，造成严重的污染。因此，这两种被人们称之为湿式镀涂层法的镀涂层工艺受到了很大的限制[86,87]。

真空镀涂层技术则是相对于上述的湿式镀涂层方法而发展起来的一种新型镀涂层技术，通常称为干式镀涂层技术。真空镀涂层技术与湿式镀涂层技术相比较，具有下列优点：

（1）涂层和基体选材广泛，涂层厚度可进行控制，以制备具有各种不同功能的功能性涂层。

（2）在真空条件下制备涂层，环境清洁，涂层不易受到污染，因此可获得致密性好、纯度高和涂层均匀的涂层。

（3）涂层与基体结合强度好，涂层牢固。

（4）干式镀涂层既不产生废液，也无环境污染。

真空镀涂层技术主要有真空蒸发镀、真空溅射镀、真空离子镀、真空束流沉积、化学气相沉积等多种方法。除化学气相沉积法外，其他几种方法均具有以下的共同特点：

（1）各种镀涂层技术都需要一个特定的真空环境，以保证制涂层材料在加热蒸发或溅射过程中所形成蒸气分子的运动，不致受到大气中大量气体分子的碰撞、阻挡和干扰，并消除大气中杂质的不良影响。

（2）各种镀涂层技术都需要有一个蒸发源或靶子，以便把蒸发制涂层的材料转化成气体。目前，由于源或靶的不断改进，大大扩大了制涂层材料的选用范围，无论是金属、金属合金、金属间化合物、陶瓷或有机物质，都可以蒸镀各种金属涂层和介质涂层，而且还可以同时蒸镀不同材料而得到多层涂层。

（3）蒸发或溅射出来的制涂层材料，在与待镀的工件生成涂层的过程中，对其涂层厚度可进行比较精确的测量和控制，从而保证涂层厚度的均匀性。

（4）每种涂层都可以通过微调阀精确地控制镀涂层工作室中残余气体的成分和含量，从而防止蒸镀材料的氧化，把氧的含量降低到最小的程度，还可以充入惰性气体等，这对于湿式镀涂层而言是无法实现的。

（5）由于镀涂层设备的不断改进，镀涂层过程可以实现连续化，从而大大地提高产品的产量，而且在生产过程中对环境无污染。

（6）由于在真空条件下制涂层，所以涂层的纯度高、密实性好、表面光亮不需要再加工，这就使得涂层的力学性能和化学性能比电镀涂层和化学涂层好。

早在20世纪初，美国大发明家爱迪生就提出了唱片蜡涂层采用阴极溅射进行表面金属化的工艺方法，并于1930年申报了专利，这便是涂层技术在工业应用的开始。但是，这一技术当时因受到真空技术和其他相关技术发展的限制，其发展速度较慢。直到20世纪40年代，这一技术在光学工业中才得到了迅速的发展，并且逐渐形成了涂层光学，成为光学领域的一个重要分支。

真空镀涂层技术在电子学等方面开始主要用来制造电阻和电容元件。但是，随着半导体技术在电子学领域中的大量应用，真空镀涂层技术就成了晶体管制造和集成电器生产的必要工艺手段。

尽管电子显微镜能揭开微观世界的奥秘，但其标本必须经过真空镀涂层处理才能观察。激光技术的心脏——激光器，需要镀上精密控制的光学涂层才能使用。所以，太阳能的利用也与真空镀涂层技术息息相关。

用真空镀涂层技术代替传统的电镀工艺，不但能节省大量的涂层材料并降低能耗，而且还会消除湿法镀涂层产生的环境污染。因此，在国外已经大量使用真空镀涂层来代替电镀，为钢铁零件涂覆防腐层和保护涂层，冶金工业也用来为钢板加镀铝防护层。

塑料涂层采用真空镀涂层技术加镀铝等金属涂层，再进行染色，可得到用于纺织工业中的金银丝等制品，或用于包装工业中的装饰品。

在建筑工业上，采用建筑玻璃镀涂层已经十分盛行。这种涂层不但可以美化和装饰建筑物，而且可以节约能源，这是因为在玻璃上镀反射涂层，可以使低纬地区的房屋避免炎热的阳光直射室内，从而节约了空调费用；玻璃上镀滤光涂层和低辐射涂层，可使阳光射入，而作为室内热源的红外辐射又不能通过玻璃辐射出去，这在高纬地区也可达到保温节能的目的。

近些年来，随着真空镀涂层技术由过去传统的蒸发镀和普通的二级溅射镀，发展为磁控溅射镀、离子镀、分子束外延和离子束溅射等一系列新的镀涂层工艺，几乎任何材料都可以通过真空镀涂层的方法，涂覆到其他材料的表面上，这就为真空镀涂层技术在各种工业领域中的应用，开辟了更加广阔的道路[88~91]。

12.2 真空镀涂层技术分类

真空镀涂层技术一般分为两大类，即物理气相沉积（PVD）技术和化学气相沉积（CVD）技术。

物理气相沉积技术是指在真空条件下，利用各种物理方法，将镀料气化成原子、分子或使其离化为离子，直接沉积到基体表面上的方法。制备硬质反应涂层大多以物理气相沉积方法制得，它利用某种物理过程，如物质的热蒸发，或受到离子轰击时物质表面原子的溅射等现象，实现物质原子从源物质到涂层的可控转移过程。物理气相沉积技术具有涂层/基体结合力好、涂层均匀致密、涂层厚度可控性好、应用的靶材广泛、溅射范围宽、可沉积厚涂层、可制取成分稳定的合金涂层和重复性好等优点。同时，物理气相沉积技术由于其工艺处理温度可控制在500℃以下，因此可作为最终的处理工艺用于高速钢和硬质合金类的涂层刀具上。由于采用物理气相沉积工艺可大幅度提高刀具的切削性能，人们在竞相开发高性能、高可靠性设备的同时，也对其应用领域的扩展，尤其是在高速钢、硬质合金和陶瓷类刀具中的应用进行了更加深入的研究。

化学气相沉积技术是把含有构成涂层元素的单质气体或化合物供给基体，借助气相作用或基体表面上的化学反应，在基体上制出金属或化合物涂层的方法，主要包括常压化学气相沉积、低压化学气相沉积和兼有CVD和PVD两者特点的等离子化学气相沉积等。

12.2.1 真空蒸发镀技术

真空蒸发镀技术是利用物质在高温下的蒸发现象，以制备各种涂层材料。其镀涂层装置，主要包括真空室、真空系统、蒸发系统和真空测控设备，其核心部位是蒸发系统，尤其是加热源。

根据热源的不同，真空蒸发镀可简单分为以下几种方法：

（1）电阻加热法：让大电流通过蒸发源，加热待镀材料使其蒸发。对蒸发源材料的基本要求是：高熔点、低蒸气压、在蒸发温度下不与涂层材料发生化学反应或互溶、具有一定的机械强度、且高温冷却后脆性小等性质。常用的蒸发源材料是钨、钼和钽等高熔点金属材料。按照蒸发源材料的不同，可以制成丝状、带状和板状等。

（2）电子束加热法：用高能电子束直接轰击蒸发物质的表面使其蒸发。由于直接对蒸发物质中加热，避免了蒸发物质与容器的反应和蒸发源材料的蒸发，故可以制备高纯度的涂层。这种加热方法一般用于电子元件和半导体用的铝和铝合金。另外，用电子束加热还可以使高熔点金属（如 W、Mo、Ta 等）熔化和蒸发。

（3）高频感应加热法：在高频感应线圈中放入氧化铝和石墨坩埚，将蒸镀的材料置于坩埚中，通过高频交流电使材料感应加热而蒸发。这种方法主要用于铝的大量蒸发，得到的涂层纯净而且不受带电粒子的损害。

（4）激光蒸镀法：采用激光照射在涂层材料的表面，使其加热蒸发。由于不同材料吸收激光的波段范围不同，因而需要选用相应的激光器。例如，用 CO_2 连续激光加热 SiO、ZnS、MgF_2、TiO_2、Al_2O_3 和 Si_3N_4 等涂层材料；用红宝石脉冲激光加热 Ge、GaAs 等涂层材料。由于激光功率很高，所以可蒸发任何能吸收激光光能的高熔点材料，蒸发速率极高，制得的涂层成分几乎与涂层材料成分一样。

12.2.2 真空溅射镀技术

溅射镀技术是利用带电荷的离子在电场中加速后具有一定动能的特点，将离子引向将被溅射的物质做成的靶电极上，在离子能量合适的情况下，入射离子在靶表面原子的碰撞过程中，将靶材物质溅射出来。这些被溅射出来的原子带有一定的动能，并且会沿着一定方向射向基体，从而实现涂层的沉积。具体原理是，以镀涂层材料为阴极，以工件（基板）为阳极，在真空条件下，利用辉光放电，使通入的氩气电离。氩离子轰击靶材，产生阴极溅射效应，靶材原子脱离靶表面后飞溅到基板上形成涂层。为了提高氩气碰撞和电离的几率，从而提高溅射的速率，多种强化放电过程的技术方法被开发和应用。根据其特征，溅射法可以分为直流溅射、磁控溅射、反应溅射和射频溅射四种。另外，利用各种离子束源也可以实现涂层的溅射沉积。

利用溅射法不仅可以获得纯金属涂层，也可以获得多组元涂层。获得多组元涂层的方法主要有以下三种：

（1）采用合金或化合物靶材。采用合金或复合氧化物制成的靶材，在稳定放电状态下，可使各种组分都发生溅射，得到与靶材的组成相差较小的涂层。

（2）采用复合靶材。采用两个以上的单金属复合而成，可以有多种形状。

（3）采用多靶材。采用两个以上的靶材并使基板进行旋转，每一层约一个原子厚，经过交互沉积而得到的化合物涂层。

真空溅射技术可以用来制备耐磨、减磨、耐热和抗蚀等表面强化涂层、固体润滑涂层以及电、磁、声和光等功能涂层等。例如，采用 Cr 和 Cr-CrN 等合金靶材或镶嵌靶材，在 N_2 和 CH_4 等气氛中进行反应溅射镀涂层；可以在各种工件上镀 Cr、CrC 和 CrN 等镀层；用 TiN 和 TiC 等超硬镀层涂覆刀具和模具等表面，摩擦系数小，化学稳定性好，具有优良的耐热、耐磨、抗氧化和耐冲击等性能，既可以提高刀具和模具的工作特性，又可以提高其使用寿命，一般可使刀具寿命提高 3~10 倍；另外，TiN，TiC 和 Al_2O_3 等涂层化学性能稳定，在许多介质中具有良好的耐蚀性，可以作为保护涂层。在高温、低温、超高真空和射线辐照等特殊条件下工作的机械部件，不能用润滑油，只有用软金属或层状物质等固体润滑剂，而采用溅射法制取 MoS_2 涂层及聚四氟乙烯涂层却十分有效。虽然 MoS_2 涂层可用化学反应镀涂层法制备，但是溅射镀涂层法得到的 MoS_2 涂层致密性更好，结合性能更优良。溅射法制备的聚四氟乙烯涂层的润滑特性不受环境温度的影响，可长期在大气环境中使用，是一种很有发展前途的固体润滑剂，其使用温度上限为 50℃，低于−260℃时，才失去润滑性。

与真空蒸镀法相比，阴极溅射有如下特点：

（1）结合力高。由于沉积到基体上的原子能量，比真空蒸发镀涂层高 1~2 个数量级，而且在镀涂层过程中，基体暴露在等离子区中，基体经常被清洗和激活，因此涂层与基体的结合力强。

（2）涂层厚度可控性和重复性好。由于放电电流及弧电流可以分别控制，因此涂层厚度的可控性和重复性较好，并且可以在较大的表面上获得厚度均匀的涂层。

（3）可以制造特殊材料的涂层。几乎所有的固体材料都能用溅射法制成涂层，靶材可以是金属、半导体、电介质及多元素的化合物或混合物，而且不受熔点的限制，可以溅射高熔点金属镀涂层。另外，溅射制涂层还可以用不同的材质同时溅射制造混合体涂层。

（4）易于制备反应涂层。如果溅射时通入反应气体，使真空室内的气体与靶材发生化学反应，这样可以得到与靶材完全不同的物质涂层。例如，利用硅作为阴极靶，氧气和氩气一起通入真空室内，通过溅射就可以得到 SiO_2 绝缘涂层；利用钛作阴极靶，将氮气和氩气一起通入真空室，通过溅射就可以获得 TiN 硬质涂层或仿金涂层。

（5）容易控制涂层的组成。由于溅射时氧化物等绝缘材料与合金几乎不分解和不分馏，所以可以制造氧化物绝缘涂层和组分均匀的合金涂层。

12.2.3 真空离子镀技术

真空离子镀涂层技术是近十几年来，结合了蒸发和溅射两种涂层沉积技术而发展起来的一种物理气相沉积方法。最早由美国 SANDIN 公司的 MO-TTOX 创立，并于 1967 年在美国获得了专利权。该技术是在真空条件下，利用气体放电使气体或被蒸发物质部分离化，在气体离子或被蒸发物质离子轰击作用的同时，把蒸发物质或其反应物沉积在基体上。离子镀技术把气体的辉光放电技术、等离子体技术和真空蒸发镀涂层技术结合在了一起，这不仅明显提高了涂层的各种性能，而且大大扩充了镀涂层技术的应用范围。这种镀涂层技术由于在涂层的沉积过程中，基体始终受到高能离子的轰击而十分清洁，因此它与蒸发镀涂层和溅射镀涂层相比较，具有一系列的优点，所以这一技术出现后，立刻受到了人们极大地重视。

虽然，这一技术在我国于20世纪70年代后期才开始起步，但是其发展速度很快，目前已进入了实用化阶段。随着科学技术的进一步发展，离子镀涂层技术将在我国许多工业部门中得到更加广泛的应用，其前景十分可观。

离子镀涂层技术的沉积原理可以简单描述为：当真空室的真空度为10^{-4}Pa（10^{-6}托）左右以后，通过充气系统向室内通入氩气，使其室内的压强达到1~10^{-1}Pa。这时，当基体相对蒸发源加上负高压之后，基体与蒸发源之间形成一个等离子区。由于处于负高压的基体被等离子所包围，不断地受到等离子体中的离子冲击，因此它可以有效地消除基体表面吸收的气体和污物，使成涂层过程中的涂层表面始终保持着清洁状态。与此同时，涂层材料蒸气粒子由于受到等离子体中正离子和电子的碰撞，其中一部分被电离成正离子，正离子在负高压电场的作用下，被吸引到基体上镀涂层。

同真空蒸镀技术一样，涂层材料的汽化有电阻加热、电子束加热和高频感应加热等多种方式。以汽化后的粒子被离化的方式而言，既有施加电场产生辉光放电的气体电离型，也有射频激励的离化型；以等离子体是否能直接利用而言，又有等离子体法和离子束法等；如果将这些方式组合起来，就有电阻源离子镀涂层、电子束离子镀涂层和射频激励离子镀涂层等诸多方法。

真空离子镀技术除了兼有真空蒸镀和真空溅射的优点外，还具有如下几个突出的优点：

（1）附着力好。涂层不易脱落，这是因为离子轰击会对基体产生溅射作用，使基体不断地受到清洗，从而提高了基体的附着力。同时，由于溅射作用使基体表面被刻蚀，从而使表面的粗糙度有所增加。离子镀层附着力好的另一个原因是轰击的离子携带的动能变为热能，从而对基体表面产生了一个自加热效应，这就提高了基体表面层组织的结晶性能，进而促进了化学反应和扩散作用。

（2）绕射性能良好。由于蒸镀材料在等离子区内被离化成正离子，这些正离子随着电力线的方向而终止在具有负偏压基体的所有部位上。此外，由于蒸镀材料在压强较高的情况下（不低于1.33322Pa，10^{-2}托），其蒸气的离子或分子在到达基体以前的路径上，将受到本底气体分子的多次碰撞，因此可以使蒸镀材料散射在基体的周围。基于上述两点，离子镀涂层可以把基体的所有表面，即正面、反面、侧面甚至基体的内部，均可镀上一层涂层，这一点是蒸发镀涂层无法做到的。

（3）镀层质量高。由于所沉积的涂层不断地受到阳离子的轰击，从而引起了冷凝物发生溅射，致使涂层组织致密。

（4）工艺操作简单。镀涂层速度快，可镀制原涂层。

（5）可镀材质广泛。可以在金属或非金属表面上镀制金属或非金属材料，如塑料、石英、陶瓷和橡胶等材料，以及各种金属合金和某些合成材料、热敏材料和高熔点材料等都能镀覆。

（6）沉积效率高。一般说来，离子镀沉积几十纳米至微米量级厚度的涂层，其速度较其他方法要快。

离子镀是具有很大发展潜力的沉积技术，是真空镀涂层技术的重要分支。而且，这一技术出现后，立即受到了人们极大的重视，并在国内外得到了迅速的发展。但是，它仍有不足之处。例如，目前用离子镀对工件进行局部镀覆还有一定难度；对涂层厚度还不能直接控制；设备费用也较高，操作也较复杂等[92~94]。

12.2.4 束流沉积技术

束流沉积技术主要包括离子束沉积技术和分子束外延技术。

12.2.4.1 离子束沉积技术

离子束沉积技术可分为两种：一种是从等离子体中引出离子束轰击沉积靶面材料，然后将溅射出来的粒子沉积在基体上，称之为离子束溅射沉积；另一种是直接把沉积原子电离，然后把离子直接引向基体上沉积成涂层，离子能量通常只有10~100eV，其溅射和辐射损伤效应均可忽略不计，这种称为原离子束沉积。

虽然第一种方法可以归入溅射沉积的类型，但这两种方法的特点是沉积过程可以在高真空和超高真空中实现，因此基体和涂层的杂质和污点明显降低；同时由于没有高能电子的轰击，在不附加冷却系统的情况下，基体就可以保持低温，这正是LST和VLSI所需要的低温工艺，通过控制得到高质量的涂层，是原离子束无掩涂层的直接沉积，并可以实现多元素的同时沉积，且重复性颇佳。所以，在大规模集成电路中，离子束沉积技术是重点开发技术之一。它的主要特点是沉积速率和自溅射效应低，特别在大面积和均匀性两者之间难以兼得，其关键就在于研制大面积、分布均匀和高密度的离子来源。离子束沉积物理学即离子束沉积本质包括：沉积材料在沉积室（镀涂层室）不是在高真空下被蒸发，但压强是在MH9范围之内266.644kPa（2×10^3托）；在蒸发的同时，加于基体上的负电压能够提供结合力极好且不疏松的沉积涂层。

离子束沉积的一个突出优点是在基体所有面上都能得到结合力好的沉积涂层，而通常的蒸发镀要在很高的真空环境下才可制取到满足要求的沉积涂层。其涉及的因素是一些蒸发材料在等离子区被离化，这些正离子在电场作用下而终止在偏压基体所有的面上，即沉积在基体的正面、反面，甚至基体的内部。然而，理论和实践都表明，在等离子区中离化率的程度很低。如果在离子沉积中也用等离子体，则沉积材料的主要部分与其说是离子，不如说是中性的粒子。

在离子束沉积过程中，对沉积速率影响最大的是气体散射。这就必须讨论在沉积过程中，周围气体压强对离子束沉积涂层的影响因素。通常至少有三点：首先，是高能蒸气原子对周围气体分子的碰撞，其减少了沉积原子的平均能量，这将降低涂层的质量；其次，在基体上存在的污染气体将限制涂层的结合力及沉积原子移向基体周围的能力；第三点甚至是更严重的，是沉积气体原子的碰撞影响了沉积材料的凝聚，这些到达基体的沉积原子当凝聚时便引起非黏附的颗粒涂层，它们的形成多数是无用的。

12.2.4.2 分子束外延技术

分子束外延技术是20世纪70年代国际上迅速发展的一项新技术，它是在真空蒸发工艺基础上发展起来的一种外延生长单晶涂层的新方法。1969年，美国的贝尔实验室和IBM对分子束外延技术进行了研究。此外，英国和日本也随后对其进行了研究，我国则始于1975年。目前，分子束外延设备及工艺已日趋完善，已由初期较简单的实验设备发展到今天具有多种功能的系列商品。而我国自从第一台分子束外延设备研制成功后，随后又研制成功了具有独立束源快速换片型分子束外延设备，它是研究固体表面的重要手段，也是发展新材料和新器件的有力工具。与真空蒸发镀涂层技术类似，分子束外延技术是在超高真空条件下，构成晶体的各个组分和掺杂原子以一定速度的热运动，按照一定比例喷射到热衬底上进行晶体外延生长单晶涂层的方法。

该方法与其他液相和气相外延生长方法相比较，具有如下特点：

（1）生长温度低，可以做成突变结，也可以做成缓变结。

（2）生长速度慢，可以任意选择，可以生长超薄且平整的涂层。

（3）在生长过程中，可以同时精确地控制生长层的厚度、组分和杂质的分布，结合适当的技术，可以生长二维和三维图形结构。

（4）在同一系统中，可以原位观察单晶涂层的生长过程，进行结晶和生长的机制的分析研究，也避免了大气污染的影响。

综上所述，由于这些特点，使得这一新技术得到迅速发展。它的研究领域广泛，涉及半导体材料、器件、表面和界面等方面，并取得显著的进展。而分子束外延设备综合性强、难度大，涉及超高真空、电子光学、能谱、微弱讯号检测及精密机械加工等现代技术。分子束外延技术实质上是超高真空技术、精密机械以及材料分析和检测技术的有机结合体，其中的超高真空技术是它的核心部分。因此，无论是国产或是进口设备，在这方面都十分考究。

12.2.5 化学气相沉积技术

前面叙述的镀涂层技术属于物理气相沉积，即 PVD 技术。以下讨论使用加热等离子体和紫外线等各种能源，使气态物质经过化学反应生成固态物质，并沉积在基体上的方法，这种方法称为化学气相沉积技术，简称 CVD 技术。

12.2.5.1 化学气相沉积技术原理

CVD 技术原理是建立在化学反应基础上，利用气态物质在固体表面上进行化学反应，生成固态沉积物的过程。从广义上分类，有五种不同类型的 CVD 反应，即固相扩散型、热分解型、氢还原型、反应沉积型和置换反应型。其中，固相扩散型是使含有碳、氮、硼和氧等元素的气体和炽热的基体表面相接，使表面直接碳化、氮化、硼化和氧化，从而达到对金属表面保护和强化的目的。这种方法利用了高温下固相—气相的反应，由于非金属原子在固相中的扩散困难，涂层的生长速度较慢，所以要求较高的反应温度，其适用于制造半导体涂层和超硬涂层。其反应法有热分解法和反应沉积法，但热分解法受到原料气体的限制，同时价格较高，所以一般使用反应沉积法进行制备。

将样品置于密闭的反应器中，外面的加热炉保持所需要的反应温度（700~1100℃）。TID 由 H_2载带，途中和 CH_4或 N_2等混合，再一起涌入反应器中。反应中产生的残余气体在废气处理装置中一并排放，反应在常压或 6666.1~133322Pa（50~100 托）的低真空下进行，通过控制反应器的大小、反应温度、压力和气体的组分等，得到最佳的工艺条件。

12.2.5.2 化学气相沉积技术的优点

（1）既可制造金属涂层，又可按要求制造多成分的合金涂层。通过对多种气体原料的流量进行调节，能够在相当大的范围内控制产物的组分，并能制取混晶等复杂组成和结构的晶体，同时能制取用其他方法难以得到的优质晶体。

（2）速度快。沉积速度能达到每分钟几微米甚至几百微米，同一炉中可放入大批量的工件，并能同时制出均一的涂层，这是其他的涂层生长法，如液相外延和分子束外延等方法远不能比拟的。

（3）在常压或低真空下，镀涂层的绕射性好。开口复杂的工件、件中的深孔和细孔均能得到均匀的涂层，在这方面 CVD 要比 PVD 优越得多。

（4）由于工艺温度高，能得到纯度高、致密性好、残余应力小和结晶良好的涂层；又由于反应气体、反应产物和基体间的相互扩散，可以得到结合强度好的涂层，这对于制备耐磨和抗蚀等表面强化涂层是至关重要的。

（5）CVD 可以获得表面平滑的涂层。这是由于 CVD 与 LPE 相比，前者是在高饱和度下进行的，成核率高，成核密度大，在整个平面上分布均匀，从而产生宏观平滑的表面。同时在 CVD 中，与沉积相关的分子或原子的平均自由程比

LPE 和熔盐法大得多，从而使分子的空间分布更均匀，这更有利于形成平滑的沉积表面。

(6) 辐射损伤低。这是制造 MOS（金属氧化物半导体）等半导体器件不可缺少的条件。

化学气相沉积的主要缺点是：反应温度太高，一般在1000℃左右，许多基体材料大都经受不住 CVD 的高温，因此其用途大大受到限制。

通过对上述各种沉积方法的综合比较，不难看出真空离子镀的综合指标比较优良，具体见表 12-1 [95]。

表 12-1 典型镀涂层方法的比较

镀涂层方法	电镀	真空蒸发	溅射镀涂层	离子镀	化学气相沉积
可镀材料	金属	金属、化合物	金属、合金、化合物、陶瓷、聚合物	金属、合金、化合物	金属、化合物
镀覆机理	电化学	真空蒸发	辉光放电、溅射	辉光放电	气相化学反应
涂层结合力	一般	差	好	很好	很好
涂层质量	可能有气孔，较脆	可能不均匀	致密、针孔少	致密、针孔少	致密、针孔少
涂层纯度	含浴盐和气体杂质	取决于原料纯度	取决于靶材纯度	取决于原料纯度	含杂质
涂层均匀性	平面上较均匀，边棱上不均匀	有差异	较好	好	好
沉积速率	中等	较快	较快（磁控溅射）	快	较快
镀覆复杂表面	能镀，可能不均匀	只能镀直射的表面	能镀全部表面，但非直射面结合差	能镀全部表面	能镀全部表面
环境保护	废液、废气需处理	无	无	无	废气需处理

12.3 多弧离子镀技术概述

12.3.1 离子镀技术发展

自从美国人 Mattox D. M. 在 1963 年首次提出并率先应用离子镀技术以来，该技术一直受到了研究人员的重视和用户的关注，发展相当迅速。1971 年，研制出了成型枪电子束蒸发镀；1972 年，美国人 Bunshah R. F. 和 Ranghuram A. C. 发明了活性反应蒸镀（ARE）技术，并成功地沉积了以 TiN 和 TiC 为代表的硬质涂层，使离子镀技术进入了一个新的阶段；随后，将空心热阴极技术用于涂层材料的沉积合成上，进一步将其发展完善成空心阴极放电离子镀，其是当时离化效率最高的镀涂层形式；1973 年，出现了射频激励法离子镀；进入 80 年代，国内外又相继开发出电弧放电型高真空离子镀、电弧离子镀和多弧离子镀等。至此，各种蒸发源及各种离化方式的离子镀技术相继问世。近年来，国内按照不同的使用要求制造出了各种离子镀设备，已达到了工业生产的水平，并获得了快速的发展。

12.3.2 多弧离子镀技术特点

多弧离子镀技术是采用冷阴极电弧蒸发源的一种较新的物理气相沉积技术，它是把真空弧光放电用于蒸发源的镀涂层技术，也称真空弧光蒸发镀。其特点是采用电弧放电方法直接蒸发靶材，阴极靶即为蒸发源，这种装置不需要熔池。多弧离子镀是以等离子体加速器为基础发展起来的等离子体工艺过程。多弧离子镀以其离化率高、沉积速率快和涂层/基体结合强度好等诸多优点，占有了涂层市场的很大份额，是工业领域沉积硬质涂层的最优方法。另外，磁过滤阴极真空电弧技术由于运用等离子体电磁场过滤，可有效减少或消除大颗粒，但它同时会导致沉积速率的大幅度下降，因此不能适应实际生产的高效率要求。

多弧离子镀技术具有以下的主要特点：

（1）金属阴极蒸发器不熔化，可以任意安放使涂层的均匀性提高，基板转动机构得以简化，且它也可采用多个蒸发源装置。

（2）外加磁场可以改善电弧放电，使电弧细碎，转动速度加快，细化涂层微粒，对带电粒子产生加速作用等。

（3）金属离化率高，可达到60%~90%，这有利于涂层的均匀性和涂层/基体结合力的提高，是实现离子镀涂层和反应镀涂层的最佳工艺。

（4）一弧多用，既是蒸发源、加热源，又是预轰击净化源和离化源。

（5）设备结构简单且可以拼装，适于镀各种形状的零件（包括细长杆，如刀具等），工作电压低，较安全。

（6）沉积速率高，镀涂层效率高。

（7）不足之处是降低涂层表面光洁度。阴极弧蒸发过程非常剧烈，会使沉积的涂层产生较多的金属液滴和微孔等缺陷。

（8）阴极发射的蒸气微粒不均，有的微粒达微米级。所以，细化蒸气微粒是当前提高涂层质量的关键。

12.3.3 多弧离子镀技术原理

多弧离子镀技术的工作原理主要是基于冷阴极真空弧光放电的理论。按照这种理论，电量的迁移主要借助于场电子发射和正离子电流，这两种机制同时存在而且互相制约。在放电的过程中，阴极材料大量地蒸发，这些蒸气原子所产生的正离子在阴极表面附近很短的距离内产生极强的电场，在这样强电场的作用下，电子足以能够直接逸出到真空，产生所谓的场电子发射。在切断引弧电路之后，这种场电子发射型弧光放电仍能自动维持。按照 Fowler Norcheim 方程，可以简化为：

$$J_e = BE^2\exp(-C/E) \tag{12-1}$$

式中　J_e——电流密度，A/cm^2；

E——阴极电场强度，V/cm；

B，C——与阴极材料有关的常数。

多弧离子镀使用的是从阴极弧光辉点放出的阴极物质的离子。阴极弧光辉点是存在于极小空间的高电流密度、高速变化的现象，其机理如图 12-1 所示[96]。

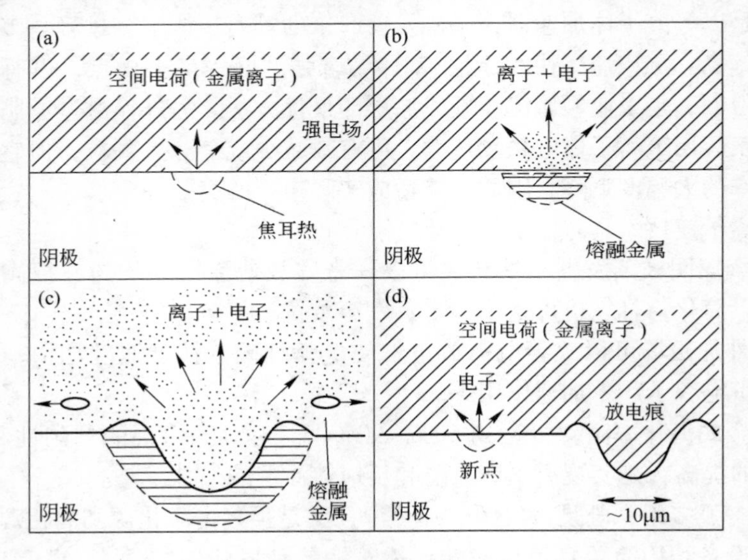

图 12-1　真空弧光放电的阴极辉点示意图

（1）被吸引到阴极表面的金属离子形成空间电荷层，由此产生强电场，使阴极表面上功函数小的点（晶界或微裂纹）开始发射电子，如图 12-1（a）所示；

（2）个别发射电子密度高的点，电流密度高。焦耳热使其温度上升又产生了热电子，进一步增加了发射电子，这种正反馈作用使电流局部集中，如图 12-1（b）所示；

（3）由于电流局部集中产生的焦耳热使阴极材料局部地、爆发性地等离子化而发射电子和离子，然后留下放电痕，这时也放出熔融的阴极材料粒子，如图 12-1（c）所示；

（4）发射的离子中的一部分被吸引回阴极材料表面，形成了空间电荷层，产生了强电场，又使新的功函数小的点开始发射电子，如图 12-1（d）所示。

这个过程反复地进行，弧光辉点在阴极表面上激烈地、无规则地运动。弧光辉点通过后，在阴极表面上留下了分散的放电痕。

阴极辉点极小，有关资料测定为 1~100μm。所以，其具有很高的电流密度，其值为 $10^5 \sim 10^7 A/cm^2$。这些辉点犹如很小的发射点，每个点的延续时间很短，约为几微秒至几千微秒，在此时间结束后，电流就分布到阴极表面的其他点上，建立足够的发射条件，致使辉点附近的阴极材料大量蒸发。阴极斑点的平均数和弧电流之间存在一定的比例关系，比例系数随阴极材料而变。根据实验，电流密度估计在 $10^5 \sim 10^8 A/cm^2$ 范围内。

真空电弧的电压用空间电荷公式计算，则为：

$$u = \left(\frac{9J_e x^2}{4\varepsilon_0} \sqrt{\frac{m}{2e}} \right)^{\frac{2}{3}} \tag{12-2}$$

式中 u——电弧电压，V；

J_e——导电介质的电流密度，A/cm^2；

x——导电介质的长度，cm；

ε_0——能量密度，mJ/cm^3；

e——电子电荷量，C；

m——离子质量，mg。

阴极斑点可以分为以下四种类型：（1）静止不动的光滑表面斑点（LSS）；（2）移动的光滑表面斑点（MSS）；（3）带平均结构效应的粗糙表面斑点（RSA）；（4）带个体结构效应的粗糙表面斑点（RSI）。

阴极辉点使阴极材料蒸发，从而形成定向运动的、具有 10~100eV 能量的原子和离子束流，其足以在基体上形成结合力牢固的涂层，并使沉积速率达到 100Å/s~1μm/s，甚至更高。在这种方法中，如果在蒸发室中通入所需的反应气体，则能生成反应物涂层，其反应性能良好，且涂层致密均匀、结合性能优良。

一般在系统中需设置磁场，以改善蒸发离化源的性能。磁场使电弧等离子体加速运动，增加阴极发射原子和离子的数量，提高原子和离子束流的密度和定向性，减少大颗粒（液滴）的含量，这就相应地提高了涂层的沉积速率、涂层的表面质量和涂层/基体的结合性能[97~99]。

12.4 磁控溅射技术概述

12.4.1 磁控溅射技术发展

20 世纪 80 年代开始，磁控溅射技术得到了迅猛发展，其应用领域也得到了极大推广。现在磁控溅射技术已经在镀涂层领域占有举足轻重的地位，在工业生产和科学领域中发挥着极大的作用。随着现代工业生产对涂层质量要求不断提高，此项技术也将不断地完善和发展下去。

1852 年，格洛夫发现阴极溅射现象，从而为溅射技术的发展开创了先河。采用磁控溅射沉积技术制备涂层始于 20 世纪 30~40 年代，但在 20 世纪 70 年代中期以前，采用蒸镀的方法制备涂层比磁控溅射方法更加广泛。这是因为当时溅射技术刚刚起步，其溅射沉积率较低，而且溅射压强基本上在 1Pa 以上。但是，与溅射同时发展的蒸镀技术，由于其镀涂层速率比溅射镀涂层高一个数量级，使得溅射镀涂层技术一度在产业化的竞争中处于劣势。溅射镀涂层产业化是在 1963 年美国贝尔实验室和西屋电气公司，采用长度为 10m 的连续溅射镀涂层装置镀制集成电路中的钽涂层时首次实现的。1974 年，由 J. Chapin 发现了平衡磁控溅射后，使高速、低温溅射成为现实。

磁控溅射技术在过去的几十年里发展迅速，现已成为广泛应用的重要技术。在诸多方面，磁控溅射制成的涂层均比物理蒸发沉积制成的涂层性能要好；而且在同样功能下，采用磁控溅射技术制得的涂层比采用其他技术制得的涂层厚度厚。因此，磁控溅射技术在制备高硬度、抗磨损、低摩擦、抗腐蚀的结构涂层、装饰涂层以及光电学功能涂层等方面均具有重要影响。

溅射沉积是在真空环境下，利用等离子体中的荷能离子轰击靶材表面，使靶材的原子或离子轰击出来，被轰击出的粒子沉积在基体表面生长成涂层。溅射沉积技术的发展历程中包含有重要意义的技术创新应用，现归结为：二极溅射、平衡磁控溅射、非平衡磁控溅射、脉冲磁控溅射及磁控溅射技术新型应用等。

（1）二极溅射是所有溅射沉积技术的基础，其确立了溅射沉积技术的基本原理和方式。二极溅射结构简单、便于控制、工艺重复性好，主要应用于沉积原理的研究，由于该方法要求工作气压高（大于 1Pa）、基体温升高和沉积速率低等缺点限制了其在生产中的应用。

（2）在 1974 年，引进的平衡磁控溅射技术克服了二极溅射沉积速率低的缺点，使溅射镀涂层技术在工业应用上具备了与蒸发镀涂层相抗衡的能力。平衡磁控溅射镀涂层的缺点在于其对二次电子的控制过于严密，使等离子体被限制在阴极靶附近，不利于大面积镀涂层。

（3）在 1985 年，B. Window 开发出了非平衡磁控溅射技术，可以克服这一缺点。工业用磁控溅射镀涂层装置，除镀制板材装置外，均以大体积镀涂层区镀制大量工件为目的，这要求整个真空室的电流密度均超过 $2mA/cm^2$。

20 世纪 90 年代前期，在非平衡磁控溅射的基础上发展出了闭合非平衡系统（CFUBMS），采用多个靶以及非平衡结构构成闭合磁场，可以对电子进行有效约束，使整个真空室的等离子体密度得以提高，这样可以使磁控溅射技术更适合工业生产。

（4）磁控溅射技术的另一项非常重要的发展是脉冲磁控溅射（PMS）。在通过直流反应溅射来制得高密、无缺陷的绝缘涂层，尤其是氧化物涂层时，经常存在问题而影响涂层的结构和性能。如果采用脉冲磁控溅射，并把其频率定为中频（10~200kHz），就能很好地克服直流反应溅射的缺点。通过脉冲磁控溅射可以制得与金属涂层同样的效率，来制得高质量的绝缘体涂层。

随着技术的进步，近年来脉冲中频电源的研发成功，使镀涂层工艺技术又上了一个新台阶。利用中频电源，采用中频对靶或孪生靶，进行中频磁控溅射，有效地解决了靶中毒现象，特别是在溅射绝缘材料靶时，克服了溅射过程中阳极消失的现象。脉冲中频电源在溅射中的应用，尤其是反应溅射，可有效消除直流反应溅射介电材料和绝缘材料存在的异常弧光放电导致的过程不稳定性和涂层缺陷等问题，使反应溅射真正成为溅射沉积技术的重要分支之一。

（5）在以上的磁控溅射技术基础上，可根据应用需要，对磁控溅射系统进行改进，可以衍生出多样的设备和装置。这些改进主要集中在系统内磁力线的分布以及磁控溅射靶的设置和分布。在制备涂层的过程中，离子对生长涂层的轰击是制得高质量涂层的一个至关重要的参数。而对每个已固定的设备而言，影响离子流向生长涂层传递的主要因素就是系统内磁场强度和磁力线分布。另外，靶材的分布和设置也是重要的因素。

12.4.2　磁控溅射技术原理

12.4.2.1　*磁控溅射技术原理*

磁控溅射系统是在真空室内充入0.1~10Pa压力的惰性气体Ar气作为气体放电的载体，阴极靶材下面放置100~1000Gauss强力磁铁。在高压作用下Ar原子电离成为Ar^+和电子，产生等离子辉光放电，电子在加速飞向基片的过程中，受到电场产生的静电作用力和磁场产生的洛仑兹力的共同作用，即正交电磁场作用而产生漂移，并做跳栏式的运动。这将使电子到达阳极前的行程大为延长，在运动过程中不断与Ar原子发生碰撞，电离出大量的Ar^+。磁控溅射时，电子的能量充分用于碰撞电离，使等离子体密度比二极溅射的密度提高约一个数量级。一般靶材刻蚀速率与靶面电流密度成正比，于是磁控溅射的镀涂层速率比普通溅射技术大大提高。经过多次碰撞后，电子的能量逐渐降低，摆脱磁力线的束缚，最终落在基片、真空室内壁及靶源阳极上。而Ar^+在高压电场加速作用下，与靶材撞击并释放出能量，导致靶材表面的原子吸收Ar^+的动能而脱离原晶格束缚，呈中性的靶原子逸出靶材的表面飞向基片，并在基片上沉积形成涂层。

由于电子必须经过不断地碰撞才能渐渐运动到阳极，而且由于碰撞，电子到达阳极后其能量很小，对基板的轰击热就不大，这就是磁控溅射基板温升低的主要机理。另一方面，加上磁场后大大加大了电子与氩原子碰撞的几率，进而促进了电离的发生，电离后再次产生的电子也加入到碰撞的过程中，从而能将碰撞的几率提高几个数量级，这就是磁控溅射沉积速率高的重要原因。

12.4.2.2　闭环非平衡磁控溅射

平衡磁控溅射是磁控溅射技术的一个重要发明，但其不利于大面积镀涂层的缺点使其难以在工业上大范围的推广，非平衡磁控溅射理论的出现解决了这一难题。非平衡磁控溅射的特性就是通过磁控溅射阴极的内、外两个磁极的磁通量不相等，利用其阴极的磁场大量向靶外发散的特性，可将等离子体扩展到远离靶面处，使基片浸没其中，这样有利于以磁控溅射为基础实现大面积离子镀。

在非平衡磁控溅射技术基础上，为更进一步地提高真空室内离子流密度，需要利用非平衡磁场形成一个可以捕捉电子的“闭合阱”，这就需要多个阴极靶共同组成闭环系统。采用多靶非平衡磁控系统可以进一步增大等离子体区域，加大等离子体对涂层的轰击量，并且由于系统内磁场的改进，其涂层沉积也更加均匀。此外，多个靶材同时工作也大大增加了整个系统的溅射率。

图 12-2 为几种经典的多靶排列方式：图 12-2（a）所示系统主要用于合金、合金化合物和复合涂层的制备，两块靶采用不同金属材料用于制备合金涂层，当在反应气体存在的真空环境中则可制备合金化合物，当两块靶分别为金属和复合材料时，则可制得复合涂层。图 12-2（b）所示系统是对小型零件或粉末基体镀涂层的规模化生产。图 12-2（c）所示系统为四靶非平衡磁控溅射，对复杂基体的均匀沉积，尤其是反应溅射十分有效。

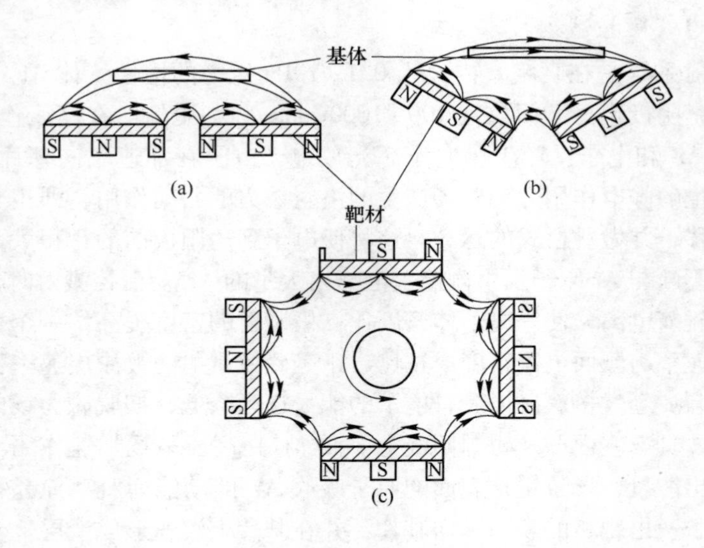

图 12-2　常见闭合磁场多靶系统

12.4.2.3　脉冲溅射

如果为磁控溅射提供能量的是直流电源，其在利用反应溅射沉积绝缘介质涂层时，将会由于靶表面累积电荷而导致阳极消失、阴极中毒、放电打弧等一系列缺陷，这常会破坏等离子体的稳定性，从而降低系统的沉积率，并最终导致涂层沉积不能进行。脉冲溅射和中频溅射技术可以在沉积绝缘介质涂层时释放靶表面累积的电荷，从而防止打弧现象，并且有较高的溅射速率和沉积速率。

脉冲磁控溅射在其工作的一个周期内，其电源在正电压和负电压之间不断变化。当在负电压阶段工作时，相当于阴极靶系统进行溅射工作；当在正电压阶段工作时，引入电子中和靶面累积的正电荷，并使表面清洁，这种方式更适合在双靶闭合系统中工作。利用同一脉冲电源，将两靶分别接正电压和负电压，使其交替充当阳极和阴极，阴极靶在溅射的同时，阳极靶就可以完成表面清洁，如此交替进行就产生了自清洁效应。正电压为零时称为单向脉冲，这种情况下其自清洁效果不明显，适用于低电阻材料的反应溅射，如 TiO_2 和氮化物等。

12.4.2.4 高速率溅射

近些年发展起来的高速率溅射和自溅射技术，因其具备很大的潜力而被业界所重视。究其原因是高速率溅射和自溅射中，其溅射材料具有较高的离化率；溅射材料的大量电离可以减少，甚至消除对惰性气体的需求，从而大大改善了沉积涂层的结构；可以大大缩短涂层形成的时间，从而提高工业应用的效率；有可能取代有环境污染的电镀等方法。

在高速率溅射系统中，如果不存在惰性气体，则称为自溅射。自溅射过程中由于没有惰性气体的参与，在很大程度上影响了涂层的生长过程以及结构成分，并且在制取合金或混合物涂层时，自溅射还可以促进溅射粒子化学反应的进行。

与通常的磁控溅射相比，高速率溅射和自溅射的特点在于其靶材上的高功率密度，一般会在 $50W/cm^2$ 左右。另外在高速率溅射和自溅射中，由于真空室内的惰性气体很少甚至没有，其结果必然导致系统内压强的降低，而维持放电电流需要 0.1Pa 以上的压强。真空室内的压强来自于工作气体及材料的蒸汽，于是高速率溅射对材料的自溅射率有了一定的要求，一般规定其自溅射率大于 $1W/cm^2$，实验上已证明银、铜、黄铜和青铜都可以实现自溅射。另外由于靶材料的高自溅射率使大量携带能量的离子流向基体表面，结果会导致基体温升过高，因此对于高速溅射和自溅射靶的冷却必须注意。

12.4.2.5 磁场可变磁控溅射

磁控溅射中理想的磁场应该是在整个靶面间均匀的分布，尽量提高磁场的水平分量的分布，并提高其均匀性。在实际的设计结构中，不均匀分布的磁场产生了密度不均匀分布的等离子体，导致靶上各处溅射率不同，靶的刻蚀速度不同，进而涂层的均匀性也难以得到保证。显然解决上述问题的有效方法是加强磁场的均匀性。

由 Singulus Technologies 开发出的智能阴极技术，是在阴极靶中采用了两个可调的电磁线圈，通过调节溅射功率、溅射时间和流过线圈的电流来改变磁场分布，并将溅射过程分为在内径和外径两个阶段。这种设计大大地提高了靶材的利用率，延长了靶的使用寿命，同时又改善了涂层的质量。通过对线圈的调节，基本上能够优化任何新材料的镀制。

另外在 20 世纪 30~40 年代发明的圆柱形和圆筒磁控溅射阴极，如今也已获得工业应用。H. E. Mckelvey 通过实验，开发出了一种可通过改变磁源位置来改变磁场的磁控管。其采用可旋转的圆管结构作为靶结构，通过圆管靶的旋转来获得相对于靶面的平衡磁场。由于其制造比较复杂，Wilmert De Bosscher 又改进出另一种平面靶的可移动磁源的磁控管结构，此结构可采用平面靶或圆筒靶。当采用平面靶时，在靶下安装移动装置，使平面可以移动，这样可以增加平行磁场对靶的相对覆盖率，可以大大提高靶材利用率。

磁控溅射技术已经在我国的建材、装饰、光学、防腐蚀、工磨具强化和集成电路等领域得到比较广泛的应用，利用磁控溅射技术进行光电、光热、磁学、超导、介质、催化等功能涂层的制备是当前应用热点。而且非平衡磁控溅射技术、脉冲溅射、高速率溅射、磁场可变磁控溅射系统等新型沉积工艺也将有应用趋势[100~103]。

13 我国涂层刀具存在问题与对策

13.1 我国涂层刀具存在问题分析

与国外相比，我国涂层刀具的研究和开发起步并不太晚，而且在发展初期大量引进了国际上最先进的各类涂层设备。20 世纪 80 年代后期，国产涂层设备也得到了迅速发展，但该项技术真正广泛应用于高速钢刀具却是在 90 年代中期。到目前为止，虽然国内对高速钢、硬质合金刀具涂层的研究已取得突破，但国内市场的涂层产品仍以 TiN、(Ti,Al)N 涂层为主。分析其原因，可归纳为以下几点：

（1）前期集中引进，对国内 PVD 技术后续发展的影响。20 世纪 20 世纪 80 年代中期国外 PVD 技术及装备的集中引进，虽然使我国发展该项技术有了一个高的起点，同时也解决了高速钢刀具的涂层问题，但由于引进设备的厂家都是国内的刀具生产骨干企业，其刀具产品的国内市场占有率很高，这些先进涂层设备的引进在相当长一段时间内已可满足企业的生产要求，因此对国产 PVD 技术和设备的需求不太强烈，这在一定程度上影响了国产 PVD 设备在刀具制造领域的应用与发展。另一方面，80 年代中期 PVD 技术还处于发展初期，随着该项技术的不断发展，进入 90 年代后新技术层出不穷，这些企业早期引进的技术必须更新，但昂贵的价格使企业很难再次引进新技术和新设备，国内也因此错失了发展提高 PVD 技术的最佳时期。

（2）对新工艺的研发重视不够的影响。尽管 20 世纪 80 年代国内引进了当时最先进的 PVD 技术，但当时 PVD 技术尚处于发展初期，国内对其后续发展空间及发展速度无法充分估计。此外，物理涂层技术是集电子物理、材料、真空控制技术于一体的新型技术，在研究、生产、应用等方面对人员配置有较高要求，而大部分引进 PVD 技术的企业偏重于生产，对开发人员及资金配置不足，难以推动工艺技术的进一步自主开发，新工艺和新技术仍需再引进，而再引进的费用十分昂贵，如 Balzers 公司的设备从 TiN 涂层工艺升级为 Ti(C,N)涂层工艺，仅硬件改造费即需 30 万美元，因此影响了国内涂层技术新工艺和装备的研发。

（3）国产设备开发缺乏统一性、合理性及协作性的影响。20 世纪 80 年代后期，国内一些真空设备制造厂及科研单位对 PVD 刀具涂层市场过于乐观，纷纷加大各类 PVD 涂层设备的开发力度，但由于缺乏对切削工艺及刀具涂层工艺的深入了解，与工具厂合作也不够，因此开发的涂层设备大多无法满足刀具涂层工艺的要求，尤其是精密高速钢刀具涂层技术尚达不到批量生产水平。由于此类设备大多只能用于麻花钻的涂层，而麻花钻涂层费用极低，相应涂层设备的利润也很低。因此，到 90 年代以后，大部分真空设备制造厂已把发展方向转向其他行业，如装饰涂层等。

(4) 售后服务欠缺，制约了国产涂层设备的推广应用。迄今为止，国内大部分涂层设备生产厂还不能提供完整的刀具涂层工艺技术，包括前处理工艺、涂层工艺、涂后处理工艺、检测技术、涂层刀具应用技术等，这种技术的不完整性给用户的生产带来许多技术问题。此外，由于设备生产厂不能提供长期技术服务，导致国产涂层设备难以保证长时期稳定、正常地使用，从而极大限制了 PVD 涂层设备的推广应用。

(5) 涂层质量不稳定，制约了涂层技术的推广应用。引进设备的高昂成本导致涂层价格居高不下，涂层费用甚至可超过刀具价格的 50%；由于引进渠道不一，设备选择依据不同，导致设备工艺水平相差较大，影响了涂层刀具的使用效果；由于国产涂层刀具质量不稳定，涂层刀具检验标准不完备，因此在应用领域内造成了涂层价格高、涂层质量不稳定且涂层后刀具性能改善不明显的不良印象，严重影响了刀具涂层技术的推广应用和快速发展。

(6) 国内机械加工水平不高，制约了涂层技术的快速发展。在 20 世纪 80 年代，我国数控机床的应用还十分有限，机械加工仍处于较低水平，高速钢刀具的应用占全部刀具的 80% 以上，硬质合金刀具仍以焊接刀具为主，可转位刀片以车削类刀具为主，一般多采用 CVD 涂层，整体硬质合金立铣刀、钻头、铰刀等应用较少，因此对 PVD 硬质合金刀具涂层的要求并不十分迫切，这在一定程度上也影响了涂层技术的进一步发展。

13.2 对策建议

随着我国汽车、航空、航天、重机等工业的发展以及数控机床的迅速普及，我国机械加工技术正朝着高速加工、绿色制造的方向发展，高速滚齿、高速铣削以及干式切削工艺的应用对刀具涂层技术提出了更高的要求。市场的需求迫使国内必须加速 PVD 新技术的研究和开发，应努力做好以下几方面工作：

(1) 加强项目的规划与管理。工具行业管理部门应加强 PVD 涂层项目的规划与管理工作，明确我国新型 PVD 涂层技术的短、中、长期发展目标，确立有计划、不间断发展的方针，并通过“官、产、学、研、商”的有机结合，使项目既有政策支持，又有资金保障。我国在这方面也有过成功经验，在 20 世纪 80 年代中期，为了在引进基础上立足于自行开发，提高工具行业涂层技术的整体水平，原机械工业部机床工具司组织了全行业力量对引进设备进行技术攻关，开发出的热阴极弧磁控等离子镀涂层机已在工具行业成功地推广应用，并因此带动了国内 TiN 涂层刀具的普及应用。

（2）建立统一的研究、开发、服务体系。建立统一的研究、开发、服务体系，根据涂层技术的发展趋势和国内外市场需求，有系统地引进国际先进技术，加强对引进技术的消化吸收及协作研究工作，逐步增强自我开发能力，形成专利技术，最终实现满足国内市场需求和参与国际市场竞争的目的。

（3）建立刀具涂层技术的行业标准。建立涂层设备、涂层刀具的行业检验标准，严格控制涂层刀具质量，确保涂层技术的大面积推广应用。

我国拥有丰富的钨、钼、钒资源，如何利用高新技术生产优质刀具并进一步提高其性能，进而进入国际市场取代资源出口，这不仅是当务之急，而且是一个具有深远意义的战略发展问题。各种涂层刀具和复合结构是极有发展前景的，在未来，刀具材料将接受工件一方及制造系统更新、更严峻的挑战。新品种的出现、各自所占比重的变化以及它们相互竞争和相互补充的局面，将成为未来刀具材料发展的特点。

附　录

附录A　金属材料牌号对照表

附表 A-1　碳素结构钢牌号

中国	国际		美国				日本
GB/T 700	ISO 3573	ISO 630	ASTM A283M	ASTM A573M	ASTM A284M	ASTM A709M	JIS G3101
Q195	HR2	—	Gr. B	—	—	—	SS 330(SS34)
Q215 A	HR1	—	Gr. C	Gr. 58	—	—	SS 330(SS34)
Q215 B	—	—	Gr. C	Gr. 58	Gr. C	—	SS 330(SS34)
Q235 A	—	Fe 360 A	Gr. D	—	—	—	SS 400(SS41)
Q235 B	—	Fe 360 D	Gr. D	—	—	—	SS 400(SS41)
Q235 C	—	Fe 360 D	Gr. D	Gr. 65	Gr. D	—	—
Q235 D	—	Fe 360 D	—	—	—	—	SS 400A(SS41A)
Q255 A	—	—	—	—	—	Gr. 36	SS 400(SS41)
Q255 B	—	—	—	—	—	Gr. 36	SS 400(SS41)
Q275	—	Fe 430 A	—	—	—	—	SS 490(SS50)

附表 A-2　优质碳素结构钢牌号

类别	中国	日本	德国	美国			英国	法国	国际
	GB，YB	JIS	DIN（W-Nr.）	ASTM	AISI	SAE	BS	NF	ISO
普通含锰量钢组	05F	—	—	1005		1005	015A03	—	—
	08F	—	—	1006	1006	1006	040A04	—	—
	8	S09CK（S9CK）	C10(1.0301)，CK10(1.1121)	1008	1008	1008	050A04	—	—
	10F	—	—	1010	1010	1010	040A10	—	—
	10	S10C	CK10(1.1121)	1010	1010	1010	040A10，050A10，060A10	XC10	—
	—	S12C	—	1012	1012	1012	040A12，050A12，060A12	XC12	—

续附表 A-2

类别	中国	日本	德国	美国			英国	法国	国际
	GB，YB	JIS	DIN（W-Nr.）	ASTM	AISI	SAE	BS	NF	ISO
普通含锰量钢组	15F	—	—	—	—	—	040A15	—	—
	15	S15C，S15CK	C15(1.0401)，CK15(1.1141)，Cm15(1.1140)	1015	1015	1015	040A15，050A15，060A15	—	—
	—	S17C	—	1017	1017	1017	040A17，050A17，060A17	XC18	—
	20F	—	—	—	—	—	040A20	—	—
	20	S20C，S20CK	—	1020	1020	1020	050A20，060A20	—	—
	—	S22C	C22(1.0402)，CK22(1.1151)	1023	1023	1023	040A22，050A22，060A22	—	—
	25	S25C	—	1025，1026	1025，1026	1025，1026	060A25，080A25	XC25	R683/IC25e
	—	S28C	—	1029	1029	1029	060A27，080A27	—	—
	30	S30C	—	1030	1030	1030	060A30，080A30，080M30	XC32	R683/IC30e
	—	S33C	—	1035	1035	1035	060A32，080A32	—	—
	35	S35C	C35(1.0501)，CK35(1.1181)，Cm35(1.1180)	1035，1037	1035，1037	1035，1037	060A35，080A35	XC35	R683/IC35e
	—	S38C	—	1038	1038	1038	060A37，080A37	XC38	—
	40	S40C	—	1040，1039	1040，1039	1040，1039	060A40，080A40，080M40	—	R683/IC40e
	—	S43C	—	1042，1043	1042，1043	1042，1043	060A42，080A42	XC42	—
	45	S45C	C45(1.0503)，CK45(1.1191)，Cm45(1.1201)	1045，1046	1045，1046	1045，1046	060A47，080A47，080M46	XC45	R683/IC45e
	—	S48C	—	1045，1046，1049	1045，1046，1049	1045，1046，1049	060A47，080A47	XC48	—
	50	—	—	1050，1053	1050，1053	1050，1053	080M50	—	R683/IC50e
	—	S53C	—	1055	1055	1055	060A52，080A52	—	—

续附表 A-2

类别	中国	日本	德国	美国			英国	法国	国际
	GB, YB	JIS	DIN (W-Nr.)	ASTM	AISI	SAE	BS	NF	ISO
普通含锰量钢组	55	S55C	C55(1.0535), CK55(1.1181), Cm55(1.1209)	1055	1055	1055	070M55, 060A57, 080A57	XC55	R683/IC55e
	60	S58C	C60(1.0601), CK60(1.1221), Cm60(1.1223)	1060	1060	1060	060A62, 080A62	—	R683/IC60e
	65	—	—	1065	1065	1065	060A67, 080A67	XC65	—
	70	—	—	1070	1070	1070	060A72, 070A72, 080A72	XC70	—
	75	—	—	1074	1074	1074	060A78, 070A78, 080A78	—	—
	80	—	—	1080	1080	1080	060A82, 080A83	XC80	—
	85	—	—	1084	1084	1084	060A86, 080A86	—	—
	15Mn	—	17Mn4 (1.8044)	1016, 1019	1016, 1019	1016, 1019	080A15, 080A17	—	—
	20Mn	—	—	1021, 1022	1021, 1022	1021, 1022	080A20, 070M20	XC18	—
较高含锰量钢组	25Mn	S28C	—	1026	1026	1026	070M26	—	—
	30Mn	S30C	—	1030	1030	1030	080A30, 080A32	XC32	—
	35Mn	S35C	—	1037	1037	1037	080A35	—	—
	40Mn	S40C	40Mn4 (1.5038)	1039, 1040	1039, 1040	1039, 1040	080A40	—	—
	45Mn	S45C	—	1043, 1046	1043, 1046	1043, 1046	080A47	—	—
	50Mn	S53C	—	1050, 1053	1050, 1053	1050, 1053	080A52, 080M50	XC48	—
	60Mn	—	—	1561	—	1561	080A64	—	—
	65Mn	—	—	1566	—	1566, 1066	—	—	—
	70Mn	—	—	1572	—	1572	—	—	—

附表 A-3　碳素工具钢牌号

中国	日本	德国	美国			英国	法国	国际
GB, YB	JIS	VDEh(W-Nr.)	ASTM	AISI	SAE	BS	NF	ISO
T7	SK7, SK6	—	W1-7	—	—	—	1204Y275, 1304Y375	—

续附表 A-3

中国	日本	德 国	美 国			英国	法国	国际
GB，YB	JIS	VDEh(W-Nr.)	ASTM	AISI	SAE	BS	NF	ISO
T8	SK6，SK5	—	W1-71/2	—	—	—	—	—
T8Mn	SK5	—	—	—	—	—	—	—
T9	SK4，SK5	—	W2-81/2，W1-81/2	—	—	WB1A	—	—
T10	SK3，SK4	—	W2-91/2，W1-91/2	—	—	BW1B	1203Y290，1303Y390	—
T11	SK3	—	W1-101/2	—	—	—	1202Y2105	—
T12	SK2	—	W1-111/2	—	—	BW1C	1201Y2120	—
T13	SK1	—	W2-13，W1-121/2	—	—	—	1200Y2135	—
T7A	—	—	—	—	—	—	1105Y165	—
T8A	—	C80W1(1.1525)	—	—	—	—	1104Y175	—
T8MnA	—	C85WS(1.1830)	—	—	—	—	—	—
T9A	—	—	—	—	—	—	1103Y190	—
T10A	—	C105W1(1.1545)	—	—	—	—	—	—
T11A	—	—	—	—	—	—	1102Y1105	—
T12A	—	—	—	—	—	—	1101Y1120	—
T13A	—	—	—	—	—	—	—	—

附表 A-4 合金结构钢牌号

类别	中国	日本	德 国	美 国			英 国	法国	国际
	GB，YB	JIS	DIN(W-Nr.)	ASTM	AISI	SAE	BS	NF	ISO
锰钢组	09Mn2	—	—	—	—	—	—	—	—
	10Mn2	—	—	1513	—	1513	—	—	—
	15Mn2	—	—	—	—	—	—	—	—
	20Mn2	SMn420 (SMn21)	—	1024	1024	1524，1024	150M19	—	—
	30Mn2	SMn433 (SMn1)	28Mn6(1.5065)，30Mn5(1.5066)	1330	1330	1330	150M28	—	—
	35Mn2	SMn438 (SMn2)	36Mn5 (1.5067)	1335	1335	1335	150M36	—	—
	40Mn2	SMn443 (SMn3)	—	1340	1340	1340	—	—	—
	45Mn2	SMn443 (SMn3)	—	1345	1345	1345	—	—	—
	50Mn2	—	—	1052	1052	1552，1052	—	—	—

续附表 A-4

类别	中国 GB，YB	日本 JIS	德国 DIN(W-Nr.)	美国 ASTM	美国 AISI	美国 SAE	英国 BS	法国 NF	国际 ISO
硅锰钢组	27SiMn	—	—	—	—	—	—	—	—
	35SiMn	—	37MnSi5(1.5122)	—	—	—	—	—	—
	42SiMn	—	46MnSi4(1.5121)	—	—	—	—	—	—
锰钒钢组	15MnV	—	15MnV5(1.5213)	—	—	—	—	—	—
	42Mn2V	—	42MnVT(1.5223)	—	—	—	—	—	—
铬钢组	15Cr	SCr415 (SCr21)	—	5115	—	5115	—	12C3	—
	20Cr	SCr240 (SCr22)	—	5120	5120	5120	527A19，527M20	18C3	R683/XI4
	30Cr	SCr430 (SCr2)	—	5130，5132	5130，5132	5130，5132	530A30，530A32	32C4	—
	35Cr	SCr435 (SCr3)	34Cr4(1.7033)，37Cr4(1.7034)	5135	5135	5135	530A36	38C4	R683/Ⅶ2
	40Cr	SCr440 (SCr4)	41Cr4(1.7035)	5140	5140	5140	530A40，530M40	42C4	R683/Ⅶ3
	45Cr	SCr445 (SCr5)	—	5147，5145	5147，5145	5147，5145	—	45C4	—
	50Cr	—	—	5150	5150	5150	—	—	—
铬硅钢组	38CrSi	—	—	—	—	—	—	—	—
	40CrSi	—	—	—	—	—	—	—	—
铬锰钢组	38CrMn	—	—	—	—	—	—	16MC5	—
	15CrMn	—	20MnCr4(1.7147)	—	—	—	—	20MC5	—
	40CrMn	—	—	—	—	—	—	—	—
铬锰硅钢组	20CrMnSi	—	—	—	—	—	—	—	—
	25CrMnSi	—	—	—	—	—	—	—	—
	30CrMnSi	—	—	—	—	—	—	—	—
	35CrMnSi	—	—	—	—	—	—	—	—
铬钒钢组	20CrV	—	22CrV4(1.7513)	—	—	—	—	—	—
	40CrV	—	42CrV6(1.7561)	—	—	—	—	—	—
	50CrV	SUF10	50CrV4(1.8159)	6150	6150	6150	735A50	50CV4	—
铬锰钛钢组	30CrMnTi	—	—	—	—	—	—	—	—

续附表 A-4

类别	中国	日本	德国	美国			英国	法国	国际
	GB，YB	JIS	DIN(W-Nr.)	ASTM	AISI	SAE	BS	NF	ISO
钼钢组	16Mo	—	15Mo3 (1.5415)	—	—	—	—	—	—
铬钼钢组	12CrMo	—	13CrMo44 (1.7335)	—	—	—	1501-620Gr27	12CD4	—
	15CrMo	SCM415 (SCM21)	16CrMo44 (1.7337)	A387Cr12	—	—	—	12CD4	—
	20CrMo	SCM420 (SCM22)	25CrMo4 (1.7218)	—	—	—	—	18CD4, 20CD4	—
	30CrMo	SCM430 (SCM2)	34CrMo4 (1.7220)	4130	4130	4130	—	30CD4	
	35CrMo	SCM435 (SCM3)	34CrMo4 (1.7220)	4135	4135	4135	708A37	35CD4	R683/Ⅱ2
	42CrMo	SCM440 (SCM4)	42CrMo4 (1.7225)	4140	4140	4140	708M40, 708A42, 709M40	42CD4	R683/Ⅱ3
	—	SCM421 (SCM23)	—	—	—	—	—	—	R683/Ⅺ7
	—	SCM418	—	4118	4118	4118	—	—	—
	—	SCM445 (SCM5)	50CrMo4 (1.7228)	4145	4145	4145	—	—	—
	—	SCM822 (SCM24)	25CrMo4 (1.7218)	—	—	—	—	25CD4	—
	38CrMoAl	SACM645 (SACM1)	34CrAlMo5 (1.8507)	—	—	—	905M39	—	R683/Ⅹ4
铬锰钼钢组	15CrMnMo	—	15CrMo5 (1.7262)	—	—	—	—	—	—
	20CrMnMo	—	20CrMo5 (1.7264)	—	—	—	—	—	—
	40CrMnMo	—	—	4140	4140	4140	708A42	—	—
铬锰钒钢组	12CrMoV, 12Cr1MoV, 24CrMoV, 35CrMoV	—	24CrMoV55 (1.7733)	—	—	—	—	—	—

续附表 A-4

类别	中国	日本	德国	美国			英国	法国	国际
	GB，YB	JIS	DIN（W-Nr.）	ASTM	AISI	SAE	BS	NF	ISO
镍铬钢组	12CrNi2	SNC415（SNC21）	—	—	—	—	—	10N11，16NC11	—
	12CrNi3A	SNC815（SNC22）	14NiCr10（1.5732）	—	—	3415	665M13	10NC12，14NC12	—
	12Cr2Ni4A	—	—	—	E3310，E3316	3310，3316	—	12NC15	—
	20CrNi	—	—	—	3120	3120	635M15	20NC6	—
	20CrNi3A	—	—	—	—	—	—	20NC11	—
	20Cr2Ni4A	—	—	—	—	3325	—	30NC14	—
	30CrNi3A	SNC631（SNC2）	—	—	—	3435	653M31	30NC11，30NC12	—
	37CrNi3A	SNC836（SNC3）	—	—	—	3335	—	35NC15	—
	40CrNi	SNC236（SNC1）	—	—	3140	3140	640M40	35NC6	—
	45CrNi	—	—	—	A3145	3145	—	—	—
镍铬钼钢组	40CrNiMoA	SNCM439（SNCM8）	—	4340	4340，4337	4340，4337	817M40，816M40	—	R683/Ⅲ4
	—	SNCM220（SNCM21）	—	8620	8620	8620	805M20	20NCD2	R683/Ⅺ12
	—	SNCM240（SNCM6）	—	8640	8640	8640	945M38，945A40	—	R683/Ⅷ1
	—	SNCM415（SNCM22）	—	—	4315	—	—	—	—
	—	SNCM420（SNCM23）	—	4320	4320	4320	—	—	—
	—	SNCM431（SNCM1）	—	—	4337	4337	—	—	—
	—	SNCM447（SNCM9）	—	—	4347	—	—	—	—
	—	SNCM625（SNCM2）	—	—	—	—	830M31	—	—
	—	SNCM815（SNCM25）	—	—	—	—	835M15	—	R683/Ⅺ14

续附表 A-4

类别	中国	日本	德　国	美　　国			英　国	法国	国际
	GB，YB	JIS	DIN(W-Nr.)	ASTM	AISI	SAE	BS	NF	ISO
硼钢组	40B	—	—	—	TS14B35	—	—	—	—
	40B	—	—	—	50B36H	—	—	—	—
	40MnB	—	—	—	TS14B35H	—	—	—	—
	40MnB	—	—	—	TS14B50H	—	—	—	—

附表 A-5　淬透性合金结构钢牌号

中国	日　本	德国	美　　国			英国	法国	国际
GB，YB	JIS	DIN(W-Nr.)	ASTM	AISI	SAE	BS	NF	ISO
—	SMn433H(SMn1H)	—	1330H	1330H	1330H	—	—	—
—	SMn438H(SMn2H)	—	1041H	1041H	1041H	—	—	—
—	SMn443H(SMn3H)	—	1041H	1041H	1041H	—	—	—
—	SCr420H(SCr22H)	—	5120H	5120H	5120H	—	—	—
—	SCr430H(SCr2H)	—	5130H	5130H	5130H	530H30	—	—
—	SCr435H(SCr3H)	—	5135H	5135H	5135H	503H36	—	—
—	SCr440H(SCr4H)	—	5140H	5140H	5140H	503H40	—	—
—	SCM418H	—	4118H	4118H	4118H	—	—	—
—	SCM435H(SCM3H)	—	4135H	4135H	4135H	640H35	30CD4	—
—	SCM440H(SCM4H)	—	4140H	4140H	4140H	708H42	—	—
—	SCM445H(SCM5H)	—	4145H	4145H	4145H	—	—	—
—	SNC631H(SNC2H)	—	—	—	—	—	30NC11	—
—	SNC815H(SNC22H)	—	—	—	—	655H13	—	—
—	SNCM220H(SNCM21H)	—	8620H	8620H	8620H	—	20NCD2	—
—	SNCM420H(SNCM23H)	—	4320H	4320H	4320H	—	—	—

附表 A-6　弹簧钢牌号

中国	日本	德　国	美　　国			英国	法国	国际
GB，YB	JIS	DIN(W-Nr.)	ASTM	AISI	SAE	BS	NF	ISO
65	—	C67(1.0761)，CK67(1.1231)	1064，1065	1064，1065	1064，1065	080A67	XC65	—
70	—	C67(1.0761)，CK67(1.1231)	1070	1070	1070	070A72	XC70	—

续附表 A-6

中国	日本	德　国	美　国			英国	法国	国际
GB，YB	JIS	DIN(W-Nr.)	ASTM	AISI	SAE	BS	NF	ISO
75	—	C75(1.0773)	1074	1074	1074	070A78	XC70，XC80	—
85	SUP3	—	1084	1084	1084	080A86	—	—
65Mn	—	—	1566	—	1566，1066	—	—	—
55Si2Mn	SUP6	55Si7(1.0904)	9255	9255	9255	250A53	55S6，56S7	—
60Si2CrA	—	67SiCr5(1.7103)	9254	—	9254	—	—	—
50CrMn	SUP9	55Cr3(1.7176)	—	—	—	527A60	—	—
50CrVA	SUP10	50CrV4(1.8159)	6150	6150	6150	735A50	50CV4	—

附表 A-7　滚动轴承钢牌号

中国	日本	德　国	美　国			英国	法国	国际
GB，YB	JIS	VDEh(W-Nr.)	ASTM	AISI	SAE	BS	NF	ISO
GCr6	—	105Cr2(1.3501)	E50100	—	50100	—	100C3	—
GCr9	SUJ1	105Cr4(1.3503)	E51100	51100	51100	534A99	100C5	—
GCr15	SUJ2	100Cr6(1.3505)	E52100	52100	52100	534A99	100C6	—
GCr9SiMn	SUJ3	—	A485-Gr. 1	—	—	—	—	—
GCr15SiMn	—	100CrMn6(1.3520)	—	—	—	—	—	—

附表 A-8　高速工具钢牌号

中　国	日本	德　国	美　国			英国	法　国	国际
GB，YB	JIS	VDEh(W-Nr.)	ASTM	AISI	SAE	BS	NF	ISO
W18Cr4V	SKH2	S18-0-1 (1.3355)	T1	T1	—	BT1	4201，Z80WCV	—
—	SKH3	S18-1-2-5 (1.3255)	T4	T4	—	BT4	4271，Z80WKCV	—
—	SKH4A	—	T5	T5	—	BT5	4275，Z80WKCV	—
—	SKH4B	—	T6	T6	—	BT6	—	—
—	SKH10	S12-1-4-5 (1.3202)	—	T15	—	BT15	4175，Z165WKCV	—
—	SKH9	S6-5-2 (1.3343)	M2	M2	—	BM2	4301，Z85WDCV	—
—	SKH52	—	M3-1	M3-1	—	—	—	—

续附表 A-8

中国	日本	德国	美国			英国	法国	国际
GB, YB	JIS	VDEh(W-Nr.)	ASTM	AISI	SAE	BS	NF	ISO
—	SKH53	S6-5-3 (1.3344)	M3-2	M3-2	—	—	—	—
—	SKH54	—	—	M4	—	BM14	4361, Z130WDCV	—
—	SKH55	S6-5-2-5 (1.3243)	—	—	—	—	4371, Z85WDKCV	—
—	SKH56	—	M36	M36	—	—	—	—
—	SKH57	S10-4-3-10 (1.3207)	—	—	—	—	—	—
W12Cr4V4Mo	—	S12-4 (1.3302)	—	—	—	—	—	—

附表 A-9 不锈耐酸钢牌号

中国	日本	德国	美国			英国	法国
GB, YB	JIS	DIN(W-Nr.)	ASTM	AISI	SAE	BS	NF
0Cr13	SUS405	X7Cr13(1.4000)	—	405	—	405S17	—
—	SUS429	—	—	429	—	—	—
—	SUS416	—	—	416	—	416S21	Z12CF13
1Cr17	SUS430	X8Cr17(1.4016)	—	430	—	430S15	Z8C17
—	SUS430F	X12CrMoS17(1.4104)	—	430F	—	—	Z10CF17
—	SUS434	X6CrMo17(1.4113)	—	434	—	434S19	Z8CD17-01
1Cr28	—	X8Cr28(1.4083)	—	—	—	—	—
0Cr17Ti	—	—	—	—	—	—	—
1Cr17Ti	—	X8CrTi17(1.4510)	—	—	—	—	—
1Cr25Ti	—	—	—	—	—	—	—
1Cr17Mo2Ti	—	X8CrMoTi17(1.4523)	—	—	—	—	—
1Cr13	SUS410, SUS403	X10Cr13(1.4006), X15Cr13(1.4024)	—	410, 403	—	410S21, 403S17	—
—	SUS410S	X7Cr13(1.4000)	410S	—	—	—	Z6C13
2Cr13	SUS420J1	X20Cr13(1.4021)	—	420	—	420S37, 420S29	Z20C13
—	SUS420F	—	—	420F	—	—	Z30CF13
3Cr13	SUS420J2	—	—	—	—	420S45	Z30C13
4Cr13	—	X40Cr13(1.4034)	—	—	—	—	Z40C14
1Cr17Ni2	SUS431	X22CrNi17(1.4057)	—	431	—	431S29	—
9Cr18	—	—	—	—	—	—	—
9Cr18MoV	—	X90CrMoV18(1.4112)	—	—	—	—	—

续附表 A-9

中国	日本	德 国	美 国			英国	法国
GB，YB	JIS	DIN(W-Nr.)	ASTM	AISI	SAE	BS	NF
—	SUS440A	—	—	440A	—	—	—
—	SUS440B	—	—	440B	—	—	—
—	SUS440C	—	—	440C	—	—	Z100CD17
—	SUS440F	—	440F	—	—	—	—
—	SUS305	X5CrNi19(1.4303)	—	305	—	305S19	Z8CN18-12
00Cr18Ni10	SUS304L	X2CrNi18(1.4306)	—	304L	—	304L12	Z2CN18-10
0Cr18Ni9	SUS304	X5CrNi18(1.4301)	—	304	—	304S15	Z6CN18-09
1Cr18Ni9	SUS302	X12CrNi18(1.4300)	—	302	—	302S25	Z10CN18-09
2Cr18Ni9	—	—	—	—	—	—	—
—	SUS303	X12CrNiS18(1.4305)	—	303	—	303S12	Z10CNF18-09
—	SUS303Se	—	—	303Se	—	303S14	—
—	SUS201	—	—	201	—	—	—
—	SUS202	—	—	202	—	284S16	—
—	SUS301	—	—	301	—	301S21	Z12CN17-07
0Cr18Ni9Ti	SUS321	X10CrNiTi18(1.4541)	—	321	—	321S12	Z6CNT18-11
1Cr18Ni9Ti	—	X10CrNiTi18(1.4541)	—	—	—	321S20	Z10CNT18-11
1Cr18Ni11Nb	SUS347	X10CrNiNb18(1.4550)	—	347	—	347S17	Z10CNNb18-10
—	SUS384	—	—	384	—	—	Z6CNC18-16
—	SUS385	—	—	385	—	—	—
—	SUS XM7	—	XM7	—	—	—	Z6CNU18-10
—	SUS XM15J1	—	XM15	—	—	—	—
2Cr13Mn9Ni4	—	—	—	—	—	—	—
1Cr18Mn8Ni5N	—	—	—	—	—	—	—
0Cr18Ni2 Mo2Ti	—	X10CrNiMoTi18 (1.4571)	—	—	—	—	Z8CNDT17-12
1Cr18Ni12 Mo2Ti	—	X10CrNiMoTi18 (1.4571)	—	—	—	—	Z8CNDT17-12
—	SUS308	—	—	308	—	—	—
—	SUS309S	—	—	309S	—	—	—
—	SUS310S	—	—	310S	—	—	—
00Cr17Ni14 Mo3	SUS317L	X2CrNiMo18(1.4438)	—	317L	—	317S12	Z2CND19-15

续附表 A-9

中国	日本	德 国	美 国			英国	法国
GB，YB	JIS	DIN(W-Nr.)	ASTM	AISI	SAE	BS	NF
—	—	—	—	—	—	320S17	Z8CNDT17-13
—	—	—	—	—	—	—	Z8CNDT17-13
—	SUS317	—	—	317	—	317S16	—
—	SUS316	X2CrNiMo18(1.4401)	—	316	—	—	Z6CND17-12
—	SUS316L	X2CrNiMo18(1.4404), X2CrNiMo18(1.4435)	—	316L	—	316S12	Z2CND17-12, Z2CND17-13
00Cr18Ni14 Mo2Cu2	SUS316J1L	—	—	—	—	—	—
0Cr18Ni18 Mo2Cu2Ti	—	X5CrNiMoCuTi18 (1.4506)	—	—	—	—	—
0Cr17Ni7Al	SUS631	X7CrNiAl17(1.4568)	631	—	—	—	Z8CNA17-7
—	SUS630	—	630	—	—	—	—

附表 A-10 耐热钢牌号

中国	日本	德 国	美 国			英国	法国
GB，YB	JIS	DIN(W-Nr.)	ASTM	AISI	SAE	BS	NF
1Cr13Si3	—	X10CrSi13(1.4722)	—	—	—	—	—
1Cr18Si2	—	X10CrSi18(1.4741)	—	442	—	—	—
1Cr13SiAl	—	X10CrAl13(1.4724)	—	—	—	—	—
1Cr13	SUS410, SUS403	X10Cr13(1.4006), X15Cr13(1.4024)	—	410，403	—	410S21, 403S17	Z12C13
2Cr13	—	—	—		—	—	—
1Cr5Mo	—	12CrMo195(1.7362)	—	501，502	—	—	Z12CD5
1Cr11MoV	—	—	—	—	—	—	—
4Cr9Si2	SUH1	X45CrSi9(1.4718)	—	—	—	401S45	Z45CS9
4Cr10Si2Mo	SUH3	—	—	—	—	—	Z40CSD10, Z45CSD10
1Cr18Ni9Ti	—	X10CrNiTi189(1.4541)	—	—	—	321S20	Z10CNT18-11
1Cr18Ni12Ti	—	—	—		—	—	—
1Cr23Ni13	SUH309	—	—	309	—	309S24	Z15CN24-13
1Cr20Ni14Si2	—	X15CrNiSi2012(1.4828)	—	—	—	—	—
1Cr25Ni20Si2	SUH310	X15CrNiSi2520(1.4841)	—	310	—	—	Z12CN25-20
4Cr14Ni14W2Mo	—	—	—	—	—	—	—

续附表 A-10

中国	日本	德国	美国			英国	法国
GB，YB	JIS	DIN(W-Nr.)	ASTM	AISI	SAE	BS	NF
—	SUH31	—	—	—	—	331S42	Z25CNWS14-14
1Cr15Ni36W3Ti	—	—	—	—	—	—	—
—	SUH35	—	—	—	—	349S52	—
—	SUH36	—	—	—	—	349S54	—
—	SUH37	—	—	—	—	381S34	—
—	SUH330	—	—	330	—	—	Z12NCS36-16
—	SUH660	—	660	—	—	—	Z6NCTDV25-15B
—	SUH661	—	661	—	—	—	—
—	SUH21	CrA1205(1.4767)	—	—	—	—	—
—	SUH409	—	—	409	—	—	—
—	SUH446	—	—	446	—	—	—
—	SUH4	—	—	—	—	443S65	Z80CSN20-02
—	SUH11	—	—	—	—	—	Z45CS9
—	SUH600	—	—	—	—	—	Z20CDNbV11
—	SUH616	—	616	—	—	—	—

附表 A-11　易切结构钢牌号

中国	日本	德国	美国			英国	法国	国际
GB，YB	JIS	DIN(W-Nr.)	ASTM	AISI	SAE	BS	NF	ISO
Y12	SUM12	—	1109	1109	1109	—	10F2	—
Y15	—	10S20(1.0721)	1119	1119	1119	220M07	—	—
—	—	—	—	—	—	—	—	—
Y20	SUM32	22S20(1.0724)	—	—	—	—	20F2	—
Y30	—	35S20(1.0726)	—	—	—	—	—	—
Y40Mn	—	—	1139	1139	1139	225M36	45MF4	—
—	SUM21	—	1212	1212，1112	1212	—	—	R683/Ⅸ1
—	SUM22	—	1213	1213，1113	1213	—	—	R683/Ⅸ
—	SUM22L	—	12L13	—	12L13	—	—	R683/Ⅸ2Pb
—	SUM23	—	—	—	1215	—	—	—
—	SUM24L	—	12L14	12L14	12L14	—	—	—
—	SUM31	—	1117	1117	1117	—	—	—
—	SUM41	—	1137	1137	1137	—	—	—
—	SUM42	—	1141	1141	1141	—	—	—
—	SUM43	—	1144	1144	—	225M44	45MF4	—

附表 A-12　合金工具钢牌号

类别	中国	日本	德　国	美　国			英国	法国	国际
	GB，YB	JIS	VDEh(W-Nr.)	ASTM	AISI	SAE	BS	NF	ISO
量具刃具用钢组	9SiCr	—	90CrSi5(1.2108)	—	—	—	—	—	—
	8MnSi	—	C75W3(1.1750)	—	—	—	—	—	—
	CrMn	—	145Cr5(1.2063)	—	—	—	—	—	—
	—	SKS51	—	L6	L6	—	—	—	—
	CrW5	SKS1	—	—	—	—	—	—	—
	—	SKS11	—	F2	F2	—	—	—	—
	—	SKS7	—	O7	O7	—	—	2142，110WC20	—
	CrO6	SKS8	140Cr3(1.2008)	—	—	—	—	1230，Y2135C	—
	Cr2	—	100Cr6(1.2067)，105Cr5(1.2060)	L3	—	—	—	—	—
	9Cr2	—	85Cr7(1.2064)	—	—	—	—	—	—
	—	SKS2	—	—	—	—	—	2141，100WC10	—
	V	SKS43	—	W2-91/2，W1-91/2	—	—	BW2	1162，Y1105V	—
	W	SKS21	—	F1	—	—	BF1	—	—
耐冲击工具用钢组	4CrW2Si	SKS41	35WCrV7(1.2541)，45WCrV7(1.2542)	S1	S1	—	BS1	2341，55WC20	—
	5CrW2Si	—	45WCrV7(1.2542)	—	—	—	BS1	—	—
	—	SKS42	80WCrV8(1.2552)	—	—	—	—	—	—
	6CrW2Si	—	—	—	—	—	—	—	—
	—	SKS44	—	W2-81/2	—	—	—	—	—
冷作模具钢组	Cr12	SKD1	X210Cr12(1.2080)	D3	D3	—	BD3	2233，Z200C12	—
	Cr12MoV	SKD11	X165CrMoV12 (1.2601)	D2	D2	—	BD2，BD2A	2235，Z160CDV12	—
	Cr6WV	—	—	—	—	—	—	—	—
	—	SKD12	—	A2	A2	—	BA2	2231，Z100CDV5	—
	9Mn2	—	—	O2	O2	—	—	—	—
	9Mn2V	—	90MnV8(1.2842)	O2	O2	—	BO2	2211，90MV8	—
	MnCrWV	—	—	O1	O1	—	BO1	—	—
	CrWMn	SKS31	105WCr6(1.2419)	—	—	—	—	2212，90MCW5	—
	9CrWMo	SKS3	—	—	—	—	—	—	—
	—	SKD2	X210CrW12 (1.2436)	D7	D7	—	—	—	—

续附表 A-12

类别	中国	日本	德国	美国			英国	法国	国际
	GB，YB	JIS	VDEh（W-Nr.）	ASTM	AISI	SAE	BS	NF	ISO
热作模具钢组	5CrMnMo	SKT3	40CrMnMo7（1.2311）	6G（ASM）	6G	—	—	—	—
	—	SKT5	48CrMoV67（1.2323）	6G（ASM）	6G	—	—	—	—
	—	SKT2	—	6150	6150	6150	—	—	—
	SCrNiMo	SKT4	55NiCrMoV6（1.2713）	6F2（ASM）	6F2	—	—	3381，55NCDV7	—
	3Cr2W8V	SKD5	X30WCrV53（1.2567）	H21	H21	—	BH21，BH21A	3543，Z30WCV9	—
	4SiCrV	—	38SiCrV8（1.2248），45SiCrV6（1.2249）	—	—	—	—	—	
	8Cr3	—	—	—	—	—	—	—	
	—	SKD6	X38CrMoV51（1.2343）	H11	H11	—	BH11	3431，Z38CDV5	—
	—	SKD4	—	—	—	—	—	—	—
	—	SKD61	X40CrMoV51（1.2344）	H13	H13	—	BH13	—	—
	—	SKD62	—	H12	H12	—	BH12	3432，Z38CDWV5	—

附录B 硬质涂层高速钢刀具技术条件

（中华人民共和国国家标准 GB/T 25671—2010）

B.1 范围

本标准规定了硬质涂层高速钢刀具的涂层前刀具（基体）的技术要求、涂层后刀具的技术要求以及标志和包装等基本要求。

本标准适用于硬质涂层（以下简称涂层）高速钢刀具。

B.2 规范性引用文件

下列文件中的条款通过本标准的引用而成为本标准的条款，凡是注日期的引用文件，其随后所有的修改单（不包括勘误的内容）或修订版均不适用于本标准，然而，鼓励根据本标准达成协议的各方研究是否可使用这些文件的最新版本，凡是不注日期的引用文件，其最新版本使用本标准。

JB/T 7707—1995 离子镀硬膜厚度试验方法——球磨法。

B.3 术语和定义

下列术语和定义适用于本标准。

B.3.1 硬质涂层

刀具表面涂覆一层硬度高于 1800HV 的膜层，提高刀具耐磨性的涂层。

B.4 涂层的分类和常用涂层元素表达式

B.4.1 高速钢刀具涂层采用物理气相沉积（PVD）方法制作，一般可分为钛基、铝钛基、铝铬基三种，常用涂层元素表达式见附表 B-1。

B.4.2 高速钢刀具应根据刀具的品种、被加工材料和切削参数等要求选择合适的涂层。

B.5 涂层前刀具（基体）的技术要求

B.5.1 外观

B.5.1.1 涂层前刀具应未经任何表面处理，且无磁性和锈迹。

B.5.1.2 需要涂层的工作部分不应有崩刃、毛刺、裂纹和磨削烧伤等影响使用性能的缺陷。

B.5.1.3 刀具没有螺钉固定或压力固定部分。

B.5.2 表面粗糙度

需涂层的工作表面粗糙度的上限值为 $Ra0.8\mu m$。

B.5.3 尺寸和公差

刀具需涂层部分的尺寸及偏差和形位公差应考虑涂层厚度的影响。

B.5.4 硬度

涂层前刀具的硬度应符合相应产品标准的规定。

B.6 涂层后刀具的技术要求

B.6.1 外观

B.6.1.1 涂层后刀具工作部分不应有崩刃、裂纹、磁性、锈迹和弧斑等影响使用性能的缺陷。

B.6.1.2 涂层色泽应具有一致性。

B.6.1.3 涂层表面的膜层应完整，未涂层部分不应有氧化膜。

B.6.1.4 涂层与未涂层处分界线应清晰分明。

B.6.2 表面粗糙度

涂层工作表面粗糙度的上限值为 $Ra0.8\mu m$。

B.6.3 尺寸和公差

涂层刀具的尺寸及偏差和形位公差应符合相应产品标准规定。

B.6.4 涂层厚度

涂层厚度应大于等于 1μm，涂层厚度按 JB/T 7707—1995 的规定进行检验。

B.6.5 涂层结合强度

B.6.5.1 采用划痕法检验时，用划痕机检验，在试验载荷为 29.4N 时，膜层不应出现被划透露出基体的现象，其检验方法见附录 A。

B.6.5.2 采用压痕法进行检测时，其检验方法见附录 B，涂层效果应达到附图 B-1 中 HF4。

B.6.5.3 采用超声波振荡法检验时，应将刀具置于金属清洗剂水溶液或去离子水中，用功率密度 $0.4W/cm^2$，输出频率 20~40kHz 的超声波冲击 10min，涂层应无脱落现象。

B.6.6 硬度

B.6.6.1 用显维硬度计进行膜层硬度检测，当膜层厚度小于等于 2.5μm 时，载荷为 25g，当膜层厚度大于 2.5μm 时，载荷为 50g。

钛基、铝钛基、铝铬基涂层的显维硬度值规定见附表 B-1。

附表 B-1 钛基、铝钛基、铝铬基涂层显维硬度值

涂 层 类 别	常用涂层元素表达式	显维硬度 HV
钛基涂层	TiN	≥1800
	TiCN	≥3200

续附表 B-1

涂层类别	常用涂层元素表达式	显维硬度 HV
铝钛基涂层	TiAlN	≥3000
	TiAlCN	≥2800
	AlTiN	≥3500
铝铬基涂层	AlCrN	≥3200

B. 6. 6. 2 涂层硬度在涂层厚度不小于 2. 5μm，且与刀具同炉涂层处理的高速钢平面试样上检验。高速钢试样基体硬度大于 60HRC，试样表面粗糙度应达到 *Ra*0. 4μm。

B. 7 标志

除标志和包装除应符合相应产品标准规定外，包装盒标志增加本标准编号，产品名称前增加涂层元素表达式或代号。

B. 8 涂层结合强度检验方法——划痕法（规范性附录 GB/T 25671—2010）

B. 8. 1 检验条件

A 仪器：WS-88 型自动划痕试验机或其他同类设备。

B 压头：金刚石，锥角 120°，尖端半径为 0. 2mm。

C 加载精度：±0. 1N。

D 加载速率：98N/min。

E 划痕速度：16mm/min。

F 划痕时间：1min/次。

G 划痕次数：不少于 3 次。

B. 8. 2 试样

A 试样涂层厚度：与同炉涂层处理刀具的涂层厚度相同。

B 试样长度：大于 20mm。

B. 9 涂层结合强度检验方法——压痕法（规范性附录 GB/T 25671—2010）

B. 9. 1 检验条件

A 仪器：洛氏硬度计、金相显微镜。

B 载荷：150kg，倍率：100×。

B. 9. 2 试样

A 试样基体硬度：不小于 60HRC。

B 试样形状：柱状，高度为 15~25mm，直径 15~25mm。

C 试样表面粗糙度：*Ra*0. 4μm。

B. 9. 3　涂层

试样涂层结合强度判断标准按附图 B-1 中 HF1 ~ HF6 所示。其中：HF1、HF2 级表示涂层结合力好：HF3、HF4 表示涂层结合力合格：HF5、HF6 表示涂层结合力差。

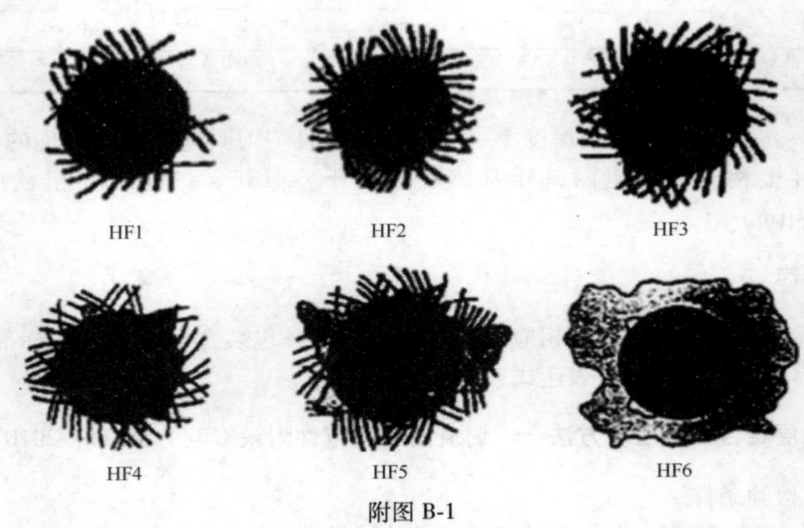

附图 B-1

附录 C　氮化钛涂层高速钢刀具技术规范

（中华人民共和国国家标准 JB/T 8365—1996）

C. 1　范围

本标准规定的氮化钛（TiN）涂层高速钢刀具的涂层前刀具（基体）的技术要求、涂层后刀具的技术要求、性能试验以及标志和包装。

本标准适用于氮化钛涂层（以下简称涂层）高速钢刀具。

C. 2　引用标准

下列标准所包含的条文，通过在本标准中引用而构成为本标准的条文。本标准出版时，所示版本均为有效。所有标准都会被修订，使用本标准的各方应探讨使用下列标准最新版本的可能性。

JB/T 7707—1995　离子镀硬膜厚度试验方法——球磨法。

C. 3　涂层前刀具（基体）的技术要求

C. 3. 1　外观

C. 3. 1. 1　涂层前刀具应未经任何表面处理，且无磁性和锈迹。

C. 3. 1. 2　需涂层的工作部分不应有崩刃、钝口、毛刺、裂纹和磨削烧伤等影响使用性能的缺陷。

C. 3. 2　表面粗糙度

需涂层的工作表面粗糙度的上限值为 $Ra0.8\mu m$。

注：若相应产品标准规定工作表面粗糙度的上限值小于 $Ra0.8\mu m$，则按相应产品标准规定。

C. 3. 3　尺寸和公差

刀具需涂层部分的尺寸及偏差和形位公差考虑涂层厚度的影响。

C. 3. 4　硬度

涂层前刀具的硬度应符合相应产品标准规定。

C. 4　涂层后刀具的技术要求

C. 4. 1　外观

C. 4. 1. 1　涂层后刀具工作部分不应有崩刃、钝口、裂纹、磁性、锈迹和弧斑等影响使用性能的缺陷。

C. 4. 1. 2　涂层色泽应呈均匀的金黄色。

C. 4. 1. 3　涂层表面的膜层应完整，未涂层部分不应有氧化膜。

C.4.1.4　涂层与未涂层分界线应清晰分明。

采用划痕法检验时，用划痕机检验，在试验载荷为29.4N时，膜层不应出现被划痕露出基体的现象。其检验方法见附录A（标准的附录）。

采用超声波震荡法检验时，应将刀具置于金属清洗剂水溶液或去离子水中，用功率密度0.4W/cm^2，输出频率20~40kHz的超声波冲击10min，涂层应无脱落现象。

C.4.2　硬度

涂层硬度值不小于2000$HV_{0.025}$。

涂层硬度值在涂层厚度不小于6μm，且与刀具同炉涂层处理的高速钢平面试样上的检验。

基体硬度值还应符合相应产品标准规定。

C.5　性能试验

C.5.1　试验条件

成批生产的涂层刀具每批应进行切削性能抽样试验。

性能试验的切削速度和进给量在相应产品标准规定的切削速度和进给量的基础上分别提高20%和10%，切削试坯为40Cr钢，调质处理，硬度为200~220HB；其余试验条件按相应产品标准的规定；切削长度为相应产品标准规定切削长度的3倍。

C.5.2　试验结果评定

经切削性能试验后的涂层刀具不应有崩刃、工作表面涂层脱落和显著的磨损。如试验样本有一件不符合上述要求，即判此批涂层刀具的性能试验不合格。

C.6　标志和包装

除标志和包装应符合相应产品标准规定外，包装盒和标志增加本标准编号，产品名称前增加“TiN涂层”。

附录D　整体硬质合金涂层刀具检测方法

（中华人民共和国国家标准JB/T 11442—2013）

D.1　范围

本标准规定了整体硬质合金涂层刀具涂层的分类、涂层后的技术要求及检测方法。

本标准适用于整体硬质合金涂层刀具。

D.2　规范性引用文件

下列文件对于本文件的应用是必不可少的。凡是注日期的引用文件，仅注日期的版本适用于本文件。凡是不注日期的引用文件，其最新版本（包括所有的修改单）适用于本文件。

GB/T 230.1—2009　金属材料　洛氏硬度试验

第1部分：试验方法（A、B、C、D、E、F、G、H、K、N、T标尺）

GB/T 6462—2005　金属和氧化物覆盖层　厚度测量　显微镜法

JB/T 7707—1995　离子镀硬膜厚度试验方法——球磨法

JB/T 8554—1997　气相沉积薄膜与基体附着力的划痕试验法

D.3　涂层的分类

D.3.1　硬质合金刀具涂层可采用物理气相沉积（PVD）方法和化学气相沉积（CVD）方法制作。应用于整体硬质合金刀具的物理气相沉积（PVD）涂层种类十分广泛，而用于整体硬质合金刀具的化学气相沉积（CVD）涂层种类较少，以金刚石类型涂层为主。

D.3.2　硬质合金刀具应根据刀具的品种、被加工材料和切削参数等要求选择合适的涂层。

D.4　涂层后刀具技术要求及检测方法

D.4.1　外观

D.4.1.1　涂层后刀具其工作部分不应有崩刃、裂纹、磁性和弧斑等影响使用性能的缺陷。

D.4.1.2　同一炉涂层色泽应具有一致性。

D.4.1.3　涂层表面的膜层应完整，无膜层脱落。

D.4.1.4　涂层后刀具的外观用肉眼观察检测，涂层后刀具工作部分用20~40倍显微镜进行观察检测。

D.4.2　尺寸和公差

涂层刀具的尺寸及偏差和形位公差按相应检测规范进行检测。

D.4.3 硬质合金基材

涂层刀具的硬质合金基材按相应检测规范进行检测，根据实际情况可选用同批次硬质合金棒料检测结果替代。

D.4.4 涂层厚度

D.4.4.1 涂层厚度应大于或等于 1μm。

D.4.4.2 涂层厚度可采用球痕法或横截面金相法进行检测。球痕法按 JB/T 7707—1995 规定的方法进行检测：横截面金相法按 GB/T 6462—2005 规定的方法进行检测。

D.4.5 涂层结合强度

D.4.5.1 一般要求

涂层结合强度应符合相应检测方法的技术要求。

D.4.5.2 检测方法

D.4.5.2.1 划痕法

采用划痕机按 JB/T 8554—1997 规定的方法进行检测，在试验载荷为 40N 时，膜层不应出现被划穿透露出基体的现象。

D.4.5.2.2 压痕法

按下列方法进行：

（1）试样表面粗糙度：$Ra \leqslant 0.4\mu m$。

（2）采用洛氏硬度计（载荷 60kg）按 GB/T 230.1—2009 规定的方法进行试验，用金相显微镜（倍率 100X）进行观察。

（3）涂层结合强度判断标准按附图 D-1 中 HF1~HF6 所示。其中：HF1、HF2 级

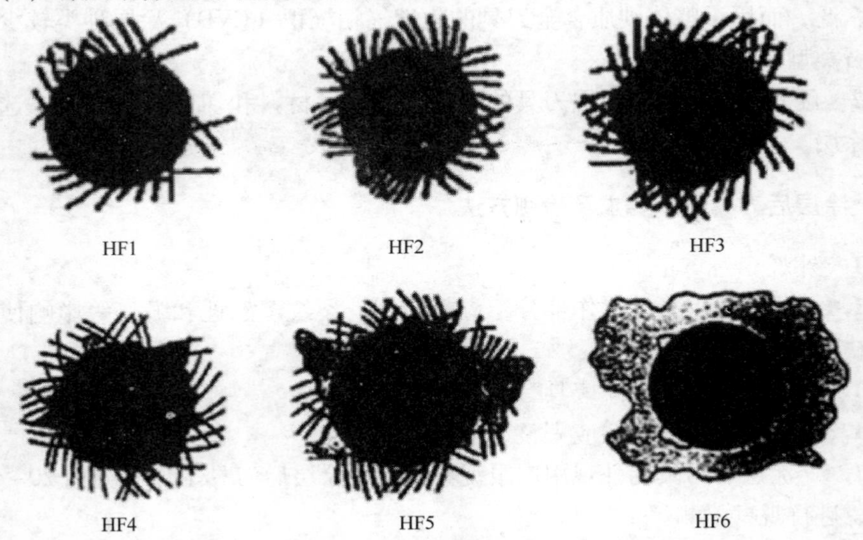

附图 D-1 压痕法涂层结合强度评判图谱

表示涂层结合力好；HF3、HF4 级表示涂层结合力一般，HF5、HF6 级表示涂层结合力差。涂层效果应达到附图 D-1 中 HF1～HF4。

D. 4. 6　随炉试样

D. 4. 6. 1　当整体硬质合金涂层刀具不便进行上述检测时，可使用硬质合金随炉试样检测。

D. 4. 6. 2　随炉试样应放置在与被涂层刀具同炉的有效涂层区域中，上、中、下位置各放一片。大小应为不小于 10mm×10mm×4mm 的方块，检测表面粗糙度值 $Ra \leqslant 0.4\mu m$。

附录 E　金刚石涂层硬质合金刀具技术条件

（中华人民共和国国家标准 JB/T 11449—2013）

E.1　范围

本标准规定了金刚石涂层刀具涂层前硬质刀具（基体）表面的技术要求、涂层后硬质合金刀具的技术要求。

本标准适合于金刚石涂层（以下简称涂层）硬质合金刀具（以下简称刀具）。

E.2　涂层前刀具基体表面的技术要求

E.2.1　外观

刀具表面需涂层的区域不应有破损、崩刃、剥落、裂纹和磨削烧伤等影响使用性能的缺陷。

E.2.2　材料

刀具应采用 K 类（WC-Co 类）硬质合金，含 Co 量小于或等于 10%，碳化钨晶粒尺寸为中粒度或细粒度，并符合有关技术要求的规定。

E.2.3　表面预处理

涂层前刀面应经过表面脱钴及表面粗化处理，经清洗后刀面表面应干燥、无油、无污点等。

E.2.4　表面粗糙度

需涂层的工作表面粗糙度预处理后不宜超过 $Ra1.6\mu m$，若相应产品标准规定工作表面粗糙度的上限值为 $Ra1.6\mu m$，则按相应产品标准规定。

E.2.5　尺寸和公差

刀具需涂层部分的尺寸及偏差和形位公差应考虑涂层厚度的影响，需涂层的刀具尺寸应为刀具公称尺寸减去涂层厚度。

E.3　涂层后刀具的技术要求

E.3.1　外观

涂层刀具的外观应符合：

工作区域不应有崩刃、裂纹和弧斑等影响使用性能的缺陷，并无剥落物；

涂层色泽应呈均匀的灰黑色；

涂层表面的膜层用扫描电子显微镜观察应均匀、连续、完整。

E.3.2　表面粗糙度

涂层工作表面粗糙度的上限值为 $Ra1.6\mu m$。

E.3.3 尺寸和公差

涂层刀具的尺寸及偏差和形位公差应符合相应产品标准的规定。

E.3.4 涂层厚度

刀具表面金刚石涂层厚度的下限值为4μm。

E.3.5 涂层成分

刀具表面金刚石涂层质量采用拉曼光谱评定其质量，主要成分应为SP^3金刚石结构，金刚石成分含量应大于95%，不应存在大量的石墨或无定型碳成分。

E.3.6 涂层结合强度

采用压痕法，利用洛氏硬度计测量。金刚石压头角度120°、半径0.2mm、载荷600NH，涂层受压后不应出现脱落现象。

E.3.7 硬度

采用纳米压痕仪测量，涂层硬度值不小于$7000HV_{0.025}$。

附录 F　真空镀膜设备通用技术条件

（中华人民共和国国家标准 GB/T 11164—2011）

F.1　范围

本标准规定了真空镀膜设备的技术要求、试验方法、检验规则及标志、包装、运输和贮存等要求。

本标准适用于压力在 10^{-5} ~ 10^{-3} Pa 范围的真空蒸发类、溅射类、离子镀类真空镀膜设备（以下简称设备）。

F.2　规范性引用文件

下列文件对于本文件的应用是必不可少的。凡是注日期的引用文件，仅所注日期的版本适用于本文件。凡是不注日期的引用文件，其最新版本（包括所有的修改单）适用于本文件。

GB/T 191—2008　包装储运图示标志

GB/T 3163—2007　真空技术　术语

GB 5226.1—2008　机械电气安全　机械电气设备　第 1 部分：通用技术条件

GB/T 6070—2007　真空技术　法兰尺寸

GB/T 13306—2011　标牌

GB/T 13384—2008　机电产品包装通用技术条件

GB/T 15945—2008　电能质量　电力系统频率偏差

GB 18209.1—2010　机械电气安全　指示、标志和操作　第 1 部分：关于视觉、听觉和触觉信号的要求

JB/T 7673　真空设备型号编制方法

F.3　术语和定义

GB/T 3163—2007 界定的以及下列术语和定义适用于本文件。

F.3.1　极限压力

泵在工作时，空载干燥的真空容器逐渐接近、达到并维持稳定的最低压力。

注：单位为帕（Pa）。

F.3.2　恢复真空抽气时间

真空系统正常工作时，将空载干燥的镀膜室从大气压（10^5 Pa）抽到规定的工作压力所需要的时间。

注：单位为分钟（min）。

F. 3. 3　升压率

将空载干燥的镀膜室连续抽气至稳定的最低压力后，停止抽气，在镀膜室内由于漏气或内部放气所造成的单位时间的升压。

注：单位为帕每小时（Pa/h）。

F. 4　技术要求

F. 4. 1　设备正常工作条件

F. 4. 1. 1　环境温度：10~35℃。

F. 4. 1. 2　相对湿度：不大于 75%。

F. 4. 1. 3　冷却水进水温度：不高于 25℃。

F. 4. 1. 4　冷却水质：城市自来水或质量相当的水。

F. 4. 1. 5　供电电源：380V、三相、50Hz 或 220V、单相、50Hz（由所用电器需要而定）；电压波动范围 342~399V 或 198~231V；根据 GB/T 15945—2008 中的规定，频率偏差限值为±0. 5Hz，其频率波动范围 49. 5~50. 5Hz。

F. 4. 1. 6　设备所需的压缩空气、液氮、冷热水等压力、温度、消耗量均应在产品使用说明书中写明。

F. 4. 1. 7　设备周围环境整洁，空气清洁，不应有可引起电器及其他金属件表面腐蚀或引起金属间导电的尘埃或气体存在。

F. 4. 2　设备技术参数

F. 4. 2. 1　设备的主要技术参数应符合附表 F-1 的规定。

F. 4. 2. 2　设备的型号应符合 JB/T 7673 的规定。

附表 F-1　设备的主要技术参数

<table>
<tr><th>项次</th><th colspan="2">参数名称</th><th colspan="3">参数数值</th></tr>
<tr><td>1</td><td colspan="2">镀膜室尺寸分档/mm</td><td colspan="3">300*、320、400、450*、500*、600、630、700*、800*、900、1000*、1100*、1200*、1250、1350、1400、1600*、1800、2000*、2200、2400、2500、2600、3200</td></tr>
<tr><td rowspan="4">2</td><td rowspan="4">真空指标</td><td>分档</td><td>A</td><td>B</td><td>C</td></tr>
<tr><td>极限压力/Pa</td><td>$\leqslant 5\times10^{-5}$</td><td>$\leqslant 5\times10^{-4}$</td><td>$\leqslant 5\times10^{-3}$</td></tr>
<tr><td>抽气时间/min</td><td>(10^5Pa~2×10^{-3}Pa)
≤20</td><td>(10^5Pa~7×10^{-3}Pa)
≤20</td><td>(10^5Pa~7×10^{-2}Pa)
≤20</td></tr>
<tr><td>升压率/$Pa\cdot h^{-1}$</td><td>$\leqslant 2\times10^{-1}$</td><td>$\leqslant 8\times10^{-1}$</td><td>≤2. 5</td></tr>
<tr><td>3</td><td>沉积源指标</td><td>沉积源型式、尺寸、数量及最大耗电功率</td><td colspan="3">根据设计要求</td></tr>
</table>

续附表 F-1

项次	参数名称		参数数值
4	工件架指标	工件架尺寸及转动方式 工件烘烤方式及烘烤温度	根据设计要求
5	离子轰击、工件偏压功率		
6	膜厚监控方式及控制精度		
7	设备控制方式		
8	设备最大耗电量		

注：1. 所列镀膜室的几何尺寸，对圆筒式室体为圆筒内径；对箱式室体为箱体内宽度。带“*”号尺寸优先选用，其他尺寸和其他结构形式的设备可由制造厂参照上述尺寸决定。专用设备由用户与制造厂另订协议。
2. 本尺寸分档作为推荐值，不作考核。

F.4.3 结构要求

F.4.3.1 设备中的真空管道、静动密封零部件的结构形式和尺寸应符合 GB/T 6070—2007 的规定。

F.4.3.2 在真空管道及镀膜室上应安装真空测试规管，分别测量各部位的压力。

F.4.3.3 如果设备的主泵为扩散泵时，应在泵的进气口一侧安装油蒸气捕集阱。

F.4.3.4 设备的镀膜室应有观察窗，对在镀膜过程中发生射线的设备，观察窗上应加装防射线镜片。

F.4.4 制造要求

F.4.4.1 设备主要零部件制造所用的原材料应符合相应的材料标准的规定，且应具有质量合格证书。如证书不全或产生疑问时应由制造厂检验部门负责复验。

F.4.4.2 设备的零部件的机械加工质量及设备的焊接质量均应符合制造厂技术文件的规定。

F.4.4.3 设备的装配质量应符合制造厂技术文件的规定，装配时对工作中处于真空状态的各零部件表面应进行有效的真空清洗处理并予以干燥，各运动件装配后应运动灵活平稳。

F.4.4.4 设备中镀膜沉积源、离子轰击、工件偏压、工件加热、膜厚监控等装置均应逐项调试和联合调试，性能均应达到设计要求、运行可靠。工件加热过程中设备应能正常运转。

F.4.4.5 设备所配用的自制或外购的泵、阀、表、计等各类机械、电器元器件都应符合相应产品标准的规定，并应具有质量合格证书或经制造厂检验部门检验合格后方可使用。

F. 4. 4. 6 设备配套的电器装置的制造质量应符合制造厂技术文件的规定，并应保证设备运行和操作时的安全可靠。装置中线路的排布应整齐清晰、便于检修，装置中各电气回路的绝缘电阻值应符合附表 F-2 的规定。

附表 F-2 电气回路的绝缘电阻值

电压/kV	0.5	0.5~1	1~3	3~10
绝缘电阻/MΩ	≥2	≥2.5	≥3.5	≥6

F. 4. 4. 7 设备的外观质量应做到没有非功能性需要的尖角、棱角、凸起及粗糙不平表面。零部件结合面边沿应整齐匀称，不应有明显错位。金属零件的镀层应牢固，无变质、脱落及生锈等现象。所有紧固件应有防腐层。设备的涂漆表面应光洁、美观、牢固，无剥落起皮现象。

F. 4. 5 安全防护要求

F. 4. 5. 1 关键部件的水冷系统中应有断水或水压不足的报警装置，并与电源、真空系统、传动系统相关联部分有联锁保护机构，这些保护机构的动作应灵敏可靠。

F. 4. 5. 2 对装设电磁或气动阀门的设备，镀膜室充气阀与高真空阀及高真空阀与预抽阀均应保持互锁，突然停电时，阀门应能自动关闭。

F. 4. 5. 3 设备及其附属的电气装置均应装设接地装置，接地处应有明显标记。

F. 4. 5. 4 设备各单元到相附属的电控柜之间的连接导线和电缆应有防止磨损或碰伤的保护措施，如将其放置在导线管和电缆管道内，安装方法应符合 GB 5226. 1—2008 的规定。

F. 4. 5. 5 设备的电气线路及电气元件应保证不受冷却液、润滑油及其他有害物质的影响。

F. 4. 5. 6 操作中突然停电后，再恢复供电时应能防止电器自行接通。

F. 4. 5. 7 在设备电气线路中，针对负载情况应采取短路保护、过电流保护等必要保护措施。

F. 4. 5. 8 应用高压电源的设备，其装有高压电极的镀膜室的开启与高压线路的接通应有安全联锁装置。

F. 4. 5. 9 设备中的高压、高频以及其他有可能产生损害人体的辐射部分应安装屏蔽装置，且屏蔽装置也应接地。

F. 4. 5. 10 外露的齿轮、皮带轮等应有可靠的防护装置。

F. 4. 5. 11 液压或气压系统应有压力指示仪表及调节压力的安全装置。

F. 4. 5. 12 设备的高压危险部位、高温部位、各种电极引线部位、机械传动部位应装设有明显易见的警告标志牌，设备的附属装置上也应装设为操作和安全所必需的标志牌，其应符合 GB 18209. 1—2010 的要求。

F.5　试验方法

F.5.1　极限压力的测定

F.5.1.1　试验条件

试验条件如下：

（1）镀膜室内为空载（既不安放被镀件，也不进行沉积），但不得拆去设备正常工作应安装的沉积源、工件架等；

（2）真空测量规管应装于镀膜室壁上或最靠近镀膜室的管道上；

（3）所用真空计应为设备本身的配套仪器，并应在校准有效期内；

（4）允许在抽气过程中用设备本身配有的加热轰击装置对镀膜室进行除气；

（5）对具有中搁板、上卷绕室和镀膜室的卷绕镀膜设备，应在两室同时抽气时对镀膜室的压力进行测试。

F.5.1.2　测试方法

在对镀膜室连续抽气24h之内，测定其压力的最低值，定为该设备的极限压力。当压力变化值在0.5h内不超过5%时，取测量仪读数最高值为极限压力值，且镀膜室内各旋转密封部位处于运动状态。

F.5.2　抽气时间的测定

F.5.2.1　试验条件

同F.5.1.1中（1）、（2）、（3）、（4）。

F.5.2.2　测试方法

设备在连续抽气条件下，在镀膜室内达到极限压力之后，打开镀膜室15min，再关闭镀膜室对其再度抽气至本标准附表F-1中所规定的压力值所需的时间，定为该设备的抽气时间。

F.5.3　升压率的测定

F.5.3.1　试验条件

同F.5.1.1。

F.5.3.2　测试方法

设备在连续抽气24h之内使镀膜室内达到稳定的最低压力之后，关闭与镀膜室相连接的真空阀，待镀膜室压力上升至P_1（1Pa）时，开始计时，经1h后记录P_2，然后按式（1）计算升压率：

$$R = \frac{P_2 - P_1}{t} \tag{1}$$

式中　R——镀膜室的升压率，单位为帕每小时，Pa/h；

P_1——镀膜室的起始压力，单位为帕，Pa；

P_2——镀膜室的终止压力，单位为帕，Pa；

t——压力由P_1升至P_2的时间，单位为小时，h。

F.6 检验规则

F.6.1 每台设备应经制造厂检验部门检验合格后方能出厂，并附有产品质量合格证。

F.6.2 设备的检验分型式检验和出厂检验。

F.6.3 型式检验项目为：本标准F.4.2.1及F.4.4.4，F.4.4.6，F.4.5中包含的全部内容。

F.6.4 在下列情况下应进行型式检验：

（1）试制的新产品；

（2）产品在设计、工艺或所用材料有重大变更时；

（3）同类产品的评比定级时；

（4）产品批量生产时。

F.6.5 出厂检验

出厂检验应逐台进行，其检验内容为本标准F.4.2.1，F.4.4.4，F.4.4.6，F.4.5.1，F.4.5.2，F.4.5.7，F.4.5.8，F.4.5.10，F.4.5.11，F.4.5.12。

F.7 标志、包装、运输、贮存

F.7.1 标志

F.7.1.1 每台设备及其附属装置应在明显位置装上产品标牌，标牌应符合GB/T 13306—2011的规定，产品标牌上应注明：

（1）制造厂名称；

（2）设备型号及名称；

（3）设备主要技术指标；

（4）制造日期及出厂编号。

F.7.1.2 每台设备出厂应随带下列文件：

（1）产品合格证；

（2）装箱单；

（3）产品使用说明书。

F.7.2 包装

F.7.2.1 设备包装前应对未做防锈处理的金属表面涂以防锈油脂。对整机包装的设备包装前镀膜室应抽成真空状态并关闭所有阀门。装箱前应将设备中的残余积水或废屑清除干净。

F.7.2.2 设备包装应符合GB/T 13384—2008的规定。

F.7.2.3 包装箱应有起吊、怕湿、重心点、防止倾倒等贮运标志，这些标志应符合 GB/T 191—2008 的规定。

F. 7. 3　运输

设备的运输方式和运输中所采取的措施应保证设备及其包装不发生损伤；设备在运输中有可能松散的零部件应有防松、垫、托等措施；运输中应有防止设备受到日晒、雨淋和剧烈震动的措施。

F. 7. 4　贮存

F. 7. 4. 1　设备应贮存在相对湿度不超过 90% 的通风良好的场所，该场所应没有可引起腐蚀的酸、碱蒸汽和气体存在，整机包装的设备在存放期间不得破坏其镀膜室的真空状态。

F. 7. 4. 2　设备贮存期超过一年，出厂前应重新进行出厂检验，合格后方能出厂。

附录G 真空技术 术语

（中华人民共和国国家标准 GB/T 3163—2007）

G.1 范围

本标准规定了真空技术方面的一般术语、真空泵及有关术语、真空计术语、真空系统及有关术语、检漏及有关术语、真空镀膜技术术语、真空干燥和冷冻干燥术语、表面分析技术术语和真空冶金术语。

本标准适用于真空技术方面的技术文件、标准、书籍和手册等有关资料的编写。

G.2 一般术语

G.2.1 标准环境条件

温度：20℃

相对湿度：65%

干燥空气大气压力：101325Pa = 1013.25Mbar

G.2.2 标准气体状态

温度：0℃

压力：101325Pa

G.2.3 真空

用来描述低于大气压力或大气质量密度的稀薄气体状态或基于该状态环境的通用术语。

G.2.4 真空区域

事实上根据一定的压力间隔，划分了不同的真空范围或真空度。而在选定真空范围时，会有所不同，下面所列为大致认可的典型真空度范围：

$10^5 \sim 10^2$Pa	低（粗）真空
$10^2 \sim 10^{-1}$Pa	中真空
$10^{-1} \sim 10^{-5}$Pa	高真空（HV）
$<10^{-5}$Pa	超高真空（UHV）

G.2.5 压力（符号：p；单位：Pa）

G.2.5.1 气体作用于表面上的压力

气体作用于表面上力的法向分量除以该面积（如果存在气体流动，规定表面方向与气体流动方向相对应）。

G.2.5.2 气体中某一特定点的压力

气体分子通过位于特定点的小平面时，其在小平面法向上的动量变化率除以该面积（如果存在气体流动，规定平面方向与气体流动方向相对应）。

注：当在静止气体中使用术语“压力”时，是指气体稳态下流动的静压力。

G.2.6　帕斯卡（符号：Pa）

压力单位名称，其值等于每平方米一牛顿的作用力（国际单位制中的压力单位）。

注：其他压力单位见附录 A，但不推荐使用。

G.2.7　分压力（如果 B 为特定成分，符号：P_B；单位：Pa）。

气体混合物中某一特定组分的压力。

G.2.8　全压力（单位：Pa）

当“压力”不能明确区分分压力和它们之和之间的区别时，常用来表示气体混合物所有组分分压力之和。

G.2.9　真空度

表示真空状态下气体的稀薄程度，通常用压力值来表示。

G.2.10　气体

不受分子间力约束，能自由占据任意可达空间的物质。

注：在真空技术中，“气体”已泛指非可凝性气体和蒸气。

G.2.11　非可凝性气体

温度处在临界温度之上的气体，即单纯增加压力不能使其凝结的气体。

G.2.12　蒸气

温度处在临界温度以下的气体，即单纯增加压力就能使其凝结的气体。

G.2.13　饱和蒸气压（符号：p_L；单位：Pa）

在给定温度下，蒸气与其凝聚相处于热力平衡时蒸气的压力。

G.2.14　饱和度

蒸气压力与它的饱和蒸气压力之比。

G.2.15　饱和蒸气

在给定温度下，压力等于其饱和蒸气压的蒸气。当蒸气与物质的凝聚相处于热力学平衡时，蒸气始终处于饱和状态。

G.2.16　未饱和蒸气

在给定温度下，蒸气压力低于其饱和蒸气压的蒸气。

G.2.17　分子数密度（符号：n；单位：m^{-3}）

t 瞬间，气体中某一点周围选定体积内的分子数目除以该体积。

注：t 指瞬间。更确切地说，是指一段短的延续时间 Δt 的平均值。这段延续时间要合适，以便获得可信的统计平均值。

G.2.18　给定成分分子浓度（若 B 为给定成分，符号：n_B；单位：m^{-3}）

t 瞬间，混合气体中某一点周围选定容积内的给定成分分子数目除以该体积。

G.2.19 单位质量密度（符号：ρ_u；单位：kg/(m^3·Pa)）

气体的质量密度除以其压力。

G.2.20 平均自由程（符号：ι，λ；单位：m）

分子的平均自由程：一个分子和其他气体分子两次连续碰撞之间所走过的平均距离。该平均值应是在足够多的分子数且足够长的时间间隔下得到的统计值（平均自由程也能用于其他相互作用形式的定义）。

G.2.21 碰撞率（符号：ψ；单位：s^{-1}）

在给定的时间间隔内，一个气体分子（或其他粒子）相对于其他气体分子（或其他规定粒子）运动所受到的平均碰撞次数，除以该时间间隔。该平均值应是在足够多的分子数且足够长的时间间隔下得到的统计值。

G.2.22 体积碰撞率（符号：χ；单位：$m^{-3}\cdot s^{-1}$）

在给定的时间间隔内，围绕一点特定范围内的气体分子间（或选定的粒子间）的平均碰撞次数，除以该时间和该空间的体积。所取的时间间隔和体积不能太小。

G.2.23 气体量（压力—体积单位）（符号：G；单位：Pa·m^3，Pa·L）

处于平衡状态的理想气体所占体积与其压力的乘积。该值必须换算成标准环境温度20℃或指明气体的温度。这样定义的气体量等于气体的质量除以其单位质量密度所得的商。

注：气体量是气体所占体积内气体内能（势能）的2/3。

G.2.24 气体的扩散

由于浓度梯度引起的一种气体在另一种介质中的运动。介质可以是另一种气体（在这种情况下称为互扩散）或是一种可凝性介质。

G.2.25 扩散系数（符号：D；单位：m^2/s）

气体通过单位面积的质量流率除以该面积法线方向的密度梯度的绝对值。

G.2.26 黏滞流

气体分子平均自由程远小于导管最小截面尺寸时气体通过导管的流动。流动取决于气体的粘滞性。流动可以是层流或湍流。

G.2.27 黏滞系数

在气流速度梯度方向单位面积上的切向力与速度梯度之比。

G.2.28 伯谡叶流

特指通过圆截面长导管的层流黏滞流动。

G.2.29 分子流

气体平均自由程远大于导管最大截面尺寸时气体通过导管的流动。

G.2.30 中间流

在层流黏滞流和分子流之间的中间状态下，气体通过导管的流动。

G. 2. 31　克努曾数

气体分子的平均自由程与导管直径之比。

G. 2. 32　分子泻流

孔口的最大尺寸小于气体平均自由程时，气体通过孔口的流动。

G. 2. 33　流逸

由压力差引起的气体通过多孔固体的流动。

G. 2. 34　热流逸

在两相连容器之间，由于容器温度不同引起的气体流动，当气体迁移达到平衡时，两容器间产生压力梯度。

G. 2. 35　分子流率，分子通量（符号：q_N；单位：s^{-1}）

通过一个给定表面 S 的分子流率：在给定时间间隔内，从给定方向通过 S 的分子数目与反向穿过 S 的分子数目之差，除以该时间。

G. 2. 36　分子流率密度，分子通量密度（单位：$s^{-1} \cdot m^{-2}$）

分子流率除以表面 S 的面积。

G. 2. 37　流量（符号：q_G；单位：$Pa \cdot m^3/s$，$Pa \cdot L/s$）

在给定时间间隔内，流经截面的气体量（压力—体积单位）除以该时间。它亦可质量流率除以单位质量密度。

G. 2. 38　质量流率（符号：q_m；单位：kg/s）

通过给定表面 S 的质量流率为：在给定时间间隔内，通过 S 的气体质量除以该时间。

G. 2. 39　体积流率（符号：q_v；单位：m^3/s）

通过给定表面 S 的体积流率为：在特定的温度和压力下，给定时间间隔内，通过 S 的气体体积除以该时间。

G. 2. 40　摩尔流率（符号：q_v；单位：kg · mol/s）

通过给定表面 S 的摩尔流率为：在给定的时间间隔内，给定气体通过 S 的摩尔数除以该时间。

G. 2. 41　麦克斯韦速度分布

是基于麦克斯韦—玻耳兹曼速度分布函数的速度分布；对于给定温度，处于平衡状态并且距器壁距离大于分子平均自由程处的气体分子的速度分布。

G. 2. 42　传输几率（符号：Pc）

随机进入管道入口的气体分子通过管道出口而没有沿相反方向返回入口的几率。

G. 2. 43　分子流导（符号：C_N，U_N；单位：m^3/s，L/s）

孔口或管道两特定截面之间的分子流导为：分子流率除以小孔两侧或管道两截面间的平均分子数密度差。

G.2.44 流导（符号：C，U；单位：m^3/s，L/s）

管道或导道的一部分或孔口的流导为：等温条件下，流量除以两个特定截面间或孔口两侧的平均压力差。

G.2.45 固有流导（符号：C_i，U_i；单位：m^3/s，L/s）

容器中气体分子按麦克斯韦速度分布的条件下，连接两个容器的管道（或孔口）的流导。在分子流态下，等于入口流导与传输几率的乘积。

G.2.46 流阻（符号：w；单位：s/m^3，s/L）

流导的倒数。

G.2.47 吸附

固体或液体（吸附剂）对气体或蒸气（吸附质）的捕集。

G.2.48 表面吸附

气体或蒸气（吸附质）保持在固体或液体（吸附剂）表面上的吸附。

G.2.49 物理吸附

由于物理力产生的，而非化学键产生的吸附。

G.2.50 化学吸附

形成化学键的吸附。

G.2.51 吸收

气体（吸收质）扩散进入固体或液体（吸收剂）内部的吸附。

G.2.52 适应系数（符号：α）

入射粒子和表面间实际交换的平均能量与入射粒子和表面达到完全热平衡时应该交换的平均能量之比。

G.2.53 入射率（符号：ν；单位：$m^{-2} \cdot s^{-1}$）

给定时间间隔内，入射到表面上的分子数除以该时间和表面面积。

G.2.54 凝结率

给定时间间隔内，凝结在表面上的分子数（物质的数量或质量）除以该时间和表面面积。

G.2.55 黏着率

给定时间间隔内，吸附在表面上的分子数目除以该时间间隔和表面面积。

G.2.56 黏着几率（符号：P_s）

黏着率与入射率之比。

G.2.57 滞留时间（符号：τ；单位：s）

吸附于表面上的分子被表面约束的平均时间。

G.2.58 迁移

分子在某一表面上的运动。

G.2.59 解吸

被材料吸附的气体或蒸气的释放现象。释放可以自然进行，也可用物理方法加速。

G. 2. 60 去气

气体从某一材料上的人为解吸。

G. 2. 61 放气

气体从某一材料上的自然解吸。

G. 2. 62 蒸发率（单位：$m^{-2} \cdot s^{-1}$，$kg \cdot mol/(m^2 \cdot s)$，$g/(m^2 \cdot s)$）

给定时间间隔内，从某一表面上蒸发的分子数（物质数量或物质质量）除以该时间和蒸发表面积。

G. 2. 63 解吸（或放气或去气）率（符号：q_{Gu}；单位：$Pa \cdot m/s$，$m^{-2} \cdot s^{-1}$）

在给定时间内，冷凝材料上解吸（或放气或去气）的气流量（或分子流率）除以材料表面积。

G. 2. 64 渗透

气体通过某一固定体阻挡层的过程。该过程包括气体在固体内的扩散也包括各种表面现象。

G. 2. 65 渗透率（符号：P）

处于稳定流动状态下的某种气体通过某一固体阻挡层的渗透率为：通过阻挡层的气体流量除以一数值，该值是固体壁面两侧气体压力的函数。这个函数的形式取决于实际渗透所包括的物理过程。

G. 2. 66 渗透系数（符号：P）

渗透率和阻挡层厚度的乘积，除以阻挡层的面积。

G. 3 真空泵及有关术语

G. 3. 1 真空泵

G. 3. 1. 1 真空泵

获得、改善和（或）维持真空的一种装置。可以分为两种类型：气体传输泵（G. 3. 1. 2 和 G. 3. 1. 3）和捕集泵（G. 3. 1. 4）。

G. 3. 1. 2 变容（真空）泵

充满气体的泵腔，其入口被周期性地隔离，然后将气体输送到出口的一种真空泵。大多数的变容真空泵，气体在排出之前是被压缩的。它可分为两类，往复式变容真空泵（G. 3. 1. 2. 2）和旋转式真空泵（G. 3. 1. 2. 3~G. 3. 1. 2. 5）。

G. 3. 1. 2. 1 变容泵的有关术语

A 气镇（真空）泵

在泵压缩腔内，放入可控的适量非可凝性气体，以降低（被抽气体）在泵中凝结程度的一种变容真空泵。这种装置可装在 G. 3. 1. 2. 4A~C 类型的泵上。

B 油封（液封）真空泵

用泵油来密封相对运动零部件间的间隙、减少压缩腔末端残余死空间的一种旋转式变容真空泵。

C 干式真空泵

不用油封（或液封）的变容真空泵。

G.3.1.2.2 活塞真空泵

由泵内活塞往复运动将气体压缩并排出的一种变容真空泵。

G.3.1.2.3 液环真空泵

泵内装有带固定叶片的偏心转子，将液体抛向定子壁，液体形成与定子同心的液环，液环与转子叶片一起构成可变容积的一种旋转变容真空泵。

G.3.1.2.4 使用滑动隔离的旋转真空泵

A 旋片真空泵

泵内偏心安装的转子与定子固定面相切，两个（或两个以上）旋片在转子槽内滑动（通常为径向的）并与定子内壁相接触，将泵腔分成几个可变容积的一种旋转变容真空泵。

B 定片真空泵

泵内偏心安装的转子和定子内壁相接触转动，相对于定子运动的滑片与转子压紧并把泵腔分成可变容积的一种变容真空泵。

C 滑阀真空泵

泵内偏心安装的转子相对定子内壁转动，固定在转子上的滑阀在定子适当位置可摆动的导轨中滑动，并将定子腔分成两个可变容积的一种变容真空泵。

G.3.1.2.5 罗茨真空泵

泵内装有两个方向相反同步旋转的叶形转子，转子间、转子与泵壳内壁间有细小间隙而互不接触的一种变容真空泵。

G.3.1.2.6 余摆线泵

泵内装有一断面为余摆线型的转子（例如：椭圆），其重心沿圆周轨道运动的一种旋转变容泵。

G.3.1.3 动量真空泵

将动量传递给气体分子，使气体由入口不断地输送到出口的一种真空泵。可分为两类：液体输送泵和牵引真空泵。

G.3.1.3.1 涡轮真空泵

泵内由一高速旋转的转子去传送大量气体，可以获得无摩擦动密封的一种旋转动量泵。泵内气体既可以平行于转轴方向流动（轴流泵）也可以垂直于旋转轴方向流动（径流泵）。

G. 3. 1. 3. 2　喷射真空泵

利用文丘里（Venturi）效应产生压力降，被抽气体被高速气流携带到出口的一种动量泵。喷射泵在黏带流和中间流态下工作。

A　液体喷射真空泵

以液体（通常为水）为传输流体的一种喷射泵。

B　气体喷射真空泵

以非可凝性气体为传输流体的一种喷射泵。

C　蒸气喷射真空泵

以蒸气（水、汞或油蒸气）为传输流体的一种喷射泵。

G. 3. 1. 3. 3　扩散泵

以低压、高速蒸气射流为工作介质的一种动量泵。气体分子扩散到蒸气射流内并被携带到出口。在蒸气射流内气体分子数密度总是较低。扩散泵在分子流态下工作。

A　自净化扩散泵

工作液中的挥发性杂质不能返回锅炉而被输送到出口的一种特殊油扩散泵。

B　分馏扩散泵

将工作介质中密度高、蒸气压力低的馏分供给最低压力级，而将密度小、蒸气压高的馏分供给高压力级的一种多级油扩散泵。

G. 3. 1. 3. 4　扩散喷射泵

泵内前一级或几级具有扩散泵的特性，而后一级或几组具有喷射泵特性的一种多级动量泵。

G. 3. 1. 3. 5　牵引分子泵

泵内气体分子和高速转子表面相碰撞而获得动量，使气体分子向泵出口运动的一种动量泵。

涡轮分子泵：泵内由开槽圆盘或叶片组成的转子，在定子上的相应圆盘间转动，转子圆周线速度与气体分子速度为同一数量级的一种牵引分子泵。涡轮分子泵通常工作在分子流态下。

G. 3. 1. 3. 6　离子传输泵

泵内气体分子被电离，然后在电磁场或电场作用下向出口输运的一种动量泵。

G. 3. 1. 4　捕集真空泵

气体分子被吸附或冷凝而保留在泵内表面上的一种真空泵。

G. 3. 1. 4. 1　吸附泵

泵内气体分子主要被具有大的表面积材料（如多孔物质）物理吸附而保留在泵内的一种捕集泵。

G.3.1.4.2 吸气剂泵

泵内气体分子主要与吸气剂化合而保留在泵内的一种捕集泵。吸气剂通常是一种金属或合金，并以散装或淀积成新鲜薄膜的状态存在。

G.3.1.4.3 升华（蒸发）泵

泵内吸气剂材料被升华（蒸发）的一种捕集泵。

注：本文内升华和蒸发为相似概念。

G.3.1.4.4 吸气剂离子泵

泵内气体分子被电离，在电磁场或电场作用下输运到泵内表面，并被吸气剂吸附的一种捕集泵。

A 升华（蒸发）离子泵

泵内被电离的气体被输运到由连续或不连续蒸发或升华所获得的吸气剂上的一种吸气剂离子泵。

B 溅射离子泵

泵内被电离的气体输运到由阴级连续溅射所获得的吸气剂上的一种吸气剂离子泵。

G.3.1.4.5 低温泵

由被冷却至可以凝结残余气体的低温表面组成的一种捕集泵。冷凝物因此保持在其平衡蒸气压力等于或低于真空室要求压力的温度下。

注：泵冷面的温度选择依赖于被抽气体的性质，应低于120K。

G.3.2 泵的零部件

G.3.2.1 泵壳

将低压气体与大气隔开的泵外壁。

G.3.2.2 入口

被抽气体被真空泵吸入的入口。

G.3.2.3 出口

真空泵的出口或排气口。

G.3.2.4 叶片

旋转变容真空泵中用以划分定子和转子之间工作空间的滑动元件。

G.3.2.5 排气阀

变容真空泵中，自动排除压缩腔气体的阀门。

G.3.2.6 气镇阀

在气镇真空泵的压缩室安装的一种起气镇作用的充气阀。

G.3.2.7 膨胀腔

变容真空泵内不断增大的定子腔空间，其中的被抽气体产生膨胀。

G.3.2.8 压缩腔

变容真空泵内不断减少的定子腔空间，其中的气体在排出前被压缩。

G.3.2.9 真空泵油

油封真空泵中用来密封、润滑和冷却的液体。

注：泵油也常用来描述油蒸气流泵中的工作介质。

G.3.2.10 泵液

扩散泵或喷射泵所使用的工作介质。

G.3.2.11 喷嘴

扩散泵或喷射泵中用来使泵液定向流动、产生抽气作用的零件。

G.3.2.11.1 喷嘴喉部

喷嘴的最小截面处。

G.3.2.11.2 喷嘴间隙面积

泵壳内壁和喷嘴外缘间的最小横截面面积。

G.3.2.11.3 喷嘴间隙

决定喷嘴间隙面积圆环的宽度。

G.3.2.12 射流

扩散泵或喷射泵中，由喷嘴喷出的泵液的蒸气流。

G.3.2.13 扩压器

喷射泵泵壁的收缩部分。

G.3.2.13.1 扩压器喉部

扩压器最小横截面部分。

G.3.2.14 蒸气导流管

蒸气喷射泵或扩散泵中引导蒸气从锅炉流向喷嘴的导管。

G.3.2.15 喷嘴组件

扩散泵或喷射泵中蒸汽导流管和喷嘴的组合（通常是可拆卸的）。

G.3.2.16 下裙

喷嘴组件的下部分，通常为扩大部分，用以将回流的泵液与锅炉产生的蒸气分开。

G.3.3 附件

G.3.3.1 阱

用物理或化学的方法降低蒸气和气体混合物中组分分压的装置。

G.3.3.1.1 冷阱

通过冷却表面冷凝而工作的阱。

G.3.3.1.2 吸附阱

通过吸附而工作的阱。

G.3.3.1.3 离子阱

应用电离方法从气相中除去某些不希望成分的阱。

G.3.3.2 挡板（真空泵）

放在靠近蒸气喷射泵或扩散泵入口处的尽可能冷的屏蔽系统，以降低返流和返迁移。

G.3.3.3 油分离器

设置在真空泵出口处，用以减少以微滴形式被带走泵油损失的装置。

G.3.3.4 油净化器

从泵油中除去杂质的装置。

G.3.4 泵按工作情况的分类

G.3.4.1 粗（低）真空泵

从大气压开始降低容器内压力的真空泵。

G.3.4.2 粗抽真空泵

从大气压开始降低容器或系统内的压力，直到另一个抽气系统能够开始工作的真空泵。

G.3.4.3 前级真空泵

维持另一泵的前级压力低于其临界值的真空泵。前级泵可以作为粗抽泵使用。

G.3.4.4 维持真空泵

当气体流率低无需使用主前级泵时，维持某类真空泵前级压力的辅助前级泵。

G.3.4.5 高真空泵

当抽气系统由一个以上泵串联组成时，在最低压力范围内工作的真空泵。

G.3.4.6 增压真空泵

通常设置在前级泵和高真空泵之间，用以增加中间压力范围内抽气系统流量或改善系统压力分布、以降低前级泵所必须抽速的真空泵。

G.3.4.7 附属真空泵

用来维持已抽空容器低压的小型辅助真空泵。

G.3.5 泵的特性

G.3.5.1 真空泵的体积流率（符号：S；单位：m^2/s）

真空泵从抽空室所抽走气体的体积流率。本定义仅用于和真空室分开的单独泵。然而，实际上按惯例，在规定工作条件下，对给定气体，泵的体积流率为连接到泵上的标准试验罩流过的气流量与试验罩上规定位置所测得的平衡压力之比。

G.3.5.2 真空泵的流量（符号：Q；单位：$Pa \cdot m^3/s$）

流过泵入口的气体流量。

G.3.5.3　启动压力

泵能够无损启动并能获得抽气作用的压力。

G.3.5.4　前级压力

低于大气压力的泵出口排气压力。

G.3.5.5　临界前级压力

喷射泵或扩散泵正常工作允许的最大前级压力。泵的前级压力稍高于临界前级压力值时，还不至于引起其入口压力的明显增加。泵的临界前级压力主要取决于气流量。

注：某些泵的工作破坏不是突然发生的，因此临界前级压力不能准确指出。

G.3.5.6　最大前级压力

超过了泵能被损坏的前级压力。

G.3.5.7　最大工作压力

与最大气体流量对应的入口压力。在此压力下，泵能连续工作而不恶化或破坏。

G.3.5.8　泵的极限压力

泵正常工作且没有引进气体的情况下，标准试验罩内逐渐接近的压力值。只有非可凝性气体的极限压力与含有气体和蒸气总极限压力之间会产生差异。

G.3.5.9　压缩比

对于给定气体，泵的出口压力与入口压力之比。

G.3.5.10　何氏系数

扩散泵入口喷嘴间隙面积上的实际抽速与该处按分子泻流计算的理论抽速之比。

G.3.5.11　抽速系数

蒸气喷射泵或扩散泵的实际抽速与泵入口处按分子泻流计算的理论抽速之比。

G.3.5.12　气体的反扩散

与抽气作用相反，气体从泵出口流向入口（或附加挡板、冷阱）的过程。

G.3.5.13　泵液返流

泵液通过液体输送泵入口（或附加挡板、冷阱）与抽气方向相反的流动过程。

G.3.5.14　返流率

泵按规定条件工作时，通过泵入口单位面积的泵液质量流率。

G.3.5.15　返迁移

（1）在流体输送泵中，由于泵液分子在表面上的迁移，泵液进入被抽容器的过程。

（2）在油封真空泵中，由于油分子在表面上的迁移，泵油进入被抽容器中的过程。

G.3.5.16 水蒸气允许量

在气镇泵中，若被抽气体为水蒸气时，泵在正常环境下连续工作抽出水蒸气的质量流率。

G.3.5.17 最大允许水蒸气入口压力

在正常环境条件下，气镇泵能够连续工作并排除水蒸气的最大水蒸气入口压力。

G.3.5.18 蒸气喷射泵或扩散泵的加热时间

使锅炉内的泵液温度达到其正常工作温度所需要的时间。起始温度可以是环境温度也可以是泵可安全暴露大气的温度。

G.3.5.19 蒸气喷射泵或扩散泵的冷却时间

停止加热以后，锅炉内泵液从正常工作温度降到可安全暴露大气的温度所需的时间。

G.4 真空计

G.4.1 一般术语

G.4.1.1 压力计

测量高于、等于或低于环境大气压力的气体或蒸气压力的仪器。

G.4.1.2 真空计

测量低于大气压力的气体或蒸气压力的一种仪器。

注：通常使用的某些真空计实际上不测量压力（术语中它是以作用在表面上的力来表达的），而是测量在规定条件下与压力有关的某些其他物理量。

G.4.1.2.1 规头（规管）

某些种类真空计中，包含压力敏感元件并直接与真空系统连接的部件。

A 裸规

没有外壳的一种规头。敏感元件直接插入真空系统中。

G.4.1.2.2 真空计控制单元

某些种类真空计中，包含电源和工作需要全部电路的部件。

A 真空计指示单元

某些种类真空叶中，常以压力为单位来显示输出信号的部件。

G.4.2 真空计的一般分类

G.4.2.1 压差式真空计

测量同时存在于一个敏感元件两侧压差的一种真空计。例如这个元件为弹性膜片或可动分隔液体。

G. 4. 2. 2 绝对真空计

仅通过测得的物理量就能确定压力的一种真空计。

G. 4. 2. 3 全压真空计

测量气体或气体混合物全压力的一种真空计。

注：压缩式真空计仅测量过程中未被凝结气体的压力。

G. 4. 2. 4 分压真空计；分压分析仪

测量来自于气体混合物中电离成分的电流的一种真空计。测得的电流代表具有不同比例常数的不同组分的分压。

G. 4. 2. 5 相对真空计

通过测量与压力有关的物理量并与绝对真空计比较来确定压力的真空计。

G. 4. 3 真空计特性

G. 4. 3. 1 真空计压力测量范围

在规定条件下，真空计指示读数的误差不超过最大允许误差的压力范围。

注：某些类型真空计的测量范围取决于气体的性质，在此情况下，测量范围总是对氮气而言。

G. 4. 3. 2 灵敏度系数；灵敏度

对于给定压力，真空计读数变化除以对应压力的变化。

注：某些类型真空计的灵敏度系数取决于气体的性质。在此情况下，灵敏度总是对氮气而言。

G. 4. 3. 3 相对灵敏度系数

真空计对给定气体的灵敏度除以在相同压力和相同工作条件下对氮气的灵敏度。

G. 4. 3. 4 电离计系数（压力单位倒数）

对于一给定气体，离子流除以电子流与对应压力的乘积，并应指出工作参数。

G. 4. 3. 5 等效氮压力

作用在真空计上气体的等效氮压力为：产生相同真空计读数时氮气的压力。

G. 4. 3. 6 X 射线极限值

热阴极电离真空计 X 射线的极限值为：主要由离子收集极发射的光电子产生的残余电流引起的真空计读数与无 X 射线影响真空计相同读数时的纯氮压力值。

G. 4. 3. 7 规管光电流

阴极发射的电子打在加速极上，产生软 X 射线，使收集极产生光电发射，收集极上产生一个与压力无关与离子流同向的电流，该电流即称规管光电流。

G. 4. 3. 8 逆 X 射线效应

阴极发射的电子打在加速极上产生软 X 射线射到规管金属壁上，使其发射光电子，其中能量较大的打到收集极上，使收集极回路产生了一个与离子流反向的电流，即逆X射线效应。

G.4.3.9 布利尔斯效应

真空度较高的系统烘烤结束后，由于连接规管的管壁对有机蒸气的吸附，直到表面饱和为止，致使规管反应压力比真实压力低，这种现象称为布利尔斯效应。

G.4.4 全压真空计

G.4.4.1 以力学现象为基础的真空计

G.4.4.1.1 液位压力计

通常为U形管状绝对压差计。管中的敏感元件为一种可动的隔离液体（例如汞）。通过测量液位差便可得到压力差。

G.4.4.1.2 弹性元件真空计

变形部分为弹性元件的一种压差真空计。压差可以通过测量弹性元件位移（直接法）或测量补偿其变形需要的力（回零法）来确定。例如：膜盒真空计、布尔登压力计等。

G.4.4.1.3 压缩式真空计

按已知比例压缩（例如通过液柱——通常为汞柱的移动）待测压力下气体的已知体积，并产生较高压力后进行测量的一种真空计。对于满足PV-T关系的气体，如果用液位压力计测量该较高压力，此真空计为绝对真空计。如众所周知的麦克劳真空计。

G.4.4.1.4 压力天平

待测压力作用于一精确匹配的、已知横截面积的活塞—气缸组件上，作用力与一组已知质量砝码的重力相比较的一种绝对真空计。

G.4.4.2 以气体传输现象为基础的真空计

G.4.4.2.1 黏滞真空计

通过测量作用在元件表面上与压力有关的黏滞力来确定压力的一种真空计。这种真空计基于由压力决定的气体黏滞性，例如：衰减真空计，分子牵引真空计。

G.4.4.2.2 热传导真空计

通过测量保持不同温度的二个固定元件表面间的热量传递来确定压力的一种真空计。这种真空计基于气体热传导与压力有关。例如：皮拉尼真空计、热偶真空计、热敏真空计、双金属片真空计。

G.4.4.2.3 热分子真空计

通过测量气体分子打击保持不同温度固定表面的净动量传输率来确定压力的一种真空计。与气体分子平均自由程相比，固定表面间的距离必须是很小的。例如克努曾真空计、反磁悬浮热分子真空计。

G.4.4.3 以气体电离现象为基础的真空计

G.4.4.3.1 电离真空计

通过测量气体在控制条件下，电离产生的离子流来确定分子密度的一种真空计。压力与气体密度直接相关。

G.4.4.3.2 放射性电离计

通过放射源射线产生离子的一种电离真空计。

G.4.4.3.3 冷阴极电离计

通过冷阴极放电产生离子的一种电离真空计。该真空计中，通常用磁场来延长电子的行程，以增加离子产生的数目。

A 潘宁计

带有磁性并具有特殊几何形状电极的一种冷阴极电离计。一个电极由两个相连的平行圆盘组成，另一电极（通常为阳极）通常是环形的，位于圆盘之间并与之平行。而磁场与圆盘垂直。

B 冷阴极磁控管真空计

由同轴圆筒电极组成，阴极置于内侧，轴向磁场与电场垂直的一种冷阴极电离真空计。如果内侧电极是阳极，则该真空计称为反磁控管真空计。

C 放电管指示器

从冷阴极放电的颜色和形状给出气体性质和压力指示的一种透明管。

G.4.4.3.4 热阴极电离真空计

通过加热阴极发射电子使气体电离的一种电离真空计。

A 三极管真空计

具有一般三极管结构的一种热阴极电离真空计。灯丝置于以栅极作为阳极的轴线上，板极作为离子收集极与阳极同心。

B 高压力电离真空计

与一般三极管真空计压力测量范围相比，使其测量范围向中真空移动而设计的一种热阴极电离真空计。

C B-A 真空计

通过使用置于圆筒形栅极轴线上的细离子收集极丝来降低 X 射线极限值的一种热阴极电离真空计。其阴极布置在栅极的外面。

D 调制型真空计

一种装有调制电极的 B-A 型热阴极电离真空计。当改变调制极电位时，可以通过测量离子收集极上的电流效应来估算残余电流（包括 X 射线电流）的影响。

E 抑制型真空计

通过安装在离子收集极附近的抑制电极，使离子收集极发射的二次电子返回到它自身来降低X射线极限值的一种热阴极电离真空计。

F 分离型真空计

通过使用一个短而细金属丝做离子收集来降低X射线极限值的一种热阴极电离真空计。该收集极置于圆筒形栅极外部轴线上的屏蔽罩内，用以收集来自电离区域的离子。

G 弯注型电离真空计

离子从电离区域拉出进入一个静电偏转极的一种热阴极电离真空计。

H 弹道型真空计

注入电子沿轨道长距离飞行，以增加每个电子所产生离子数目的一种热阴极电离真空计，电子注入发生在圆筒形离子收集和同轴细金属丝之间的静电场中。低的电子流降低了X射线效应和解析离子效应。

I 双金属线振荡器真空计

发射的电子在与圆筒形离子收集极轴向平行的两个带有正电位的金属线间产生长的振荡距离，以增加离子产生数目的一种电离真空计。

J 热阴极磁控管真空计

类似于截止条件下工作的简单圆柱磁控管的一种热阴极电离真空计。其中，磁场用于延长电子路程，以增加离子产生的数目。

G.4.5 分压真空计

G.4.5.1 质谱仪

区分不同质荷比电离粒子并测量其离子流的一种仪表。

注：质谱仪可作为测量特定气体分压的真空计。也可以作为对特殊探索气体敏感的检漏仪或作为确定混合气体成分百分数的分析仪。质谱仪根据分离离子方法的不同来分类。

G.4.5.2 带有一定形状电场的质谱计

G.4.5.2.1 射频质谱仪

离子直线飞行，并通过一系列交替与射频振荡器连接的栅极而被加速，然后进入静电场，该静电场只允许在射频场中加速的离子到达收集极的一种质谱仪。

G.4.5.2.2 四极质谱仪

轴向入射的离子进入由四个电极（通常为棒）组成的四极透镜系统，透镜加有成临界比的射频和直流电场，使得只有一定质荷比离子通过的一种质谱仪。

G.4.5.2.3 单极质谱仪

L形电极以及与其对称布置的单柱，提供了相似于四极透镜一个象限形状的电场，离子从L形电极角附近入射，且只有一定质荷比（取决于电场）离子通过的一种质谱仪。

G.4.5.3　带正交电磁场的质谱仪

G.4.5.3.1　磁偏转质谱仪

加速离子在磁场的作用下，被分离到不同圆弧路径的一种质谱仪。

G.4.5.3.2　双聚焦质谱仪

通过径向静电场和扇形磁场的连续作用来分离离子，致使离子在两分析器中的速度分布相反并近似相等的一种质谱仪。

G.4.5.3.3　余摆线聚焦质谱仪

离子被正交电磁场分离，沿不同的摆线路程依质荷比到达不同焦点上的一种质谱仪。

G.4.5.3.4　回旋质谱仪

由相互垂直的射频电场和稳定磁场所提供的回旋加速谐振效应，离子按照半径逐渐增大的螺旋路径被分离的一种质谱仪。

G.4.5.4　飞行时间

G.4.5.4.1　飞行时间质谱仪

气体被脉冲调制电子束电离，每组离子加速飞向漂移空间末端的离子收集极，离子达到的时间差取决于质荷比的一种质谱仪。

G.4.6　真空计校准

G.4.6.1　标准真空计

校准真空计时，用来做量值传递或量值参照的真空计。

G.4.6.2　校准系统

校准真空计所用的真空系统。

G.4.6.3　校准系数 K

在校准系统中标准计指示的压力值与被校准计指示的压力值之比。

G.4.6.4　压缩计法

在等温条件下，用压缩计做标准计与被校计进行比较的标准方法。

G.4.6.5　膨胀法

在等温条件下，将已知体积和压力的小容器中的永久气体膨胀到已知体积的低压大容器中，根据波义耳定律算出膨胀后的气体压力，膨胀法校准系统是静态校准系统。

G.4.6.6　流导法

流导法即小孔法、泻流法，在等温条件和分子流条件下，使气体通过已知流导的小孔，达到动态平衡时利用小孔的流导和测得的流量计算出压力的一种校准方法。

G.5 真空系统及有关术语

G.5.1 真空系统

G.5.1.1 真空系统

由真空容器和产生真空、测试真空、控制真空等元件组成的真空装置。

G.5.1.2 真空机组

由产生真空、测量真空和控制真空等组件组成。

G.5.1.3 有油真空机组

用油作工作液或用有机材料密封的真空机组。

G.5.1.4 无油真空机组

不用油作工作液和不用有机材料密封的真空机组。

G.5.1.5 连续处理真空设备

能将处理研究的材料或工件连续地送入到真空容器中，并且又能从真空室输出而不必中断设备连续工序的一种真空设备。

G.5.1.6 闸门式真空系统

在不破坏系统真空的情况下，能将工件或材料通过一个或若干个真空闸室导入或导出的一种真空系统。

G.5.1.7 压差真空系统

通过气体节流，使相互连接的各个室分别用单独的真空泵抽气以达到维持压差（压降或压力梯段）目的的一种真空系统。

G.5.1.8 进气系统

在规定的和控制的条件下，能将气体或气体混合物放入真空系统的一种装置。

G.5.2 真空系统特性参量

G.5.2.1 抽气装置的抽速

在抽气装置进气口处测得的抽速。

G.5.2.2 抽气装置的抽气量

流经抽气装置进气口处的气体流量。

G.5.2.3 真空系统的放气率

由真空系统内部所有表面解吸气体所产生的气体流量。

注：在真空系统内部经常出现一种漏气假象。这种情况称为虚漏。

G.5.2.4 真空系统的漏气率

由于漏气渗入到真空系统中并影响真空容器中压力的气体流量。

G.5.2.5 真空容器的升压率

在温度保持不变时，抽气系统关闭后，在给定时间间隔内，真空容器的压力升高量除以该时间间隔之商。该商有可能不是恒定的。

G. 5. 2. 6 极限压力

泵在工作时，空载干燥的真空容器逐渐接近、达到并维持稳定的最低压力。

G. 5. 2. 7 残余压力

经过一定时间的抽气之后或真空过程结束之后还存在于真空容器中的气体或气体混合物（残余气体）的全压。在某些情况下残余压力等于极限压力。

注：在真空技术中，“气体”一词按广义的理解，既可适用于非冷凝性气体也可应用于蒸气。

G. 5. 2. 8 残余气体谱

真空容器中残余气体的质谱。

G. 5. 2. 9 本底压力（真空系统）

在真空容器中可以开始实施工艺时的压力。

G. 5. 2. 10 工作压力（真空系统）

在真空容器中为满足实施应用工艺要求所必需的压力。

G. 5. 2. 11 粗抽时间

前级真空泵或前级真空抽气机组从大气压抽至本底压力或抽至在较低压力下工作的真空泵的启动压力所需要的时间。

G. 5. 2. 12 抽气时间

将真空系统的压力从大气压降低到一定压力，例如降到本底压力所需要的时间。

G. 5. 2. 13 真空系统时间常数

将真空容器中的压力降低到初始压力的 $1/e$ 所需要的时间。在抽速恒定时，该时间常数为容器体积除以抽气系统的抽速得出之商。

G. 5. 2. 14 真空系统进气时间

经过规定的装置放入的空气使真空系统（或真空容器）内的压力由工作压力升高到较高的压力（一般到大气压）所需要的时间。如果放入的是空气，那么该时间称为通大气时间。

G. 5. 3 真空容器

G. 5. 3. 1 真空容器；真空室

根据力学计算能允许容器的压力低于环境压力的真空密封容器。

G. 5. 3. 2 封离真空装置

容器被抽真空之后将其封离或者以别的方法用永久性的封接将其封离的一种真空容器。例如电子管，X 射线管。

G. 5. 3. 3 真空钟罩

借助于一个可拆卸的连接部件，将其放置到另一个组件（一般来说是一块底板）上并同这个组件共同组成一个真空室的钟罩形组件。

G. 5. 3. 4 真空容器底板

真空容器底板通常位于真空设备抽气系统进气口上并包含有实施过程所必要的真空室引入线。

G. 5. 3. 5 真空歧管

可以和两个或若干个真空容器相连，可以同时进行抽气的一种真空密封分配件。

G. 5. 3. 6 前级真空容器（储气罐）

设计在前级真空泵和其前级真空阀之间的容器。在前级真空泵断开时，用来容纳被抽气体和（或）平衡系统压力的变化。

G. 5. 3. 7 真空保护层

将一个真空容器全部或部分包围的一种真空密封容器。它用来减少漏气率和（或）降低作用于器壁的压力。真空保护层中所存在的真空称为保护真空。

G. 5. 3. 8 真空闸室

连接在两个不同压力空间之间的真空室。它具有能与这个或那个相接的空间相适应压力的连接装置和能将物件从这个空间输送到那个空间而在这些空间中压力不发生干扰性变化的开孔（全部或部分可以关闭）。一般来说这些装置和开孔用于将物件从大气送入到真空容器中或从真空容器中取出到大气中。

G. 5. 3. 9 真空冷凝器；蒸汽冷凝器

内部带有冷却面，设置于真空室和抽气系统之间用于冷凝大量水蒸气的一种真空容器。通常它有一个可闭锁的冷凝液收集罐，能在不中断真空过程情况下排出液体冷凝物。

G. 5. 4 真空封接和真空引入线

G. 5. 4. 1 永久性真空封接

不能以简单的方式加以制造或拆卸的一种真空连接。例如：钎焊的真空连接、焊接的真空连接、玻璃—玻璃封接、玻璃—金属封接。

G. 5. 4. 2 玻璃分级过渡封接

由具有不同热膨胀系数的各种玻璃组成的一种永久性真空封接。因此避免了在各连接元件内不希望有的大应力（所谓麦杆式封接）。

G. 5. 4. 3 压缩玻璃金属封接

将玻璃同金属或合金熔接在一起，并使玻璃始终处于压缩应变之下的一种永久性真空连接。

G. 5. 4. 4 匹配式玻璃金属封接

通过将玻璃熔接到金属或合金上所制得的密封，使金属或合金在很大的温度范围内其热膨胀系数几乎与玻璃相同的一种永久性真空连接。

G.5.4.5　陶瓷金属封接

将陶瓷零件的金属化表面与一个金属零件钎焊在一起的一种永久性真空连接。

G.5.4.6　半永久性真空封接

用蜡、胶、漆或类似物质接合的一种真空连接。

G.5.4.7　可拆卸的真空封接

用简单的方式，一般说来用机械的方法可以拆卸又可以重新组装起来的一种真空连接。

G.5.4.8　液体真空封接

借助于低蒸气压液体进行密封的一种可拆卸式真空连接。

G.5.4.9　熔融金属真空封接

用低熔点金属进行密封的一种可拆卸式真空连接。加热金属使密封进行拆卸或组合。

G.5.4.10　研磨面搭接封接

由两个经研磨的表面构成的一种可拆卸式真空连接。研磨面可以是平面形状、球形或锥状，通常它们都除以油脂。

G.5.4.11　真空法兰连接

在两个法兰之间用一个适宜的可变形的密封件造成一个真空密封连接的一种可拆卸式真空连接。

G.5.4.12　真空密封垫

放置于两个零件之间的一个可拆卸的真空连接件，用其进行密封的一种可变形的构件。在某些场合借助于支撑架（例如垫圈密封），材料的选择要视所要求的真空范围而定，通常用弹性体或金属。

G.5.4.13　真空密封圈

一种环形真空密封件。

注：有各种不同截面形状的真空密封圈。例如：O形密封圈，V形密封圈，L形密封圈和其他型材的密封件（金属型材密封件）。

G.5.4.14　真空平密封垫

用扁平材料制得的一种真空密封件。

G.5.4.15　真空引入线

通过真空容器器壁使运动气体或液体、电流或电压传递或引入的一种装置。这种装置通常支撑在真空容器对大气密封的法兰上。在真空中能用来做多种运动，一般说来气作平动和旋转运动的传递运动的真空引入线称为多关节操作机。

G.5.4.16　真空轴密封

用来密封轴的一种真空密封件，它能将旋转和（或）移动运动相对无泄漏地传递到真空容器器壁内，以实现真空容器内机构的运动，满足所进行的工艺过程的需要。

G.5.4.17 真空窗

装在真空容器器壁上能使电磁辐射或微粒辐射穿透的一种装置（例如列纳尔特窗）。

G.5.4.18 观察窗

作为观察真空容器内部情况的一种真空窗。

注：在某些应用场合必须对观察窗的光学性能提出一定的要求。

G.5.5 真空阀门

G.5.5.1 真空阀门的特性

主要是指真空阀门外壳的对大气的真空密封性，真空阀门的流导和真空阀门的阀座漏气率。

G.5.5.1.1 真空阀门的流导

在阀门打开状态下的气体流动的流导。

注：在样本中，真空阀门的流导常常以“当量管长度”列出，这里设管的名义口径与阀的名义口径相同。

G.5.5.1.2 真空阀门的阀座漏气率

在关闭状态下由阀座漏入的气体流率。它取决于气体种类、压力、温度和阀门出、进气口的压差。

G.5.5.2 真空调节阀

能调节由真空阀隔开的真空系统部件之间的流率的一种真空阀。

G.5.5.3 微调阀

用来微量调节进入真空系统中的气体量的真空阀。

G.5.5.4 充气阀

用来控制调节气体充入真空系统中的真空阀。

G.5.5.5 进气阀

将气体放入到真空系统中的一种真空控制阀。

G.5.5.6 真空截止阀

用来使真空系统的两个部分相隔离的一种真空阀。

G.5.5.7 前级真空阀

在前级真空管路中用来使前级真空泵和与其相连的真空泵隔离的一种真空截止阀。

G.5.5.8 旁通阀

在旁通管路中的一种真空截止阀。

G.5.5.9 主真空阀

用来使真空容器同主真空泵隔离的一种真空截止阀。

G. 5. 5. 10 低真空阀

在低真空管路中，用来使真空容器同其粗抽真空泵隔离的一种真空截止阀。

G. 5. 5. 11 高真空阀

符合高真空技术要求的，主要在该真空区域内使用的一种真空阀。

G. 5. 5. 12 超高真空阀；UHV 阀

符合超高真空技术要求的主要在该真空区域内使用的一种真空阀。超高真空阀的阀座和密封垫通常由金属制成，可以进行烘烤。

G. 5. 5. 13 手动阀

用手开闭的阀。

G. 5. 5. 14 气动阀

用压缩气体为动力开闭的阀。

G. 5. 5. 15 电磁阀

用电磁力为动力开闭的阀。

G. 5. 5. 16 电动阀

用电机开闭的阀。

G. 5. 5. 17 挡板阀

阀板沿阀座轴向移动开闭的阀。

G. 5. 5. 18 翻板阀

阀板翻转一个角度开闭的阀。

G. 5. 5. 19 插板阀

阀板沿阀座径向移动开闭的阀。

G. 5. 5. 20 蝶阀

阀板绕固定轴在阀口中转动开闭的阀。

G. 5. 6 真空管路

G. 5. 6. 1 粗抽管路

连接被抽容器与粗抽真空泵的一种真空管路系统。

G. 5. 6. 2 前级真空管路

连接前级真空泵的一种真空管路系统。

G. 5. 6. 3 旁通管路；By-Pass 管路

与真空系统管路并联装配的一种真空管路系统。它可同时和系统管路一起工作或者可以单独工作。

G. 5. 6. 4 抽气封口接头

用于容器的抽气，在抽气结束后通常进行真空密封连接，一般来说不能拆卸的一种连接管。

G. 5. 6. 5　真空限流件

在真空管路上，用来限制气体流经管路的一个特殊件，通常它是指隔板或毛细管。

G. 5. 6. 6　过滤器

真空管路中清除固体微粒并防止其落入真空泵中的装置。

G. 6　检漏及有关术语

G. 6. 1　漏孔

G. 6. 1. 1　漏孔

在真空技术中，在压力或浓度差作用下，使气体从壁的一侧通到另一侧的孔洞、孔隙、渗透元件或一个封闭器壁上的其他结构。

G. 6. 1. 2　通道漏孔

可以把它理想地当作长毛细管的由一个或多个不连续通道组成的一个漏孔。

G. 6. 1. 3　薄膜漏孔

气体通过渗透穿过薄膜的一种漏孔。

G. 6. 1. 4　分子漏孔

漏孔的质量流率正比于流动气体分子质量平方根的倒数的一种漏孔。

G. 6. 1. 5　黏滞漏孔

漏孔的质量流率正比于流动气体黏度的倒数的一种漏孔。

G. 6. 1. 6　校准漏孔

在规定条件下，对于一种规定气体提供已知质量流率的一种漏孔。

G. 6. 1. 7　标准漏孔

在规定条件下（入口压力为100kPa ±5%，出口压力低于1kPa，温度为23±7℃），漏率已知的一种校准用的漏孔。

G. 6. 1. 8　虚漏

在系统内，由于气体或蒸气的放出所引起的压力增加。

G. 6. 1. 9　漏率

在规定条件下，一种特定气体通过漏孔的流量。

G. 6. 1. 10　标准空气漏率

在规定的标准状态下，露点低于-25℃的空气通过一个漏孔的流量。

G. 6. 1. 11　等值标准空气漏率

对于低于（10^7 ~ 10^8）Pa · m^3 · s^{-1}标准空气漏率的分子漏孔，氦（相对分子质量4）流过这样的漏孔比空气（相对分子质量29.0）更快，即氦流率对应于较小的空气漏率，在规定条件下，等值标准空气漏率为$\sqrt{4/29}=0.37$氦漏率。

G. 6. 1. 12　探索（示漏）气体

用来对真空系统进行检漏的气体。

G.6.2 本底

G.6.2.1 本底

一般地在没在注入探索气体时，检漏仪给出的总的指示。

G.6.2.2 探索气体本底

由于从检漏仪壁或检漏系统放出探索气体所造成的本底。

G.6.2.3 漂移

本底比较缓慢的变化。重要参量是规定周期内测得的最大漂移。

G.6.2.4 噪声

本底比较迅速的变化。重要参量是规定周期内部测得的噪声。

G.6. 3 检漏仪

G.6.3.1 检漏仪

用来检测真空系统或元件漏孔的位置或漏率的仪器。

G.6.3.2 高频火花检漏仪

在玻璃系统上，用高频放电线圈所产生的电火花，能集中于漏孔处的现象来测定漏孔位置的检漏仪（通常用它对玻璃系统进行检漏）。

G.6.3.3 卤素检漏仪

利用卤族元素探索气体存在时，使赤热铂电极发射正离子大大增加的原理来制作的检漏仪。

G.6.3.4 氦质谱检漏仪

利用磁偏转原理制成的对于漏气体氦反应灵敏，专门用来检漏的质谱仪。

G.6.3.5 检漏仪的最小可检漏率

当存在本底噪声时，将仪器调整到最佳情况下，纯探索气体通过漏孔时，检漏仪所能检出的最小漏率。

G.6. 4 检漏

G.6.4.1 气泡检漏

将空气压入被检容器，然后将其浸入水中或者对其可疑表面涂上肥皂液，观察气泡确定漏孔位置。

G.6.4.2 氨检漏

将氨压入检漏容器，然后通过观察覆在可疑表面上试纸或试布颜色的改变来确定漏孔位置。

G.6.4.3 升压检漏

被抽空容器与真空泵隔离后，测定随时间的增加而升高的压力值，来确定漏气率。

G.6.4.4 放射性同位素检漏

在被检容器或零件内，装入适当半衰期的放射性同位素，利用测定从漏孔穿出的放射性同位素的放射能来确定漏孔位置。

G. 6. 4. 5 荧光检漏

将被检零件浸入荧光粉的有机溶液（三氯乙烯或四氯化碳）中，漏孔处将留有荧光粉，用紫外线照射荧光粉发光来确定漏孔位置。

G. 7 真空镀膜技术

G. 7. 1 一般术语

G. 7. 1. 1 真空镀膜

在处于真空下的基片上制取膜层的一种方法。

G. 7. 1. 2 基片

膜层承受体。

G. 7. 1. 3 试验基片

在镀膜开始、镀膜过程中或镀膜结束后用作测量和（或）试验的基片。

G. 7. 1. 4 镀膜材料

用来制取膜层的原材料。

G. 7. 1. 5 蒸发材料

在真空蒸发中用来蒸发的镀膜材料。

G. 7. 1. 6 溅射材料

在真空溅射中用来溅射的镀膜材料。

G. 7. 1. 7 膜层材料（膜层材质）

组成膜层的材料。

G. 7. 1. 8 镀膜材料蒸发速率

在给定的时间间隔内，蒸发出来的材料量除以该时间间隔。

G. 7. 1. 9 溅射速率

在给定的时间间隔内，溅射出来的材料量除以该时间间隔。

G. 7. 1. 10 沉积速率

在结定的时间间隔内，沉积在基片上的材料量除以该时间间隔和基片表面积。

G. 7. 1. 11 镀膜角度

入射到基片上的粒子方向与被镀表面法线之间的夹角。

G. 7. 2 工艺

G. 7. 2. 1 真空蒸镀

使镀膜材料蒸发到基片上的真空镀膜过程。

G. 7. 2. 1. 1 同时蒸发

用数个蒸发器把各种蒸发材料同时蒸镀到基片上的真空蒸发镀膜。

G.7.2.1.2　蒸发场蒸发

由蒸发场同时蒸发的材料到基片上进行蒸镀的真空蒸发（此工艺应用于大面积蒸发以得到理想的膜厚分布）。

G.7.2.1.3　反应性真空蒸发

通过与气体反应获得理想化学成分的膜层材料的真空蒸发。

G.7.2.1.4　蒸发器中的反应性真空蒸发

与蒸发器中各种蒸发材料反应，从而获得理想化学成分膜层材料的真空蒸发。

G.7.2.1.5　直接加热的蒸发

蒸发材料蒸发所必须的热量是对蒸发材料（在坩埚中或不用坩埚）本身加热的蒸发。

G.7.2.1.6　感应加热蒸发

蒸发材料通过感应涡流加热的蒸发。

G.7.2.1.7　电子束蒸发

通过电子轰击使蒸发材料加热的蒸发。

G.7.2.1.8　激光束蒸发

通过激光束加热蒸发材料的蒸发。

G.7.2.1.9　间接加热的蒸发

在加热装置（例如小舟形蒸发器、坩埚、灯丝、加热板、加热棒、螺旋线圈等）中使蒸发材料获得蒸发所必须的热量并通过热传导或热辐射方式传递给蒸发材料的蒸发。

G.7.2.1.10　闪蒸

将极少量的蒸发材料间断地做瞬时的蒸发。

G.7.2.2　真空溅射

在真空环境中，惰性气体离子从靶表面上轰击出原子（分子）或原子团在基片上成膜的过程。

G.7.2.2.1　反应性真空溅射

通过与气体的反应获得理想化学成分的膜层材料的真空溅射。

G.7.2.2.2　偏压溅射

在溅射过程中，将负偏压施加于基片以及膜层的溅射。

G.7.2.2.3　直流二级溅射

通过两个电极间的直流电压，使气体自持放电并把靶作为阴极的溅射。

G.7.2.2.4　非对称性交流溅射

通过两个电极间的非对称性交流电压，使气体自持放电并把靶作为吸收较大正离子流的电极。

G.7.2.2.5 高频二级溅射

通过二个电极间的高频电压获得高频放电而使靶极获得负电位的溅射。

G.7.2.2.6 热阴极直流溅射（三极型溅射）

借助于热阴极和阳极获得非自持气体放电，气体放电所产生的离子，由在阳极和阴极（靶）之间所施加的电压加速而轰击靶的溅射。

G.7.2.2.7 热阴极高频溅射（三极型溅射）

借助于热阴极和阳极获得非自持气体放电，气体放电产生的离子，在靶表面负电位的作用下加速而轰击靶的溅射。

G.7.2.2.8 离子束溅射

利用特定的离子源获得的离子束使靶产生的溅射。

G.7.2.2.9 辉光放电清洗

利用辉光放电原理，使基片以及膜层表面经受气体放电轰击的清洗过程。

G.7.2.3 物理气相沉积；PVD

在真空状态下，镀膜材料经蒸发或溅射等物理方法气化沉积到基片上的一种制取膜层的方法。

G.7.2.4 化学气相沉积；CVD

一定化学配比的反应气体，在特定激活条件下（通常是一定高的温度），通过气相化学反应生成新的膜层材料沉积到基片上制取膜层的一种方法。

G.7.2.5 磁控溅射

借助于靶表面上形成的正交电磁场，把二次电子束缚在靶表面或靶表面与基片之间的特定区域，来增强电离效率，增加离子密度和能量，因而可取得很高的溅射速率或提高靶材溅射均匀性或提高成膜质量。

G.7.2.6 等离子体化学气相沉积；PCVD

通过放电产生的等离子体促进气相化学反应，在低温下，在基片上制取膜层的一种方法。

G.7.2.7 空心阴极离子镀；HCD

利用空心阴极发射的电子束使坩埚内镀膜材料蒸发并电离，在基片上的负偏压作用下，离子具有较大能量，沉积在基片表面上的一种镀膜方法。

G.7.2.8 电弧离子镀

以镀膜材料作为靶极，借助于触发装置，使靶表面产生弧光放电，镀膜材料在电弧作用下，产生无熔池蒸发并沉积在基片上的一种镀膜方法。

G.7.3 专用部件

G.7.3.1 镀膜室

真空镀膜设备中实施实际镀膜过程的部件。

G.7.3.2 蒸发器装置

真空镀膜设备中包括蒸发器和全部为其工作所需要的装置（例如电能供给、供料和冷却装置等）在内的部件。

G.7.3.3 蒸发器

蒸发直接在其内进行的装置，例如小舟形蒸发器、坩埚、灯丝、加热板、加热棒、螺旋线圈等，必要时还包括蒸发材料本身。

G.7.3.4 直接加热式蒸发器

蒸发材料本身被加热的蒸发器。

G.7.3.5 间接加热式蒸发器

蒸发材料通过热传导或热辐射被加热的蒸发器。

G.7.3.6 蒸发场

由数个排列的蒸发器加热相同蒸发材料形成的场。

G.7.3.7 溅射装置

包括靶和溅射所必要的辅助装置（例如供电装置、气体导入装置等）在内的真空溅射设备的部件。

G.7.3.8 靶

用粒子轰击的面。本标准中靶的意义就是溅射装置中由溅射材料所组成的电极。

G.7.3.9 挡板（真空镀膜技术）

用来在时间上和（或）空间上限制镀膜并借此能达到一定膜厚分布的装置。挡板可以是固定的也可以是活动的。

G.7.3.10 时控挡板

在时间上能用来限制镀膜，因此从镀膜的开始、中断到结束都能按规定时刻进行的装置。

G.7.3.11 掩膜

用来遮盖部分基片，在空间上能限制镀膜的装置。

G.7.3.12 基片支架

可直接夹持基片的装置，例如夹持装置，框架和类似的夹持器具。

G.7.3.13 夹紧装置

在镀膜设备中用或不用基片支架支撑一个基片或几个基片的装置，例如夹盘、夹鼓、球形夹罩、夹篮等。夹紧装置可以是固定的或活动的（旋转架，行星齿轮系等）。

G.7.3.14 换向装置

在真空镀膜设备中，不打开设备能将基片、试验玻璃或掩膜放到理想位置上的装置（基片换向器、试验玻璃换向器、掩膜换向器）。

G.7.3.15 基片加热装置

在真空镀膜设备中，通过加热能使一个基片或几个基片达到理想温度的装置。

G.7.3.16 基片冷却装置

在真空镀膜设备中，通过冷却能使一个基片或几个基片达到理想温度的装置。

G.7.4 真空镀膜设备

G.7.4.1 真空镀膜设备

在真空状态下制取膜层的设备。

G.7.4.1.1 真空蒸发镀膜设备

借助于蒸发进行真空镀膜的设备。

G.7.4.1.2 真空溅射镀膜设备

借助于真空溅射进行真空镀膜的设备。

G.7.4.2 连续镀膜设备

被镀膜物件（单件或带材）连续地从大气压经过压力梯段进入到一个或数个镀膜室，再经过相应的压力梯段，继续离开设备的连续式镀膜设备。

G.7.4.3 半连续镀膜设备

被镀物件通过闸门送进镀膜室并从镀膜室取出的真空镀膜设备。

G.8 真空干燥和冷冻干燥

G.8.1 一般术语

G.8.1.1 真空干燥

真空干燥是在低压条件下，使湿物料中所含水分的沸点降低，从而实现在较低温度下，脱除物料中水分的过程。

G.8.1.2 冷冻干燥

冷冻干燥是将湿物料先行冷冻到该物料的共晶点温度以下，然后在低于物料共晶点温度下进行升华真空干燥（也称第一阶段干燥），待湿物料中所含水分除去90%之后转入解吸干燥（也称第二阶段干燥），直到物料中所含水分满足要求的真空过程。

G.8.1.3 物料

需要干燥的物质称为。物料可以是固体、液体、溶液或浆料。

G.8.1.4 待干燥物料

干燥前为干燥过程准备的物料。

G.8.1.5 干燥产品

真空干燥或冷冻干燥之后的成品物料。

G. 8. 1. 6　水分

物料中所含水的量。物料中的水分常用含湿量或湿度表示。

G. 8. 1. 7　自由水分

用升华热和蒸发热足以去除的水分。

G. 8. 1. 8　结合水分

除了升华热和蒸发热之外，还要消耗能量才能去除的水分（结合水、结晶水、结构水）。

G. 8. 1. 9　湿分

湿物料中所含有的总的水分。

G. 8. 1. 10　含湿量

湿物料中所含湿分质量与绝干物料之比，称为干基含湿量；湿物料中所含湿分质量与湿物料的质量之比，称为湿基含湿量。

G. 8. 1. 11　初始含湿量

待干燥物料的含湿量。

G. 8. 1. 12　最终含湿量

干燥结束后，从干燥器出来时被干燥物料的含湿量。

G. 8. 1. 13　湿度

物料中湿分质量与绝干物料质量的百分比。

G. 8. 1. 14　干燥物质

物料质量与其所含湿分之差，也称绝干物料。

G. 8. 1. 15　干物质含量

干物质的质量除以物料质量。

G. 8. 2　干燥工艺

G. 8. 2. 1　干燥阶段

被干燥物料在干燥器中进行干燥的时间，通常可包括预干燥、一次干燥和二次干燥等阶段。

G. 8. 2. 1. 1　预干燥

待干物料在进入真空干燥器之前进行的脱水过程，包括过滤、蒸发、机械甩干等过程。

G. 8. 2. 1. 2　一次干燥

一次干燥是指在真空干燥器中去除温物料中自由水分的过程。在此干燥过程中的干燥速度几乎是不变的，因此也称为稳速干燥。

G. 8. 2. 1. 3　二次干燥

在一次干燥结束后，去除湿物料中结合水分或吸附水分直到最终含湿量的干燥过程。在此干燥过程中干燥速度随物料含湿量的变小而降低。因此又称为降速干燥。

G.8.2.2 干燥方式

G.8.2.2.1 接触干燥

湿物料主要通过与加热表面接触供给热量的干燥。

G.8.2.2.2 辐射干燥

温物料主要通过辐射供给热量的干燥（例如红外干燥）。

G.8.2.2.3 微波干燥

湿物料主要在交变电场中被直接加热的干燥。

G.8.2.2.4 汽相干燥

将待干燥物料送入真空干燥机，抽空之后通入合适的蒸气（例如有机物蒸气、煤油），使之冷凝于物料上并通过其释放的冷凝热使物料加热的干燥。

G.8.2.2.5 静态干燥

湿物料放在格层中、轨道或皮带等上面，其接触面不改变的干燥。

G.8.2.2.6 动态干燥

湿物料不断运动或周期性运动的干燥。在干燥过程中使用机械装置（例如叶片式干燥机）或活动式接触面（例如震动式干燥机，筒式干燥机）对物料进行搅拌，这样使整个干燥时间缩短。

G.8.2.3 干燥时间

将物料由一定的初始含湿量干燥到规定的最终含湿量所需要的时间。

G.8.2.4 停留时间

停留时间就是物料在真空干燥机或冷冻干燥机中放置的时间。

G.8.2.5 循环时间

物料在连续式工作的真空干燥机或冷冻干燥机中的停留时间。

G.8.2.6 干燥率

在规定的干燥时间内，含湿量与初始含湿量的百分比。

G.8.2.7 去湿速率

在某一事件间隔内，由物料中所去除的湿气量除以该时间。

G.8.2.8 单位面积去湿速率

去湿速率除以干燥器与待干燥物料接触的面积。

G.8.2.9 干燥速度

单位时间内，从湿物料中去除的水分质量。

G.8.2.10 干燥过程

湿物料从进入真空干燥器的初始含湿量，到离开真空干燥器的最终含湿量，所经历的历程。

G.8.2.11 加热温度

供热器（例如热辐射器、装载面）的表面温度。

G. 8. 2. 12 干燥温度

在干燥过程中，物料在规定位置上测得的物料温度。应给出测量方法和测量位置。

注：应注意干燥物料的上限温度。

G. 8. 2. 13 干燥损失

湿物料在干燥或冷冻过程中受损失的部分（例如由飞尘、磨损、沉积引起）。

G. 8. 2. 14 飞尘

在干燥或冷冻干燥过程中，从物料脱落和去除的小颗粒物料。

G. 8. 2. 15 堆层厚度

物料在干燥过程中的厚度或颗粒物料在冷冻干燥中堆料的高度。

G. 8. 3 冷冻干燥

G. 8. 3. 1 冷冻

将湿物料降温使其中所含水分冻结的过程。

G. 8. 3. 1. 1 静态冷冻

待冷冻的物料在冷冻过程中不运动的冷冻。

G. 8. 3. 1. 2 动态冷冻

待冷冻的物料在冷冻过程中处于运动状态的冷冻。

G. 8. 3. 1. 3 离心冷冻

湿物料在旋转的容器内靠离心力使物料到达容器壁并冷冻的一种冻结方式（例如滚动冷冻、旋转冷冻）。

G. 8. 3. 1. 4 滚动冷冻

湿物料缓慢地绕容器的水平轴或倾斜轴转，由容器壁向物料传递冷量的一种冻结方式。

G. 8. 3. 1. 5 旋转冷冻

湿物料快速地绕容器轴旋转，由容器壁开始冷冻的一种冷冻方式。

G. 8. 3. 1. 6 真空旋转冷冻

湿物料快速地绕容器轴旋转，在真空中通过溶剂蒸发进行冷冻的一种冷冻方式。

G. 8. 3. 1. 7 喷雾冷冻

采用雾化器将湿物料分散成雾滴然后在低温下冻结的一种方式。

G. 8. 3. 1. 8 气流冷冻

自下而上穿过湿物料层通入冷却气体（例如空气）形成强制对流，使颗粒状物料保持悬浮状态进行冷冻的一种方式。

G. 8. 3. 2 冷冻速率

单位时间内冷冻的湿物料质量。

G.8.3.3 冷冻物料

经受冷冻的湿物料。

G.8.3.4 冰核

湿物料被冻结时，其中水分最先凝固的分子团。

G.8.3.5 干燥物料外壳

在冷冻干燥过程中，包围冰核甚至还包含结合水分的已干燥的物料层。

G.8.3.6 升华界面

在冷冻干燥过程中，已干物料层与冻结物料层的分界表面。

G.8.3.7 融化位置

在冷冻干燥过程中，冷冻物料没能实现升华干燥而被融化的位置。

G.8.4 真空干燥设备；真空冷冻干燥设备

G.8.4.1 真空干燥设备和真空冷冻干燥设备

用来进行真空干燥和真空冷冻干燥的一种真空设备。

G.8.4.2 真空干燥器或冷冻干燥器

湿物料在其中可实现真空干燥的容器。

G.8.4.3 加热表面

能用来将热量传导给待干燥物料的热源表面。

G.8.4.4 搁板

在真空干燥器或冷冻干燥器中，用来接受物料或装载物料的装置。如果是接触式干燥，它同加热表面可以完全相同。

G.8.4.5 干燥器的处理能力

单位时间干燥器能干燥湿物料的质量。

G.8.4.6 单位面积干燥器的处理能力

在单位时间内，干燥器内单位面积搁板上，所能干燥湿物料的质量。

G.8.4.7 冰冷凝器

水蒸气主要是以固体聚合态形式冷凝在冷却表面上的容器。

G.8.4.8 冰冷凝器的负载

在规定时间内，主要以固体聚合态形式冷凝在冰冷凝器冷凝表面的蒸汽质量。

G.8.4.9 冰冷凝器的额定负载

冰冷凝器能经济地运转的最高负载。

G.9 表面分析技术

G.9.1 一般术语

G.9.1.1 试样

对其表面按工艺进行全部或部分研究的固体或液体。

注：如果内边界层也要进行研究，要么需由适宜的制作方法制成或显露的表面。

G.9.1.1.1 表面层

试样相对于气体、液体或固体的边界层。它包括可能存在的被吸附物或试样蒸气层原子的总体，其与介质交界的间距不应超过在特定情况下给出的值，在数量级上小于原子间距。表面层的厚度始终受观察的交界影响，它和处理方法有关，在某些情况下应给出表面层的厚度。

G.9.1.1.2 真实表面

冷凝物质与相邻介质之间的微观界面。

G.9.1.1.3 有效表面积

进行研究时所规定的真实表面积。

G.9.1.1.4 宏观表面；几何表面

真实表面的包封面，一般来说它是一个表面。

G.9.1.1.5 表面粒子密度

一定种类的表面粒子数与有效表面面积之商。

G.9.1.1.6 单分子层

以一个原子或分子的厚度“完全地”覆盖真实表面的一定种类的粒子总体。

G.9.1.1.7 表面单分子层粒子密度

一定种类粒子的单分子层的表面粒子密度（表面单分子层粒子密度也经常称为单分子层的覆盖）。

G.9.1.1.8 覆盖系数

相同种类的粒子表面的粒子密度除以单分子层的表面分子密度。

G.9.1.2 激发

引起光子和粒子（例如原子、分子、离于、电子）发射（包括反射）的物理相互作用。

G.9.1.2.1 一次粒子

用作激发的光子或粒子（例如原子、分子、离子、电子）。

注：“粒子”在特殊的场合可用“离子”、“电子”等代替。

G.9.1.2.2 一次粒子通量

在给定时间间隔内出现在表面上的一次粒子数与该时间间隔之商。

G.9.1.2.3 一次粒子通量密度

气体空间中通过给定面职一次粒子的通量与该面积之商。

G.9.1.2.4 一次粒子负荷

一次粒子通量与激发面之商。必须给出一次粒子的能量。

G. 9. 1. 2. 5　一次粒子积分负荷

一次粒子负荷在持续轰击时间上的积分。必须给出一次粒子的能量。

G. 9. 1. 2. 6　一次粒子入射能量

一次粒子进入到表面层作用区域之前的动能。

G. 9. 1. 2. 7　激发体积

发生激发的试样的体积。

G. 9. 1. 2. 8　激发面积

同时限制激发体积的宏观试样表面。

G. 9. 1. 2. 9　激发深度

垂直于激发面积的激发体积的伸展深度。

G. 9. 1. 2. 10　二次粒子

由于激发引起表面发射或反射的光子或粒子（例如原子、分子、离子或电子）。

G. 9. 1. 2. 11　二次粒子通量

在给定时间间隔内，观察到的发射的二次粒子数与该时间间隔之商。

G. 9. 1. 2. 12　二次粒子发射能

二次粒子从表面层作用范围发射之后的动能。

G. 9. 1. 2. 13　发射体积

产生发射的这部分激发体积。

G. 9. 1. 2. 14　发射面积

同时限制发射体积的宏观试样表面。

G. 9. 1. 2. 15　发射深度

垂直于发射面积的发射体积的伸展深度。

G. 9. 1. 2. 16　信息深度

用作分析粒子的发射深度。信息深度至多只能与发射深度一样深。

G. 9. 1. 2. 17　平均信息深度

产生（$1-1/e^2$）的86%粒子的信息深度。

G. 9. 1. 3　入射角

入射粒子平均方向在其入射位置与宏观表面的法线之间的夹角。

G. 9. 1. 4　发射角

被观察的二次粒子发射方向在其发射位置上与宏观表面的法线之间夹角。

G. 9. 1. 5　观测角

表面法线与方向的分析器轴与一次粒子平均方向的夹角。它表示偏振角和方位角。

G. 9. 1. 6　分析表面积

用来作分析的发射面积。

G. 9. 1. 7　产额

与激发的方法有关的二次粒子数与一次粒子数之商。在说明产额时，必须列举出关联的参数（例如：二次粒子的能量和入射角，材料和表面状态）。

G. 9. 1. 8　表面层微小损伤分析

为达到研究的目标仅使表面层稍微发生变化的分析。

G. 9. 1. 9　表面层无损伤分析

表面层显示不出变化的分析。

G. 9. 1. 10　断面深度分析

对垂直于试样表面浓度分布的测定分析。有磨去表面层并产生新表面层和（或）对被磨去材料进行分析的断面深度分析法及不磨去表面层进行分析的方法（例如反射离散测量）。

G. 9. 1. 11　可观测面积

由指示仪显示的试样宏观表面发射部分。

G. 9. 1. 12　可观测立体角

由试样一个点上发射的粒子可由分析器显示的立体角。

G. 9. 1. 13　接受立体角；观测立体角

由分析器所显示的二次发射立体角。

G. 9. 1. 14　角分辨能力

接受立体角与 2π 之商。

G. 9. 1. 15　发光度

可观测面积与可观测立体角之积与固有发射之商。

G. 9. 1. 16　二次粒子探测比

所记录下来的一定种类的二次粒子数与所发射的同一类型二次粒子数之商。

G. 9. 1. 17　表面层分析仪的探测极限

在激发体积中化学元素的最小可指示浓度。在说明指示极限时应该给出激发条件和所研究物质的种类。

G. 9. 1. 18　表面层分析仪灵敏度

所测得的一定种类的二次粒子数与一次粒子数之商。该灵敏度与二次粒子激发系数与探测比之积。在说明灵敏度时应给出参数（例如被研究物质的种类和状态，一次粒子的能量）。

G. 9. 1. 19　表面层分析仪质量分辨能力

$M/\Delta M$ 之商。在给出能量分辨能力时，应说明 E 是在何种物质上测得的，ΔM 是如何确定的。对用作检验的已给出分辨能力的标准试样，往往需要给予命名。

G.9.1.20 表面层分析仪能量分辨能力

$E/\Delta E$ 之商。在给出能量分辨能力时，应说明 E 是在何种物质上测得的，ΔE 是如何确定的。对用作检验的已给出分辨能力的标准试样，往往需要加以命名。能量分辨能力是通过测量行幅而确定的。

G.9.1.21 本底压力（表面分析技术）

测量试样时，在试样位置上的压力。

G.9.1.22 工作压力（表面分析技术）

测量试样时，在试样位置上的压力。

G.9.2 分析方法

G.9.2.1 二次离子质谱术；SIMS

用离子（一次离子）轰击表面，使其表面层发射出正离子和（或）负粒子（二次离子）来进行质谱分析的一种表面分析法。

G.9.2.1.1 静态二次离子质谱数；静态 SIMS

静态 SIMS 满足微小破坏分析条件的一种二次离子质谱测定。

G.9.2.1.2 动态二次离子质谱术；动态 SIMS

能识别表面出现变化的一种二次离子质谱测定，同时应给出激发参数。

G.9.2.2 二次离子质谱仪；SIMS 仪

真空仪器的一部分，它至少包括一个一次离子源，一个离子分析器（例如磁场或高频四极磁场）和一个离子检测器。

G.9.2.3 离子散射表面分析；ISS

一种散射的一次离子能达到层的成分的表面层的化学分析法。

G.9.2.4 低能离子散射的表面分析

一次离子的能量约小于 5keV 的表面散射化学分析法。

G.9.2.5 卢瑟福后向散射的表面分析；RBS；卢瑟福离子后向散射的表面分析；RIBS

离子散射的一种表面分析。在这种分析中一次离子的能量约大于 100keV。

G.9.2.6 离子散射谱仪

真空仪器的一部分，它至少包括一个离子源，一个能量分析器和一个离子检波器。按照一次离子的不同能量，这样的光谱仪也称为 ISS 仪或 RBS 和 RISB 仪。

G.9.2.7 俄歇效应

原子或原子键中的电子，从较高能量的状态跃迁到较低能量的状态，由此释放的能量传递给另一个电子（俄歇电子）的一种弛豫过程。

G.9.2.8 俄歇电子谱术；AES

根据发射的俄歇电子能来分析表面层的化学成分的一种化学分析方法。采用这种方法，俄歇电子是由电子轰击激发的。

注：专有名称“俄歇电子谱术”只应用在本节中所阐述的方法。也有采用其他手段作为电子袭击的激发，采用别的方法固然也能激发出俄歇电子，对于这些方法只能用精确的激发机理加以说明。

G. 9. 2. 9　俄歇电子能谱仪；AES 仪

真空仪器的一部分，它至少包括电子源，一个能量分析器和一个电子监测器。

G. 9. 2. 10　光电子谱术

用来测量由电磁辐射所释放出来的光电子和俄歇电子的一种表面层分析法。

G. 9. 2. 10. 1　紫外光电子谱术；UPS

通过单色紫外辐射产生激发的一种光电子谱术。

G. 9. 2. 10. 2　X 射线光电子谱术；XPS

由 X 射线辐射激发产生的光电子谱术。

G. 9. 2. 11　光电子谱仪

真空仪器的一部分，它至少包含有一个光子源，一个能量分析器和一个电子监测器。

G. 9. 2. 12　低能电子衍射；LEED

对给定能量的电子被表面（一般为凝聚且有弹性）后向散射的一种表面结构分析法。由通过表面层的晶体组织衍射电子的方向和电子束密度来分析表面结构。

G. 9. 2. 13　低能电子衍射仪；LEED 仪

真空仪器的一部分，至少包括有一个电子源和显示弹性散射电子的装置。在一次电子入射能量介于 20~300eV 时，显示装置必须适用于大立体角范围（几乎为 2π）的分析。

G. 9. 2. 14　电子能损失谱术；ELS（也称 EELS）

用于研究表面本身及其吸附的电子结构和（或）几何结构的一种方法。采用此方法，电子以已知的脉冲受到表面的散射，于是从被散射电子的脉冲分布中获得有关吸附物-基底-系统的结合性质和排列的情况。

G. 9. 2. 15　电子能损失光谱仪；ELS 仪

真空仪器的一部分，它至少包括一个带有规定脉冲电子的电子源，一个脉冲分析器和一个电子检测器，在源电流为约 1mA 时半宽值总约为 10meV，角半宽值约 1. 5°的仪表可以说得上是高分辨的 EL 光谱仪。只有用高分辨能力光谱仪才能研究振动状态。

G.10 真空冶金

G.10.1 真空冶金

G.10.1.1 真空冶金

真空制造、处理和继续加工聚合状态金属的理论、经验和方法的总和。

G.10.1.2 真空精炼

熔融金属或固体物料在真空下，以气相状态分离出不希望有的成分的一种处理法。

G.10.1.2.1 金属真空除气

将正常状态下气体的组分抽除的一种真空精炼。

G.10.1.2.2 金属真空蒸馏

制造和回收以有色金属为主的金属和合金的一种真空精炼。蒸馏时易挥发的成分在真空下被蒸发并凝结到冷凝器上。

G.10.1.2.3 化学反应真空精炼

不希望有的成分通过与添加物的化学反应，与要求成分得到分离的一种真空精炼。在化学反应时，添加物同待分离成分一起形成挥发性化合物。

G.10.1.2.4 真空氧化

通过加入氧化物或气态氧降低碳含量的一种化学反应真空精炼。

G.10.1.2.5 真空脱碳

通过在熔融金属中溶解的氧与其内的碳的反应，来减少碳的一种化学反应真空精炼。

G.10.1.2.6 真空脱氧

主要通过碳降低游离氧含量的一种化学反应的真空精炼。

G.10.1.3 熔融金属真空精炼工艺

熔融金属在真空下进行精炼的方法。也能同时进行或先后进行一些真空下其他加工过程，如炼制合金、扩散退火、金属渣反应。

G.10.1.3.1 真空钢包除气

把钢水包中的熔融金属经真空处理的一种真空精炼工艺。

G.10.1.3.2 真空钢包脱气法

液态金属从钢包以液滴状注入到真空室进行除气的一种真空精炼工艺（也称为BV法）。

G.10.1.3.3 真空虹吸脱气法

真空精炼熔融金属（主要是在炼钢时）的一种方法。采用这种方法，贮钢桶，例如浇注包中的熔融金属通过一根浸在其中的类似于气压计的管子吸升到真空室内。由于真空室中熔融金属液面上、下发生周期变化，于是引起贮钢桶和真空室之间熔融金属的交流。因此，在每次吸升时，新注入到真空室中的这部分熔融金属就进行除气（这种方法也称为 DH 法）。

G. 10. 1. 3. 4　真空循环脱气法

真空精炼熔融金属的一种方法。采用这种方法时，在钢包上部有一真空室，它有两根管子浸入到钢包之中，当一浸管中有惰性气流动时，包内的熔融金属就流向真空室，于是便使金属产生循环作用（也称为 RH 法）。

G. 10. 2　真空熔炼和真空浇注

G. 10. 2. 1　电子束熔炼

通过电子轰击将能量供给炉料进行熔化的一种真空熔炼法。

G. 10. 2. 2　真空感应熔炼

通过感应将能量供给炉料进行熔化的一种真空熔炼法。

G. 10. 2. 3　真空电弧熔炼

通过电弧将能量供给炉料进行熔化的一种真空熔炼法。

G. 10. 2. 4　真空等离子体熔炼

由等离子体将能量供给炉料进行熔化的一种真空熔炼法。

G. 10. 2. 5　真空电阻熔炼

利用炉料本身电阻或特殊加热电阻将热能供给炉料进行熔化的一种真空熔炼法。

G. 10. 2. 6　真空坩埚熔炼

炉料完全在坩埚中熔化，并通过其倾斜（倾翻式坩埚）或底孔（底部设有放液口的坩埚）浇注到铸型或锭模中的一种真空坩埚熔炼法。

G. 10. 2. 7　真空凝壳熔炼

使冷却的坩埚内表面和熔融金属之间形成一层熔炼物料的凝结外壳，接着将壳层中的熔融金属浇注到铸型或锭模中的一种真空坩埚熔炼法。

G. 10. 2. 8　底部真空浇注

真空中的一种底部放液法。它用来炼制特别精密的材料（例如用于核技术）。

G. 10. 2. 9　真空精密浇注

在真空下将液态金属压入到截面小形状复杂的空腔中的一种真空精密铸造（首饰制造）。

G. 10. 2. 10　真空压铸

一种压铸法。压铸时将上部封闭带有开孔的铸型被抽空并浸入到处于真空下的熔融金属中，接着将气体放入到熔炼室中，以作用于熔融金属表面的气体压力将熔融材料压入到铸型中。

G. 10. 2. 11　真空锭模熔炼

在加热的锭模内使炉料熔化，从而铸出铸锭的一种真空熔炼。

G. 10. 2. 12 真空悬浮熔炼

使炉料悬浮（例如通过在炉料中产生的高频涡流）并使之熔化的一种真空熔炼。

G. 10. 2. 13 真空重熔

真空熔炼的一种。熔炼时炉料持续地熔化，以液态停留一段时间后，熔融金属获得一个凝固面，因此连续地产生出固态金属体。炉料一般都是预熔材料，经常把它作为熔化电极使用。

G. 10. 2. 14 真空区域熔炼

棒状材料的熔炼区域按一个方向移动的一种真空熔炼。这种方法主要用于制取单晶和高纯材料。

G. 10. 2. 15 真空拉单晶

在真空中拉单晶，通常是从过冷熔融金属中以固定的低速拉制出均匀的定向相同的晶体。

G. 10. 3 固体金属材料的真空处理和真空加工

G. 10. 3. 1 电子束处理和电子束加工

用真空处理和真空加工的工艺方法。采用这些方法时，所必要的能量由电子束输送，这里，真空是获得电子束的必要条件。由于能把电子束能量迅速精确地调节并集中到工件中的限制区域，因此电子束处理和电子束加工特别适用于高精度要求的工艺中（例如精密焊接）。在某些工艺方法（例如切削和钻孔）中电子束可用来代替一种机械工具。

G. 10. 3. 2 等离子体热处理

使铁制材料的工件经受气体放电的一种真空热处理。气体放电时，所选择气体的离子打到工件的表面并能渗入到表面层，于是表面层在化学成分上起了变化。

按照所使用气体的种类，这类热处理的例子有等离子渗氮、等离子碳氮共渗、等离子体渗碳。

G. 10. 3. 3 离子蚀刻

用离子轰击除去表面层。由于各种材料溅射速率不同，这样由多种材料组成的表面层上便出现有选择性的损蚀，因此用这种方式便制得要求的外形表面。

G. 10. 3. 4 真空蒸发

金属材料或金属化合物在真空下蒸发并在真空下制取金属中间产品或最终产品的方法，例如制取粉末、模制体和张臂式薄箔。

G. 10. 3. 5 真空雾化

制取金属粉末的一种方法。它是把感应熔化的熔融金属通过喷嘴喷入真空室，由于其溶解的气体在低压下快速膨胀，使熔融金属雾化，进而制成金属粉末。

G. 10. 3. 6　真空热处理

通过把材料或零件在真空状态下按工艺规程加热、冷却来达到预期性能的一种处理方法（如真空退火、回火、淬火等）。

G. 10. 3. 7　真空钎焊

在真空状态下，把一组焊接件加热到填充金属熔点温度以上，但低于基体金属熔点温度，借助于填充金属对基体金属的湿润和流动形成焊缝的一种焊接工艺（钎焊温度因材料不同而异）。

G. 10. 3. 8　真空烧结

在真空状态下，把金属粉末制品加热，使相邻金属粉末晶粒通过黏着和扩散作用而烧结成零件的一种方法。

G. 10. 3. 9　真空加压烧结

把在真空状态下的粉末，通过加热和机械压力同时作用的一种烧结方法。

G. 10. 4　真空冶金设备和专用部件

G. 10. 4. 1　真空冶金设备

由泵、元件、真空室和仪表组成，能在真空下实施一定过程或实验的工艺设备。

G. 10. 4. 1. 1　电子束焊接设备

借助于电子束实施焊接的一种真空冶金设备。实施焊接的工件可以处于高真空、中真空、低真空或特殊场合之中，也可以处于大气之中。

G. 10. 4. 1. 2　高真空电子束焊接设备

工件处于高真空中的一种电子束焊接设备。这种高真空室在结构上也可以成为一个可放在较大工件上面的真空室。

G. 10. 4. 1. 3　中（低）真空电子束焊接设备

工件处于中真空室和低真空室中的电子束焊接设备。由压力梯段维持电子束枪所需要的压差。在焊接技术中，这种设备直到今天还经常被称作高真空设备。常常将工作室做成凹模状，并有节奏地同电子枪作真空封密连接。

G. 10. 4. 1. 4　用于大气压下焊接的电子束焊接设备

工件处于大气压下的一种电子束焊接设备。通过压力梯段将高真空中的电子束与大气隔开。必要时采用保护气体对工件进行保护。

G. 10. 4. 2　真空炉

炉室抽空的炉子。真空炉经常按使用目的或能量供给的方式表示，例如：真空熔炼炉、真空电弧炉。

G. 10. 4. 2. 1　真空热壁炉

热量通过炉壁传给工件的真空炉。

G. 10. 4. 2. 2 负压真空热壁炉

带有真空外壳的真空热壁炉。为减少热损失和降低对炉壁的压力，炉中包围真空室的炉壳被抽空。

G. 10. 4. 2. 3 真空冷壁炉

热量在真空室之内直接传给工件，在热源和炉壁之间设有隔热装置的一种真空炉。

G. 10. 4. 2. 4 真空连续式加热炉

炉料依次通过前后相连的加热和冷却区域的一种真空炉。加热和抽空是通过闸室系统或压力梯段实现的。

G. 10. 4. 2. 5 真空感应炉

由感应线圈连同坩埚组成的一种装置，它可以带有或不带安装在真空室中的倾翻装置。

G. 10. 4. 3 电子枪

至少包含有一个电子源（阴极）的电子光学系统。加速阳极要么处于同一系统中（自加强），要么就是熔炼物料或工件（外加速）。

为了维持高真空，电子源常常通过压力梯段同处理室分开。在某些情况下，用偏转系统阻止离子渗入到电子枪中。

G. 10. 4. 3. 1 自加速电子枪

电子源和加速阳极组成同一系统的一种电子枪。

G. 10. 4. 3. 2 电子平面射束枪

线性阴极为伸展式或稍稍有点弧形的自加速电子枪。由线性阴极产生出扇形电子束。

G. 10. 4. 3. 3 电子束枪

电子源附近的电子束扩展相当小的一种自加速电子枪。通过电子光学方法能使管内电子束产生密集的聚焦。

G. 10. 4. 3. 4 外加速电子枪

由熔炼物料或工件构成的加速阳极的一种电子枪。

G. 10. 4. 3. 5 电子环射束近距离枪

阴极为环形的外加速电子枪。熔融物料处于电子束的中央。

G. 10. 4. 3. 6 压力梯段电子枪

在电子枪和工作室之间连续有一个或若干个压力梯段的电子枪。

G. 10. 4. 4 自耗电极（熔化电极）

在真空熔炼时，同熔池一起形成电弧，在此工艺过程中它被熔化。

G. 10. 4. 5 非自耗电极（非熔化电极）

由高熔点电导性材料组成，尽可能保持稳定的一种电极。一般情况熔池就是炉料。

参 考 文 献

[1] 康明，诸东宁，敖炳秋．北美汽车材料的研究与应用动态［J］．汽车工程，2003，25（4）：315~321.
[2] 黄伟九．刀具材料速查手册［M］．北京：机械工业出版社，2011.
[3] 肖诗纲．现代刀具材料［M］．重庆：重庆大学出版社，1992.
[4] 肖诗纲．刀具材料及其合理选择［M］．北京：机械工业出版社，1990.
[5] 陈云，杜齐明，董万福，等．现代金属切削刀具实用技术［M］．北京：化学工业出版社，2008.
[6] 吴道全，万光珉，林树兴，等．金属切削原理及刀具［M］．重庆：重庆大学出版社，2010.
[7] 周泽华，于启勋．金属切削原理［M］．上海：上海科学技术出版社，1993.
[8] 韩荣第，于启勋．难加工材料切削加工［M］．北京：机械工业出版社，1991.
[9] 何腾芸，60Si2Mn 钢的切削加工性及断屑研究［D］．北京：北京理工大学，1988：40~46.
[10] 于启勋．金属材料的切削加工性和刀具材料的切削性能［M］．北京：北京工业学院印刷厂，1983.
[11] 程剑兵，于启勋．稀土硬质合金刀具切削性能的研究［C］．9th IMCC 论文集，香港，2000：338~341.
[12] 周兰英．涂层硬质合金切削性能及其机理的研究［D］．北京：北京工业学院，1982：32~34.
[13] 禹萍，于启勋．复合陶瓷刀具切削性能与机理的研究［J］．工具技术（增刊），1997：338~341.
[14] 刘志兵，王西彬，杨洪建．陶瓷刀具干铣削超高强度钢的试验研究［J］．工具技术，2003（5）：7~9.
[15] 方啸虎．超硬材料科学与技术［M］．北京：中国建材工业出版社，1998.
[16] 方啸虎．超硬材料基础与标准［M］．北京：中国建材工业出版社，1998.
[17] 刘向东．金刚石涂层刀具切削性能及机理研究［D］．北京：北京理工大学，1998：45~48.
[18] 闻立时，黄荣芳．离子镀硬质膜技术的最新进展和展望［J］．真空，2000（1）：1~11.
[19] 王宝友，崔丽华．涂层刀具的涂层材料、涂层方法及发展方向［J］．机械，2002，29（4）：63~65.
[20] Holleck H. Material selection for hard coatings［J］. Journal of Vacuum Science & Technology，1986，4（6）：2661~2669.
[21] 肖兴成，江伟辉，宋力昕，等．超硬膜的研究进展［J］．无机材料学报，1999，14（5）：706~710.
[22] Zhang J，Li L，Zhang L P，Zhao S L，et al. Composition demixing effect on cathodic arc ion plating［J］. Journal of University of Science and Technology Beijing，2006，13（2）：125~130.

[23] 赵时璐，张钧，刘常升．涂层刀具的切削性能及其应用动态［J］．材料导报，2008，22 (11)：62~65.

[24] Diserens M，Patscheider J，Levy F. Mechanical properties and oxidation resistance of N and nanocomposite TiN-SiN$_x$ physical-vapor-deposited thin films［J］. Surface and Coatings Technology，1999，120~121：158~165.

[25] Ding X Z，Bui C T，Zeng X T. Abrasive wear resistance of Ti$_{1-x}$Al$_x$N hard coatings deposited by a vacuum arc system with lateral rotating cathodes［J］. Surface and Coatings Technology，2008，203 (5~7)：680~684.

[26] 赵立新，郑立允，牛兰芹，等. TiAlN 镀层硬质合金结构及性能研究［J］．金属热处理，2008，33 (7)：16~19.

[27] 李辉，李润方，许洪斌，等. 32Cr2MoV 复合镀 TiN 的滑动摩擦试验分析［J］．热加工工艺，2006，35 (16)：42~44.

[28] Baibich M N，Broto J N，Fert A，et al. Giant magnetoresistance of (001) Fe/ (001) Cr magnetic superlattices［J］. Physical Review Letters，1988 (61)：2472~2476.

[29] Jin Jung Jeong，Sun Keun Hwang，Chongmu Lee. Hardness and adhesion properties of HfN/Si$_3$N$_4$ and NbN/Si$_3$N$_4$ multilayer coatings［J］. Materials Chemistry and Physics，2002，77：27~33.

[30] Okumiya M，Griepentrog M. Mechanical properties and tribological behavior of TiN-CrAlN and CrN-CrAlN multilayer coatings［J］. Surface and Coatings Technology，1999，112 (1~3)：123~128.

[31] Bull S J，Jones A M. Multilayer coatings for improved performance［J］. Surface and Coatings Technology，1996，78 (1~3)：173~184.

[32] 张钧，赵彦辉．多弧离子镀技术与应用［M］．北京：冶金工业出版社，2007，102~106.

[33] Ichijo K，Hasegawa H，Suzuki T，et al. Microstructures of (Ti，Cr，Al，Si) N films synthesized by cathodic arc method［J］. Surface and Coatings Technology，2007，201 (9~11)：5477~5480.

[34] Hasegawa H，Yamamoto T，Suzuki T，et al. The effects of deposition temperature and post-annealing on the crystal structure and mechanical property of TiCrAlN films with high Al contents［J］. Surface and Coatings Technology，2006，200 (9)：2864~2869.

[35] Carvalho S，Rebouta L，Cavaleiro A，et al. Microstructure and mechanical properties of nanocomposite (Ti，Si，Al) N coatings［J］. Thin solid films，2001，398~399：391~396.

[36] Luo Q，Rainforth W M，Münz W D. Wear mechanisms of monolithic and multi-component nitride coatings grown by combined arc etching and unbalanced magnetron sputtering［J］. Surface and Coatings Technology，2001，146~147：430~ 435.

[37] Yamamoto K，Sato T，Takahara K，et al. Properties of (Ti，Cr，Al) N coatings with high Al content deposited by new plasma enhanced arc-cathode［J］. Surface and Coatings Technology，2003，174~175：620~626.

[38] Sproul W D. Turning tests of high rate reactively sputter-coated T-15 HSS inserts［J］. Surface

and Coatings Technology，1987，3（133）：1~4.

［39］孙丽华，李政敏．涂层刀具的优良切削性能及应用［J］．贵州工业大学学报（自然科学版），2004，33（5）：48~49.

［40］赵海波．国内外切削刀具涂层技术发展综述［J］．工具技术，2002，36（2）：3~7.

［41］董小虹，黄拿灿．关于电弧离子镀 Ti-N 系涂层的若干技术问题［J］．金属热处理，2005，30（10）：70~72.

［42］张少锋，黄拿灿，吴乃优，等．PVD 氮化物涂层刀具切削性能的试验研究［J］．金属热处理，2006，31（7）：50~53.

［43］倪兆荣，章文英．32Cr2MoV 复合镀 TiN 的滑动摩擦试验分析［J］．热加工工艺，2006，35（16）：42~44.

［44］贾秀芹，臧晓明．45 钢多弧离子镀硬质合金涂层的耐磨性［J］．河北理工学院学报，2003，25（1）：45~49.

［45］叶伟昌，严卫平，叶毅．涂层硬质合金刀具的发展与应用［J］．硬质合金，1998，15（1）：54~57.

［46］Gunter B，Christoph F，Erhard B，et al. Development of chromium nitride coatings substituting titanium nitride［J］. Surface and Coatings Technology，1996，86~87（Part 1）：184~191.

［47］Budke E，Krempel-Hesse J，Maidhof H，et al. Decorative hard coatings with improved corrosion resistance［J］. Surface and Coatings Technology，1999，112：108~113.

［48］Jie Gu，Gary Bzrber，Simon Tung，Ren-Jhy Gu. Tool life and wear mechanism of uncoated and coated milling insertes［J］. Wear，1999，225~229（Part 1）：273~284.

［49］Sue J A，Chang T P. Friction and wear behavior of TiN，ZrN and CrN coatings at elevated temperatures［J］. Surface and Coatings Technology，1995，76~77（Part 1）：61~69.

［50］张钧．多弧离子镀合金涂层成分离析效应的物理机制研究［J］．真空科学与技术，1996，16（3）：174~178.

［51］赵时璐，张震．Ti-Al-Zr 靶材的多弧离子镀沉积过程的模拟研究［J］．机械设计与制造，2007（5）：137~139.

［52］陈光军，顾立志．金属切削刀具新材料的发展、应用及展望［J］．佳木斯大学学报（自然科学版），2003（6）：196~200.

［53］张德元，邓鸣，彭文屹，等．多弧离子镀（Ti_xAl_y）N 系超硬薄膜中 Al 的作用［J］．材料科学与工程，1997，15（2）：61~64.

［54］陈建国，程宇航，游少鑫，等．（Ti，Al）N 薄膜的制备及性能［J］．表面技术，1998，27（4）：15~17.

［55］Efeoglu I，Amell R D，Tinston S F. The mechanical and tribological properties of titanium aluminium nitride coatings formed in a four magnetron closed field sputtering system［J］. Surface and Coatings Technology，1993，57：117~121.

［56］李成明，张勇，曹尔妍．过滤电弧离子镀（TiAl）N 薄膜的初步探索［C］．表面工程及摩擦学术会议论文集，2000：12~16.

［57］顾艳红，王成彪，刘家浚．氧化钛铝薄膜的制备及其摩擦学性能的研究［J］．中国表面工程，2004（5）：33~37.

[58] Jindal P C, Santhanam A T, Schleinkofer U, et al. Performance of PVD TiN, TiCN, and TiAlN coated cemented carbide tools in turning [J]. International Journal of Refractory Metals and Hard Materials, 1997, 17: 163~170.

[59] Lugscheider E, Knotek O, Barimani C, et al. PVD hard coated reamers in lubricant-free cutting [J]. Surface and Coatings Technology, 1999, 112: 146~151.

[60] Jindal P C, Santhanam A T, Schleinkofer U, et al. Performance of PVD TiN, TiCN, and TiAlN coated cemented carbide tools in turning [J]. International Journal of Refractory Metals and Hard Materials, 1997, 17: 163~170.

[61] Lembke M I, Lewis D B, Münz W D. Localised oxidation defects in TiAlN/ CrN superlattice structured hard coatings grown by cathodic arc/ unbalanced magnetron deposition on various substrate materials [J]. Surface and Coatings Technology, 2000 (125): 263~268.

[62] 宋昌才. 新型 TiAlN 涂层铣刀的高速切削性能 [J]. 工具技术, 2002, 36 (6): 14~19.

[63] 张德元, 彭文屹, 许兰萍. TiAlN 与 TiCN 系涂层磨损机理的比较 [J]. 金属热处理, 1997 (2): 30~32.

[64] Bouzakis K D, Michailidis N, Vidakis N. Failure mechanisms of physically vapour deposited coated hardmetal cutting inserts in turning [J]. Wear, 2001, 248: 29~37.

[65] Bouzakis K D, Hadjiyiannis S, Skordaris G. The influence of the coating thickness on its strength properties and on the milling performance of PVD coated inserts [J]. Surface and Coatings Technology, 2003, 174~175: 393~401.

[66] Bouzakis K D, Hadjiyiannis S, Skordaris G. The effect of thickness, mechanical strength and hardness on the milling performance of PVD coated cemented carbides inserts [J]. Surface and Coatings Technology, 2004, 177~178: 657~664.

[67] 王永康, 熊仁章, 雷廷权. Ti 过渡层与高速钢基底间的界面结构研究 [J]. 机械工程材料, 2003, 27 (5): 39~41.

[68] 徐向荣, 黄拿灿, 卢国辉, 等. 电弧离子镀 (Ti, Cr) N 涂层的制备与性能研究 [J]. 金属热处理, 2005, 30 (7): 40~42.

[69] 马胜利, 徐健, 介万奇, 等. PCVD 制备 $Ti_{1-x}Al_xN$ 硬质薄膜的结构与硬度 [J]. 金属学报, 2004, 40 (6): 669~672.

[70] Raveh A, Weiss M, Shneck R. Optical emission spectroscopy as a tool for designing and controlling the deposition of graded (Ti Al) N layers by ECR-assisted reactive RF sputtering [J]. Surface and Coatings Technology, 1999, 111: 263~268.

[71] 肖继明, 白力静. 磁控溅射 CrTiAlN 涂层钻头的制备及其钻削性质研究 [J]. 表面技术, 2005, 34 (4): 21~29.

[72] 白力静, 蒋百灵. CrTiAlN 镀层对 M2 基高速钢切削性能的影响 [J]. 材料研究学报, 2006 (2): 54~58.

[73] 肖继明, 白力静, 李言, 等. 磁控溅射 CrAlTiN 涂层高速钢麻花钻的钻削试验研究 [J]. 西安理工大学学报, 2006, 22 (2): 119~122.

[74] 张利鹏. (Ti, Al, Zr) N 膜最佳成分及最佳工艺的研究 [D]. 沈阳: 沈阳大学, 2007: 43~46.

[75] Feng H, Guohua W, John A, et al. Microstructure and stress development in magnetron sputtered TiAlCr (N) films [J]. Surface and Coatings Technology, 2001, 146~147: 391~397.
[76] 秦秉常. 国外汽车工业刀具的技术水平 [J]. 工具技术, 1991, 25 (9): 1~6.
[77] 刘建华, 邓建新, 赵金龙, 等. ZrN/TiN 复合涂层的制备及其磨损性能研究 [J]. 制造技术与机械, 2006 (11): 26~28.
[78] 李成明, 张勇. 过滤电弧沉积的 TiN/TiCrN/CrN/CrTiN 多层膜 [J]. 中国有色金属学报, 2003 (2): 167~171.
[79] 黄元林, 李长青, 马世宁. 多弧离子镀 Ti (C, N) /TiN 多元多层膜研究 [J]. 材料保护, 2003, 36 (6): 6~8.
[80] 黄榜彪, 高原. 现代表面处理技术在高速钢刀具上的应用 [J]. 材料导报, 2007 (3): 19~21.
[81] Ramanujachar K, Subramanian S V. Micromechanisms of tool wear in maching free cutting steels [J]. Wear, 1996, 197: 45~55.
[82] 李戈扬, 施晓蓉. TiN/AlN 纳米多层膜的研究 [J]. 材料工程, 1999 (11): 6~13.
[83] 艾兴. 高速切削加工技术 [M]. 北京: 国防工业出版社, 2003: 108~112.
[84] 汪泓宏, 田民波. 离子束表面强化技术 [M]. 北京: 机械工业出版社, 1991: 68~72.
[85] 王祥春. 国外中空热阴极放电离子镀技术现状 [J]. 材料保护, 1982 (3): 26~36.
[86] Randhawa H, Johnson P C. Technical note: A review of cathodic arc plasma deposition processes and their applications [J]. Surface and Coatings Technology, 1987, 31 (4): 303~318.
[87] Randhawa H. Cathodic arc plasma deposition technology [J]. Thin Solid Films, 1988, 167 (1~2): 175~186.
[88] Sathrum P, Coll B F. Plasma and deposition enhancement by modified arc evaporation source [J]. Surface and Coatings Technology, 1992, 50 (2): 103~109.
[89] Vetter J. Vacuum arc coatings for tools: potential and application [J]. Surface and Coatings Technology, 1995, 76~77: 719~724.
[90] 童洪辉. 物理气相沉积硬质涂层技术进展 [J]. 金属热处理, 2008, 33 (1): 91~93.
[91] 田民波, 刘德令. 薄膜科学与技术手册 [M]. 北京: 机械工业出版社, 1991, 3: 486~488.
[92] 徐滨士, 刘世参. 表面工程 [M]. 北京: 机械工业出版社, 2000, 6: 212~217.
[93] 赵文轸. 金属材料表面新技术 [M]. 西安: 西安交通大学出版社, 1992, 11: 221~224.
[94] Paul A. Lindfors, William M. Mularie. Cathodic arc deposition technology [J]. Surface and Coatings Technology, 1986, 29 (4): 275~290.
[95] 胡传忻, 白韶军, 安跃生, 等. 表面处理手册 [M]. 北京: 北京工业大学出版社, 2004, 3 (9): 73~74.
[96] Lafferty J. 真空电弧理论和应用 [M]. 北京: 机械工业出版社, 1985: 134~135.
[97] 张祥生. 离子镀膜——一种全新的镀膜技术 [J]. 真空技术, 1979 (1): 54~67.
[98] 史新伟, 李杏瑞, 邱万起, 等. 磁过滤电弧离子镀 TiN 薄膜的制备及其强化机理研究

[J]. 真空科学与技术学报，2008，28（5）：486~491.
[99] 张琦，陶涛，齐峰，等. 非平衡磁控溅射氮化钛薄膜及其性能研究 [J]. 真空科学与技术学报，2007，27（2）：361~365.
[100] 王齐伟，左秀荣，黄晓辉，等. 直流磁控溅射在铝衬底上沉积（Ti_xAl_y）N 薄膜及其性能研究 [J]. 真空科学与技术学报，2008，28（4）：351~354.
[101] 陈宝清，朱英臣，王斐杰，等. 磁控溅射离子镀技术和铝镀膜的组织形貌、相组成及新相形成物理冶金过程的研究 [J]. 热加工工艺，1984，5：42~49.